# 全国 BIM 技能培训教程
# Revit 初级

主　编　王　婷

副主编　应宇垦　陆　烨

参　编　肖莉萍　池文婷　谢兆旭

　　　　张家立　薛　伟　涂　毅

　　　　汤钰新

U0260539

中国电力出版社

CHINA ELECTRIC POWER PRESS

# 内 容 提 要

Autodesk Revit软件是欧特克公司在基于BIM理念开发的建筑三维设计产品。本书是专门为初学者快速入门Revit软件而编写的，主要特点如下：由浅入深，逻辑清晰；图文结合，形象生动；实例丰富，通俗易懂；立足全国BIM等级考试，具有针对性。

本书共有7章，主要内容如下：第1章对BIM的概念、应用与应用情况进行了总体介绍；第2章以BIM技能等级考试大纲为主，帮助考生明确掌握考试的各考点；第3章通过深入讲解BIM主流建模软件，分析与阐述各软件的应用领域情况；第4章基于制图和专业识图知识，详细介绍了制图与识图的相关知识；第5章介绍了Revit软件的基本界面、常用应用命令与快捷键的使用；第6章以具体小别墅为例介绍了Revit整个建模流程与命令应用；第7章通过剖析历年BIM技能等级考试真题，拓展Revit软件的各考点应用。

本书可作为全国BIM技能等级考试　Revit初级的培训教程，也可供从事BIM技术研究和开发的人员学习和参考。

图书在版编目（CIP）数据

全国BIM技能培训教程. REVIT初级 ／ 王婷主编. 一北京：中国电力
出版社，2015.1（2023.9重印）
ISBN 978-7-5123-5903-1

Ⅰ．①全… Ⅱ．①王… Ⅲ．①建筑设计－计算机辅助设计－
职业技能－等级考试－教材 Ⅳ．①TU201.4

中国版本图书馆CIP数据核字(2014)第102016号

中国电力出版社出版、发行
北京市东城区北京站西街19号　100005　http://www.cepp.sgcc.com.cn
责任编辑：周娟华　E-mail: 5562990@qq.com
责任印制：杨晓东　责任校对：常燕昆
三河市航远印刷有限公司印刷・各地新华书店经售
2015年1月第1版・2023年9月第17次印刷
787mm×1092mm　1/16・20.25印张・405千字
定价：68.00元（1CD）

# 序

 建筑信息模型（Building Information Modeling，简称 BIM）是近几年来出现在建筑业中的一个新名词。该技术通过数字化手段，在计算机中建立一座虚拟建筑，该虚拟建筑会提供一个单一、完整、包含逻辑关系的建筑信息库。其中，信息的内涵不仅仅是几何形状描述的视觉信息，还包含大量的非几何信息，如材料的耐火等级和传热系数、构件的造价和采购信息等。其本质是一个按照建筑直观物理形态构建的数据库，其中记录了建筑各阶段的所有数据信息。建筑信息模型应用的精髓在于这些数据能贯穿项目的整个寿命期，对项目的建造及后期的运营管理持续发挥作用。

 BIM 技术的应用，具有显著的经济效益、社会效益和环境效益。美国斯坦福大学根据 32 个项目总结了使用 BIM 技术的以下效果：①消除 40% 预算外变更；②造价估算耗费时间缩短 80%；③通过发现和解决冲突，合同价格降低 10%；④项目工期缩短 7%，及早实现投资回报。

 建筑信息模型技术是一种继图板、CAD 语言后，建筑业基本行业语言的一次跨越，正在触发建筑业新的深刻变革。

 然而，相对于 BIM 在大环境的炙手可热，细化到企业层面和项目层面，有多少人利用 BIM，运用到了什么程度，利用 BIM 创造了多少价值，利用 BIM 的成本有多少，这些问题也没有具体的数据来回答。这就说明了 BIM 的"基础"现在并不稳固，究其原因是由于我国各大高校还没有 BIM 的相关课程，熟悉 BIM 技术的教师更是缺乏，而一些培训机构的能力又良莠不齐，最终导致应用人才缺口巨大。

 王婷博士和应宇垦研究员是比较早进行 BIM 技术和理念培训的一批人，在长期的培训过程中，总结出一套系统而有效的培训内容、方法和体系，深入浅出，和工程实践紧密结合，是为 BIM 的推广做了一件大好事。当然，由于 BIM 软件、政策和标准不完善，书中难免会有一点儿不尽如人意之处，相信在此教程的使用过程中会更加完善。

 路漫漫其修远兮，吾将上下而求索！BIM 之路漫长而艰辛，希望此教程能给学习者铺就一段坚实的进阶之路！

赵雪锋

2013 年

# 前　言

  BIM（Building Information Modeling），即建筑信息模型，自 2002 年这一方法和理念由欧特克公司率先提出之后，技术变革的风潮便在全球范围内席卷开来。随着建筑技术、信息传递技术的提高以及人们对可持续性建筑的不断深入研究，中国逐渐开始接触 BIM 的理念与技术。"十一五"国家科技支撑计划重点项目就把 BIM 技术列入建筑业信息化最核心的关键技术。《2011—2015 年建筑业信息化发展纲要》的总体目标明确提出，"十二五"期间，加快建筑信息模型（BIM）、基于网络的协同工作等新技术在工程中的应用。当前，BIM 已深入到工程建设行业的参与各方和各个实施阶段。BIM 技术的应用已势不可挡。正是在 BIM 引领建筑业信息化这一时代背景下，中国图学学会本着更好地服务于社会的宗旨，积极推动和普及 BIM 技术应用，从 2012 年开始，开展全国 BIM 技能等级考评工作，为社会输送 BIM 急需专业人才。南昌航空大学作为全国 BIM 技能等级考试的指定考点，2013 年 9 月牵头组织各方力量编写此书，力求为广大 BIM 爱好者快速掌握 Autodesk Revit 软件的操作提供了一条行之有效的途径。

  Autodesk Revit 软件是欧特克公司在基于 BIM 理念开发的建筑三维设计产品，其强大功能可实现：协同工作、参数化设计、结构分析、工程量统计、"一处修改、处处更新"和三维模型的碰撞检查等。通过这些功能的使用，大大提高了设计的高效性、准确性，为后期的施工、运营均可提供便利。

  本书是专门为初学者快速入门 Revit 软件而量身编写的，编写中结合案例与历年真题，以方便读者学习巩固各知识点，本书力求保持简明扼要、通俗易懂、实用性强的编写风格，以帮助用户更快捷地掌握 Revit 应用。主要写作特点如下：

  **1. 由浅入深、逻辑清晰**

  在整个内容方面，包含信息量丰富：第一，本书介绍了什么是 BIM、BIM 在国内外的发展应用以及 BIM 的一些主流软件，令广大读者对 BIM 有大致了解，并对 BIM 产生浓厚的兴趣；第二，为读者简单介绍一些制图的知识，使软件建模更加轻松、更具有逻辑性；第三，以 Autodesk 公司的 Revit 软件为例，详尽地介绍了一个小别墅的建模流程，一边实际操作一边拓展讲解操作命令，力求使读者印象深刻、轻松上手。

  **2. 图文结合、形象生动**

  为了使软件命令更加容易理解、软件操作过程更加轻松愉悦，本书为每个操作命令均配置了图片，使每个命令在对比操作过程中一目了然，大大减少了因文字描述带来的操作不明确等问题。值得一提的是，本书采用了发散型思维方法，在讲解一个操作命令的同时，举一反三，尽可能多地罗列出此命令的实践应用点，并贴心为读者在每一章进行小结，为读者梳理本章脉络，巩固所学知识点。此外，讲解中穿插【提示】、【技巧】、【常见问题剖析】等备注说明，帮助读者梳理操作时的要点和难点。

**3. 实例丰富、通俗易懂**

本书在 Revit 应用阐述过程中，不仅讲解各命令的使用方式，更是结合具体的小别墅案例与历年 BIM 技能等级考试真题进行各应用点的拓展学习，以帮助读者能从"死命令"的学习模式中跳跃出来，灵活地学习 Revit 软件，使读者在面对实际项目时，能有据可依，快速上手。

**4. 立足全国 BIM 等级考试、具有针对性**

本书明确给出了全国 BIM 等级考试大纲，并针对历年考试题目，分专题进行详细地操作步骤解答，为想要通过 BIM 等级考试获得证书的读者，切实解决有题目却不知如何下手或不确定操作正确与否等问题。

本书共有 7 章，主要内容如下：第 1 章对 BIM 的概念、应用与应用情况进行了总体介绍；第 2 章以 BIM 技能等级考试大纲为主，帮助考生明确掌握考试的各考点；第 3 章通过深入讲解 BIM 主流软件，分析与阐述各软件的应用领域情况；第 4 章基于制图和专业识图知识，详细介绍了制图与识图的相关知识；第 5 章介绍了 Revit 软件的基本界面、常用应用命令与快捷键的使用；第 6 章以具体小别墅为例介绍了 Revit 整个建模流程与命令应用；第 7 章通过剖析历年 BIM 技能等级考试真题，拓展 Revit 软件的各考点应用。

本书由南昌航空大学土木建筑学院王婷博士担任主编，上海慧之建信息技术有限公司总经理应宇垦先生、同济大学陆烨博士任副主编。编写工作具体分工如下：王婷、应宇垦编写第 1～3 章；陆烨编写第 4 章；谢兆旭编写第 5 章；肖莉萍、汤钰新编写第 6 章；池文婷、薛伟编写第 7 章；北京工业大学赵雪锋作序；本书由王婷博士负责拟定大纲以及统稿、审稿，应宇垦先生承担项目启动及编写人员的组织工作。

值此书付诸印刷之际，特别感谢赵雪锋博士百忙之中欣然应邀撰写本书序，还须感谢南昌航空大学土木建筑学院院长谢洪阳教授对 BIM 工作的大力支持，以及熊黎黎老师等同事的关心。此外，尤为感谢江西中煤建设集团以及谭光伟先生对工作的支持和帮助。最后，深深感谢应宇垦先生在 BIM 道路上的指引。

本书在编写过程中，虽经反复斟酌修改，但限于编者水平有限，书中难免存在不妥之处，恳请广大读者批评指正。

编　者

# 目　　录

# 第1章　BIM 知识

## 1.1　什么是BIM

　　BIM（Building Information Modeling），建筑信息模型，这一概念于 2002 年提出，目前已经在全球范围内得到业界的广泛认可，被誉为工程建设行业实现可持续设计的标杆。BIM 概念和解决方案将是中国工程建设行业实现高效、协作和可持续发展的必由之路。

　　BIM 的定义或解释有多种版本，McGraw Hill（麦格劳·希尔）在 2009 年名为 "The Business Value of BIM" 的市场调研报告中，对 BIM 的定义比较简练，认为 "BIM 是利用数字模型对项目进行设计、施工和运营的过程"。

　　相比较，美国国家 BIM 标准对 BIM 的定义比较完整："BIM 是一个设施（建设项目）物理和功能特性的数字表达；BIM 是一个共享的知识资源，是一个分享有关这个设施的信息，为该设施从概念到拆除的全寿命周期中的所有决策提供可靠依据的过程；在项目不同阶段，不同利益相关方通过在 BIM 中插入、提取、更新和修改信息，支持和反映其各自职责的协同作业。"

　　何关培先生发明了一张 "BIM 河洛图"（图 1-1），帮助大家通过 BIM 的阴阳之道了解 BIM 的基本概念。

　　在 BIM 动态发展链条上，业务

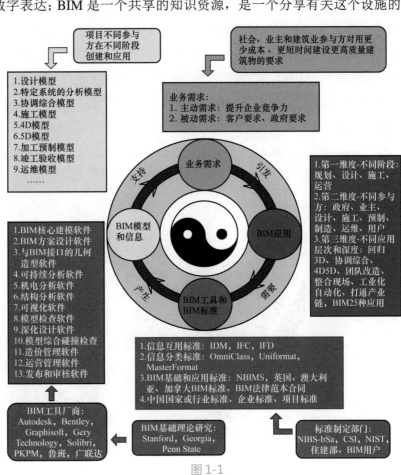

图 1-1

1

需求（不管是主动的需求还是被动的需求）引发 BIM 应用，BIM 应用需要 BIM 工具和 BIM 标准，业务人员（专业人员）使用 BIM 工具和标准生产 BIM 模型和信息，BIM 模型和信息支持业务需求的高效、优质实现。

## 1.2　BIM的基本应用

BIM 是近年来一项引领建筑数字技术走向更高层次的新技术，它的全面应用将大大提高建筑业的生产效率，提升建筑工程的集成化程度，使设计、施工到运营整个全寿命周期的质量和效率显著提高、成本降低，给建筑业的发展带来巨大效益。

采用 BIM 技术，不仅可以实现设计阶段的协同设计，施工阶段的建造全过程一体化和运营阶段对建筑物的智能化维护和设施管理，同时打破从业主到设计、施工运营之间的隔阂和界限，实现对建筑的全寿命周期管理。

设计阶段：BIM 技术使建筑、结构、给水排水、空调、电气等各个专业基于同一个模型进行工作，从而使真正意义上的三维集成协同设计成为可能。在二维图纸时代，各个设备专业的管道综合是一个繁琐、费时的工作，做得不好甚至经常引起施工中的反复变更。而 BIM 将整个设计整合到一个共享的建筑信息模型中，结构与设备、设备与设备间的冲突会直观地显现出来，通过 BIM 进行三维碰撞检测，能及时发现并调整设计，从而极大地避免了施工中的浪费。此外，BIM 技术使得设计修改更容易。只要对项目做出更改，由此产生的所有结果都会在整个项目中自动协调，各个视图中的平、立、剖面图自动修改，不会出现平、立、剖面不一致的错误，如图 1-2 所示。

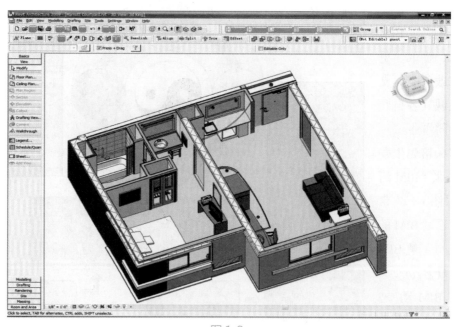

图 1-2

施工阶段：在施工阶段，BIM可以同步提供施工虚拟模拟，并且提供有关施工进度以及成本的信息。它可以方便地提供工程量清单、概预算、各阶段材料准备等施工过程中需要的信息，甚至可以帮助人们实现建筑构件的直接无纸化加工建造，实现整个施工周期的可视化模拟与可视化管理。施工人员可以迅速为业主制定展示场地使用情况或更新调整情况的规划，从而和业主进行沟通，将施工过程对业主的运营和施工人员的影响降到最低。BIM还能提高文档质量，改善施工规划，从而节省施工中在过程与管理问题上投入的时间与资金，如图1-3所示。

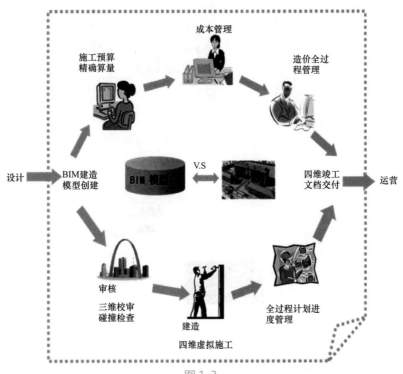

图1-3

运营阶段：对于公共建筑和重要设施而言，设施运营和维护方面耗费的成本相当高。BIM的特点是，能够提供关于建筑项目的协调一致、可计算的信息，如图1-4所示。因此，该信息非常值得共享和重复使用。这样，通过在建筑生命周期中时间较长、成本较高的维护和运营阶段使用数字建筑信息，业主和运营商便可大大降低由于缺乏互操作性而导致的成本损失。目前，BIM在设施维护中的应用案例并不是很多，尚未得到有效挖掘。但是笔者认为，在运营维护阶段其需求非常大，尤其是对于公共设施维护、重要设施维护，其创造的价值不言而喻。

如图1-5所示的建筑业技术发展历程图中，"甩图板"是中国建筑业发展历程中的一大飞跃，通过这项革命，从图板时代进入到计算机应用时代，为中国建筑业的飞速发展垫定了技术基础。建筑信息模型，为建筑行业领域带来了第二次革命，不仅实现从二维设计到三维全寿命周期的革命。更重要的是，对于整个建筑行业来说，它改变了项目参与各方的协作方式，改变了人们的工作协同理念，BIM 引发了建筑行业一次脱胎换骨的技术性革命。BIM 理念正在逐步深入人心。

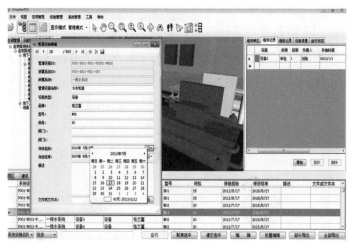

图 1-4

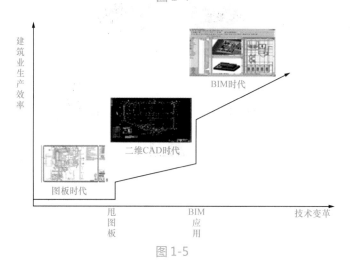

图 1-5

# 1.3 BIM技术在各国的应用情况

BIM 是从美国发展起来的，逐渐扩展到欧洲、日本、韩国等，目前 BIM 在这些国家的发展态势和应用水平都达到了一定的程度。其中，又以美国的应用最为广泛和深入。

## 1.3.1 BIM技术在美国的应用

在美国，关于 BIM 的研究和应用起步较早。发展到今天，BIM 的应用已初具规模，各大设计事务所、施工公司和业主纷纷主动在项目中应用 BIM，政府和行业协会也出台了各种 BIM 标准。有统计数据表明，2009 年美国建筑业 300 强企业中 80% 以上都应用了 BIM 技术。

早在 2003 年，为了提高建筑领域的生产效率，支持建筑行业信息化水平的提升，美国总务管理局（GSA）推出了国家 3D-4D-BIM 计划，在 GSA 的实际建筑项目中挑选 BIM 试点项目，探索和验证 BIM 应用的模式、规则、流程等一整套全建筑寿命周期的解决方案。所有 GSA 的项目被鼓励采用 3D-4D-BIM 技术，并对采用这些技术的项目承包方根据应用程度的不同，给予不同程度的资金资助。从 2007 年起，GSA 开始陆续发布系列 BIM 指南，用于规范和引导 BIM 在实际项目的应用。

2007 年，美国建筑科学研究院（NIBS）发布美国国家 BIM 标准（NBIMS），旗下的 buildingSMART 联盟负责研究 BIM，探讨通过应用 BIM 来提高美国建筑行业生产力的方法。

NIBS 是根据 1974 年的住房和社区发展法案（the Housing and Community Development Act of 1974）由美国国会批准成立的非营利、非政府组织，作为建筑科学技术领域沟通政府和私营机构之间的桥梁，旨在通过支持建筑科学技术的进步改善建成环境（built environment，与自然环境——natural environment 对应）来为国家和公众利益服务。NIBS 集合政府、专家、行业、劳工和消费者的利益，专注于发现和解决影响既安全又支付得起的居住、商业和工业设施建设的问题和潜在问题。NIBIS 同时为私营和公众机构就建筑科学技术的应用提供权威性的建议。

BuildingSMART 联盟是美国建筑科学研究院在信息资源和技术领域的一个专业委员会，成立于 2007 年，是在原有的国际数据互用联盟（IAI——International Alliance of Interoperability）的基础上建立起来的。2008 年底，原有的美国 CAD 标准和美国 BIM 标准成员正式成为 BuildingSMART 联盟的成员。

前面已经提到，建筑业设计、施工的无用功和浪费高达 57%，而制造业只有 26%。BuildingSMART 联盟认为，通过改善我们提交、使用和维护建筑信息的流程，建筑行业完全有可能在 2020 年消除高出制造业的那部分浪费（31%）。按照美国 2008 年大约 1.2 万亿美元的设计施工投入计算，这个数字就是每年将近 4000 亿美元。BuildingSMART 联盟的目标就是建立一种方法，抓住这个每年 4000 亿美元的机会，以及帮助应用这种方法通往一个更可持续的生活标准和更具生产力及环境友好的工作场所。

2009 年 7 月，美国威斯康辛州成为第一个要求州内新建大型公共建筑项目使用 BIM 的州政府。威斯康辛州国家设施部门发布实施规则，要求从 2009 年 7 月 1 日开始，州内预算在 500 万美元以上的所有项目和预算在 250 万美元以上的施工项目，都必须从设计开始就应用 BIM 技术。

2009 年 8 月，德克萨斯州设施委员会也宣布对州政府投资的设计和施工项目提出应用 BIM 技术的要求，并计划发展详细的 BIM 导则和标准。

2010 年 9 月，俄亥俄州政府颁布 BIM 协议。

### 1.3.2　BIM技术在日本的应用

在日本，BIM 应用已扩展到全国范围，并上升到政府推进的层面。日本的国土交通省负责全国各级政府投资工程，包括建筑物、道路等的建设、运营和工程造价管理。国土交通省的大臣官房（办公厅）下设官厅营缮部，主要负责组织政府投资工程建设、运营和造价管理等具体工作。2010 年 3 月，国土交通省官厅营缮部宣布，将在其管辖的建筑项目中推进 BIM 技术，根据今后施行对象的设计业务来具体应用 BIM。

### 1.3.3　BIM技术在韩国的应用

在韩国，已有多家政府机关致力于 BIM 应用标准的制订，如韩国国土海洋部、韩国教育科学技术部、韩国公共采购服务中心（Public Procurement Service）等。其中，韩国公共采购服务中心下属的建设事业局制定了 BIM 实施指南和路线图（Roadmap）。具体路线图为：2010 年，1 ～ 2 个大型施工 BIM 示范使用；2011 年，3 ～ 4 个大型施工 BIM 示范使用；2012 ～ 2015 年，500 亿韩元以上建筑项目全部采用 4D（3D+cost）的设计管理系统；2016 年，实现全部公共设施项目使用 BIM 技术。韩国国土海洋部分别在建筑领域和土木领域制订 BIM 应用指南。其中，《建筑领域 BIM 应用指南》于 2010 年 1 月完成发布。该指南是建筑业业主、建筑师、设计师等采用 BIM 技术时必需的要素条件以及方法等的详细说明的文书。同时，BuildingSMART 在韩国的分会表现也很活跃，他们和韩国的一些大型建筑公司和大学院校正在共同努力，致力于 BIM 在韩国建设领域的研究、普及和应用。

### 1.3.4　BIM技术在中国的应用

我国建筑业信息化的历史基本可以归纳为每十年重点解决一类问题：

六五～七五（1981 ～ 1990）：解决以结构计算为主要内容的工程计算问题（CAE）；

八五～九五（1991 ～ 2000）：解决计算机辅助绘图问题（CAD）；

十五～十一五（2001 ～ 2010）：解决计算机辅助管理问题，包括电子政务（e-government）和企业管理信息化等。建筑业信息化情况可以简单地用图 1-6 所示内容来表示。

在国内，一向是亚洲潮流风向标的香港地区，BIM 技术已经广泛应用于各类型房地产开发项目中，并于 2009 年成立香港 BIM 学会。

在大陆地区，普遍存在的状况是：大部分业内人士听说过 BIM，对 BIM 的理解尚处于表面层次，由于 BIM 是基于软件层面上的协同平台，有相当大比例的行内人士认为

BIM 是一种软件，虽然有一定数量的项目在不同阶段和不同程度上使用了 BIM，例如，作为中国在建的第一高楼，上海中心大厦对项目设计、施工和运营的全过程 BIM 应用进行了全面规划，成为第一个由业主主导、在项目全寿命周期中应用 BIM 的标杆，但 BIM 在我国的应用仍处于初级阶段。

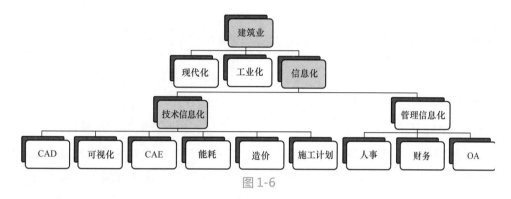

图 1-6

2010 年，中国房地产业协会商业地产专业委员会率先组织研究并发布了《中国商业地产 BIM 应用研究报告》，用于指导和跟踪商业地产领域 BIM 技术的应用和发展。"十一五"期间，BIM 已经进入国家科技支撑计划重点项目，而在住房和城乡建设部发布的《2011 ～ 2015 年建筑业信息化发展纲要》中明确提出："十二五期间要加快建筑信息模型（BIM）、基于网络的协同工作等新技术在工程中的应用"。推动和发展 BIM，是摆在我们面前的大好发展机遇。2012 年由中国建筑科学研究院等单位共同发起成立的中国 BIM 发展联盟标志中国 BIM 标准正式启动。整个建筑行业也在关注 BIM 标准的走向，中国 BIM 标准的出台给建筑行业带来的改变和冲击，已成为整个行业关注的重点，BIM 标准的制定与实施必将把 BIM 推向又一个高潮。

随着 BIM 理念正逐渐为我国建筑行业所认同，建设行业现行法律、法规、标准、规范对 BIM 的支持和适应也将被提到议事日程。如今,BIM 已经超越了设计和施工阶段，它涵盖了项目的整个生命周期。从短期来说，它使建筑工程更快速、更经济、更精确，使各工种配合得更好，因而减少了图纸的出错风险，大大提高设计乃至整个工程的质量和效率。从长远来说，它不断提供质量高、可靠性强的信息来使建筑物的运作、维护和设施管理更好地运行。BIM 在中国经历了多年的市场孕育，已经开始起跑加速。我们完全有理由相信，一场由 BIM 引领的技术大变革已然开始。BIM 不单单是软件，更是一个理念，BIM 将引发建筑行业一次脱胎换骨的技术性革命。

# 第2章　BIM 技能等级考试介绍

## BIM等级考试大纲

BIM 是以三维数字技术为基础，集成了建筑设计、建造、运维全过程各种相关信息的工程数据模型，并能详尽表达这些信息。BIM 是一种应用于设计、建造、管理的数字化方法。BIM 技术正在推动着建筑工程设计、建造、运维管理等多方面的变革，将在 CAD 技术基础上广泛推广应用。BIM 技术作为一种新的技能，有着越来越大的社会需求，正在成为我国就业中的新亮点。在此背景下，中国图学学会开展 BIM 技能等级培训与考评工作。为了对该技能培训提供科学、规范的依据，制定《BIM 技能等级考评大纲》（以下简称《大纲》）。

（1）《大纲》以规范、引领和提高现阶段 BIM 从业人员所需技能水平和要求为目标，在充分考虑经济发展、科技进步和产业结构变化影响的基础上，对 BIM 技能的工作范围、技能要求和知识水平做了明确规定。

（2）《大纲》的制定参照了有关技术规程的要求，既保证了《大纲》体系的规范化，又体现了以就业为导向、以就业技能为核心的特点，同时也使其具有根据科技发展进行调整的灵活性和实用性，符合培训、鉴定和就业工作的需要。

（3）《大纲》将 BIM 技能分为三级：一级为 BIM 建模师；二级为 BIM 高级建模师；三级为 BIM 应用设计师。BIM 技能一级相当于 BIM 初级应用水平，不区分专业，能掌握 BIM 软件操作和基本 BIM 建模方法；二级根据设计对象的不同，分为建筑、结构、设备三个专业，能创建达到各专业设计要求的专业 BIM 模型；三级根据应用专业的不同，分为建筑、结构、设备设计专业以及施工、造价管理专业，能进行 BIM 技术的综合应用。

（4）《大纲》按照不同等级和不同专业分类的技能考核，内容包括技能概况、基本知识要求、考评要求和考评内容比重表四个部分。

（5）本《大纲》自 2012 年 10 月 1 日起施行。《大纲》的解释权归全国 BIM 技能等级培训工作指导委员会办公室。

1. 技能概况

（1）技能名称。建筑信息模型（Building Information Modeling）建模和应用技能，简称 BIM 技能。

（2）技能定义。BIM 技能是指使用计算机通过操作 BIM 建模软件，能将建筑工程设计和建造中产生的各种模型和相关信息，制作成可用于工程设计、施工和后续应用所需的 BIM 及其相关的二维工程图样、三维几何模型和其他有关的图形、模型和文档的能力。通过操作 BIM 专业应用软件，能进行 BIM 技术的综合应用能力。

（3）技能等级。本技能共设三个等级：一级为 BIM 建模师；二级为 BIM 高级建模师；三级为 BIM 应用设计师。凡通过一级考评者，获得 BIM 建模师证书；通过二级考评者，获得 BIM 高级建模师证书；通过三级考评者，获得 BIM 应用设计师证书。

（4）基本文化程度。一级和二级 BIM 技能应具有高中或高中以上学历（或其同等学历）。三级 BIM 技能应具有土木建筑工程及相关专业大专或大专以上学历（或其同等学历）。

（5）培训要求。

1）培训时间。

①全日制学校教育，根据其培养目标和教学计划确定。

②没有接受过 BIM 技能的有关学校教育或培训者，推荐的培训时间为：一级不少于 300h，二级不少于 300h，三级不少于 250h。高级别的培训时间是指在低级别培训时间基础上的增加时间。

2）培训教师。

培训 BIM 技能等级的教师应持有教师资格证。

3）培训场地与设备

计算机及 BIM 软件；投影仪；采光、照明良好的房间。

（6）考评要求。

1）适用对象

需要具备本技能的人员。

2）申报条件

· BIM 技能一级（具备以下条件之一者可申报本级别）：

① 达到本技能一级所推荐的培训时间。

② 连续从事 BIM 建模或相关工作 1 年以上者。

· BIM 技能二级（具备以下条件之一者可申报本级别）：

①已取得本技能一级考核证书，且达到本技能二级所推荐的培训时间。

②连续从事 BIM 建模和应用相关工作 2 年以上者。

· BIM 技能三级（具备以下条件之一者可申报本级别）：

①已取得本技能二级考核证书，且达到本技能三级所推荐的培训时间。

②连续从事 BIM 设计和专业应用工作 2 年以上者。

3）考评方法

采用现场技能操作方式，成绩达到 60 分以上（含 60 分）者为合格。

4）考评人员与考生配比

考评员与考生配比为 1:15，且每个考场不少于 2 名考评员。

5）考评时间

各等级的考评时间均为 180min。

6）考评场地与设备

计算机、BIM 软件及图形输出设备；采光、照明良好的房间。

2. 基本知识要求

（1）制图的基本知识。

1）投影知识：正投影、轴测投影、透视投影。

2）制图知识

①技术制图的国家标准知识（图幅、比例、字体、图线、图样表达、尺寸标注等）。

②形体的二维表达方法（视图、剖视图、断面图和局部放大图等）。

③标注与注释。

④土木与建筑类专业图样的基本知识（例如：建筑施工图、结构施工图、建筑水暖电设备施工图等）。

（2）计算机绘图的基本知识。

1）计算机绘图基本知识。

2）有关计算机绘图的国家标准知识。

3）模型绘制。

4）模型编辑。

5）模型显示控制。

6）辅助建模工具和图层。

7）标注、图案填充和注释。

8）专业图样的绘制知识。

9）项目文件管理与数据转换。

（3）BIM 建模的基本知识

1）BIM 基本概念和相关知识。

2）基于 BIM 的土木与建筑工程软件基本操作技能。

3）建筑、结构、设备各专业人员所具备的各专业 BIM 参数化建模与编辑方法。

4）BIM 属性定义与编辑。

5）BIM 实体及图档的智能关联与自动修改方法。

6）设计图纸及 BIM 属性明细表创建方法。

7）建筑场景渲染与漫游。

8）应用基于 BIM 的相关专业软件，建筑专业人员能进行建筑性能分析；结构专业人员进行结构分析；设备类专业人员进行管线碰撞检测；施工专业人员进行施工过程模拟等 BIM 基本应用知识和方法。

9）项目共享与协同设计知识与方法。

10）项目文件管理与数据转换。

3. 考评要求

BIM 技能一级（BIM 建模师）考评表可参见表 2-1。

表 2-1　　　　　　　　　　　　BIM 建模师技能一级考评表

| 考评内容 | 技能要求 | 相关知识 |
|---|---|---|
| 工程绘图和 BIM 建模环境设置 | 系统设置、新建 BIM 文件及 BIM 建模环境设置 | （1）制图国家标准的基本规定（图纸幅面、格式、比例、图线、字体、尺寸标注式样等）。<br>（2）BIM 建模软件的基本概念和基本操作（建模环境设置，项目设置、坐标系定义、标高及轴网绘制、命令与数据的输入等）。<br>（3）基准样板的选择。<br>（4）样板文件的创建（参数、族、视图、渲染场景、导入\导出以及打印设置等） |
| BIM 参数化建模 | （1）BIM 的参数化建模方法及技能；<br>（2）BIM 实体编辑方法及技能 | （1）BIM 参数化建模过程及基本方法<br>1）基本模型元素的定义；<br>2）创建基本模型元素及其类型。<br>（2）BIM 参数化建模方法及操作<br>基本建筑形体：墙体、柱、门窗、屋顶、地板、顶板、楼梯等基本建筑构件。<br>（3）BIM 实体编辑及操作<br>1）通用编辑：包括移动、拷贝、旋转、阵列、镜像、删除及分组等；<br>2）草图编辑：用于修改建筑构件的草图，如屋顶轮廓、楼梯边界等；<br>3）模型的族实例编辑：包括修改族类型的参数、属性、添加族实例属性等 |
| BIM 属性定义与编辑 | BIM 属性定义及编辑 | （1）BIM 属性定义与编辑及操作。<br>（2）利用属性编辑器添加或修改模型实体的属性值和参数 |
| 创建图纸 | （1）创建 BIM 属性明细表；<br>（2）创建设计图纸 | （1）创建 BIM 属性明细表及操作：从模型属性中提取相关信息，以表格的形式进行显示，包括门窗、构件及材料统计表等。<br>（2）创建设计图纸及操作：<br>1）定义图纸边界、图框、标题栏、会签栏；<br>2）直接向图纸中添加属性明细表 |
| 模型文件管理 | 模型文件管理与数据转换技能 | （1）模型文件管理及操作；<br>（2）模型文件导入、导出；<br>（3）模型文件格式及格式转换 |

4. 考评内容比重表（见表 2-2）。

表 2-2 　　　　　　　　　　　　　　BIM 技能一级考评内容比重表

| 考评内容 | 比重（%） |
| --- | --- |
| 工程绘图和 BIM 建模环境设置 | 15 |
| BIM 参数化建模 | 50 |
| BIM 属性定义与编辑 | 15 |
| 创建图纸 | 15 |
| 模型文件管理 | 5 |

# 第 3 章　BIM 主流软件简介

　　BIM 不是一个软件的事，或者说 BIM 不是一类软件的事。每一类软件的选择也不止是一个产品，要充分发挥 BIM 价值、为项目创造效益，涉及常用的 BIM 软件数量就有十几个到几十个之多。

　　谈 BIM、用 BIM 都离不开 BIM 软件，本文试图通过对目前在全球具有一定市场影响或占有率，并且在国内市场具有一定认识和应用的 BIM 软件（包括能发挥 BIM 价值的软件）进行梳理和分类，希望能够给想对 BIM 软件有个总体了解的同行提供一个参考。

　　先对 BIM 软件的各个类型做一个罗列，如图 3-1 所示。

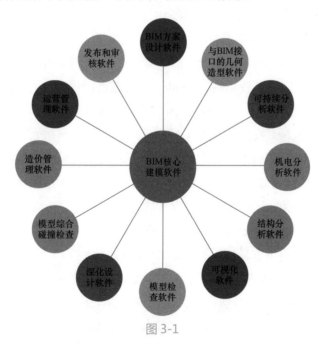

图 3-1

　　接下来分别对属于这些类型软件的主要产品情况做一个简单介绍。

## 3.1　BIM核心建模软件

　　这类软件英文通常叫 "BIM Authoring Software"，是 BIM 之所以成为 BIM 的基础。换句话说，正是因为有了这些软件才有了 BIM，也是从事 BIM 的同行要碰到的第一类BIM 软件。因此，我们称它们为 "BIM 核心建模软件"，简称 "BIM 建模软件"。常用的 BIM 建模软件如图 3-2 所示。

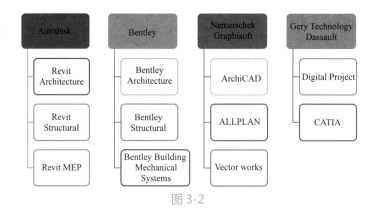

图 3-2

Revit 建筑、结构和机电系列是 Autodesk 公司的 BIM 软件，针对特定专业的建筑设计和文档系统，支持所有阶段的设计和施工图纸。从概念性研究到最详细的施工图纸和明细表。Revit 平台的核心是 Revit 参数化更改引擎，它可以自动协调在任何位置（例如，在模型视图或图纸、明细表、剖面、平面图中）所做的更改。这也是在我国普及最广的 BIM 软件了。实践证明，它确实大大提高了设计的效率。优点是普及性强，操作相对简单。在民用建筑市场借助 AutoCAD 的天然优势，有相当不错的市场表现。

Bentley 建筑、结构和设备系列，Bentley 产品在工厂设计（石油、化工、电力、医药等）和基础设施（道路、桥梁、市政、水利等）领域有无可争辩的优势。

2007 年，Nemetschek 收购 Graphisoft 以后，ArchiCAD/AllPLAN/VectorWorks 三个产品就被归到同一个门派里面了，其中国内同行最熟悉的是 ArchiCAD，属于一个面向全球市场的产品，应该可以说是最早的一个具有市场影响力的 BIM 核心建模软件，但是在中国，由于其专业配套的功能（仅限于建筑专业）与多专业一体的设计院体制不匹配，很难实现业务突破。Nemetschek 的另外两个产品，AllPLAN 主要市场在德语区，VectorWorks 则是其在美国市场使用的产品名称。

Dassault 公司的 CATIA 是全球最高端的机械设计制造软件，在航空、航天、汽车等领域具有接近垄断的市场地位，应用到工程建设行业，无论是对复杂形体还是对超大规模建筑，其建模能力、表现能力和信息管理能力都比传统的建筑类软件有明显优势，而与工程建设行业的项目特点和人员特点的对接问题则是其不足之处。Digital Project 是 Gery Technology 公司在 CATIA 基础上开发的一个面向工程建设行业的应用软件（二次开发软件），其本质还是 CATIA，就跟天正的本质是 AutoCAD 一样。

此外，芬兰普罗格曼有限公司的 MagiCAD 在北欧建筑设备领域，已成为计算机辅助绘图软件中使用最广的软件。MagiCAD 与所有基于 AutoCAD、Revit 的工作平台完全兼容。项目模型可以是 DWG 格式，也可以是开放的 IFC 格式。它有很多本地化的模板，可以不受当地建筑制图标准及规范的限制出图。但是，主要用在建筑设备领域，与建筑、结构协作受到限制。

因此，对于一个项目或企业 BIM 核心建模软件技术路线的确定，可以考虑以下基本原则：

（1）民用建筑用 Autodesk Revit。

（2）工厂设计和基础设施用 Bentley。

（3）单专业建筑事务所选择 ArchiCAD、Revit、Bentley 都有可能成功。

（4）项目完全异形、预算比较充裕的，可以选择 Digital Project 或 CATIA。

当然，除了上面介绍的情况以外，业主和其他项目成员的要求也是在确定 BIM 技术路线时需要考虑的重要因素。

# 3.2　同BIM接口的几何造型软件

设计初期阶段的形体、体量研究或者遇到复杂建筑造型的情况，使用几何造型软件会比直接使用 BIM 核心建模软件更方便、效率更高，甚至可以实现 BIM 核心建模软件无法实现的功能。几何造型软件的成果可以作为 BIM 核心建模软件的输入。

目前，常用几何造型软件有 Sketchup、Rhino 和 FormZ 等，其与 BIM 核心建模软件的关系如图 3-3 所示。

# 3.3　其他类型的BIM软件

## 3.3.1　BIM可持续（绿色）分析软件

可持续或者绿色分析软件如图 3-4 所示，可以使用 BIM 模型的信息对项目进行日照、风环境、热工、景观可视度、噪声等方面的分析，主要软件有国外的 EcoTech、IES、Green Building Studio 以及国内的 PKPM 等。

## 3.3.2　BIM机电分析软件

水、暖、电等设备和电气分析软件，如图 3-5 所示。国内产品有鸿业、博超等，国外产品有 Design Master、IES Virtual Environment、Trane Trace 等。

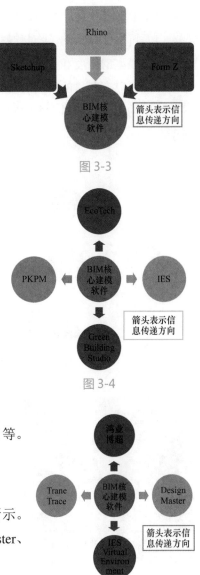

图 3-3

图 3-4

图 3-5

### 3.3.3 BIM结构分析软件

结构分析软件是目前 BIM 核心建模软件集成度比较高的产品，基本上两者之间可以实现双向信息交换，即结构分析软件可以使用 BIM 核心建模软件的信息进行结构分析，分析结果对结构的调整又可以反馈到 BIM 核心建模软件中去，自动更新 BIM 模型。

ETABS、STAAD、Robot 等国外软件以及 PKPM 等国内软件都可以跟 BIM 核心建模软件配合使用，如图 3-6 所示。

### 3.3.4 BIM可视化软件

有了 BIM 模型以后，对可视化软件的使用至少有以下好处：

（1）可视化建模的工作量减少了。

（2）模型的精度和与设计（实物）的吻合度提高了。

（3）可以在项目的不同阶段及各种变化情况下快速产生可视化效果。

常用的可视化软件包括 3DS Max、Artlantis、Accurender 和 Lightscape 等，如图 3-7 所示。

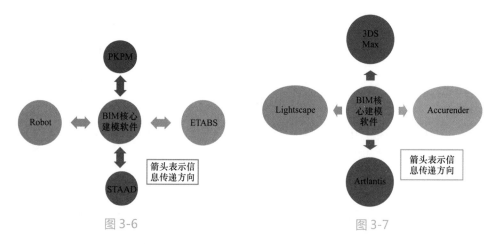

图 3-6                图 3-7

图 3-8

### 3.3.5 BIM深化设计软件

Xsteel 是目前最有影响的基于 BIM 技术的钢结构深化设计软件，该软件可以使用 BIM 核心建模软件的数据，对钢结构进行面向加工、安装的详细设计，生成钢结构施工图（加工图、深化图、详图）、材料表、数控机床加工代码等。图 3-8 所示是 Xsteel 设计的一个例子（由宝钢钢构提供）。

### 3.3.6　BIM模型综合碰撞检查软件

有两个根本原因直接导致了模型综合碰撞检查软件的出现：

（1）不同专业人员使用各自的 BIM 核心建模软件建立自己专业相关的 BIM 模型，这些模型需要在一个环境里面集成起来，才能完成整个项目的设计、分析、模拟，而这些不同的 BIM 核心建模软件无法实现这一点。

（2）对于大型项目来说，硬件条件的限制使得 BIM 核心建模软件无法在一个文件里面操作整个项目模型，但是又必须把这些分开创建的局部模型整合在一起，研究整个项目的设计、施工及其运营状态。

模型综合碰撞检查软件的基本功能包括集成各种三维软件（包括 BIM 软件、三维工厂设计软件、三维机械设计软件等）创建的模型，进行 3D 协调、4D 计划、可视化、动态模拟等，属于项目评估、审核软件的一种。常见的模型综合碰撞检查软件有 Autodesk Navisworks、Bentley Projectwise Navigator 和 Solibri Model Checker 等，如图 3-9 所示。

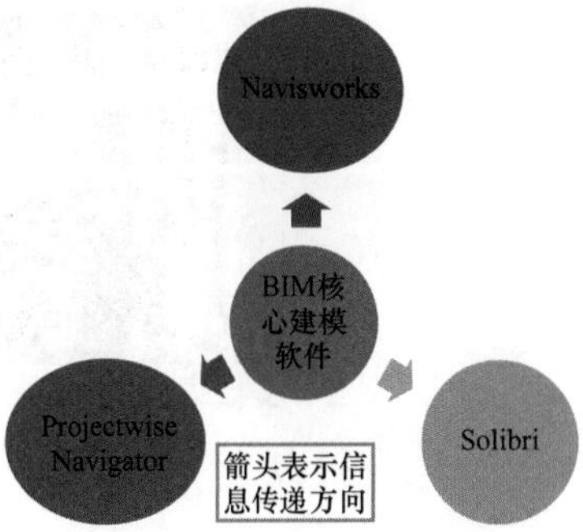

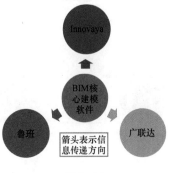

图 3-9

### 3.3.7　BIM造价管理软件

造价管理软件利用 BIM 模型提供的信息进行工程量统计和造价分析，由于 BIM 模型结构化数据的支持，基于 BIM 技术的造价管理软件可以根据工程施工计划动态提供造价管理需要的数据，这就是所谓 BIM 技术的 5D 应用。

国外的 BIM 造价管理软件有 Innovaya 和 Solibri、RIB iTWO 等，鲁班、广联达、斯维尔等软件是国内 BIM 造价管理软件的代表，如图 3-10 所示。

图 3-10

### 3.3.8　BIM运营管理软件

把 BIM 形象地比喻为建设项目的 DNA，根据美国国家 BIM 标准委员会的资料，一个建筑物寿命周期成本的 75% 发生在运营阶段（使用阶段），而建设阶段（设计、施工）的成本只占项目寿命周期成本的 25%。

BIM 模型为建筑物的运营管理阶段服务，是 BIM 应用重要的推动力和工作目标。在这方面，美国运营管理软件 ArchiBUS 是最有市场影响的软件之一。

图 3-11 所示是由 FacilityONE 提供的基于 BIM 的运营管理整体框架，对同行认识和了解 BIM 技术的运营管理应用有所帮助。

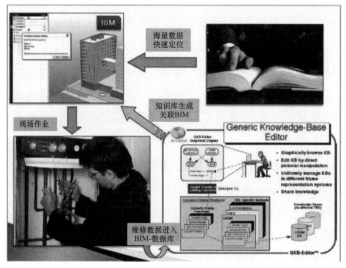

图 3-11

### 3.3.9 BIM发布审核软件

最常用的 BIM 成果发布审核软件包括 Autodesk Design Review、Adobe PDF 和 Adobe 3D PDF，正如这类软件本身的名称所描述的那样，发布审核软件把 BIM 的成果发布成静态、轻型、包含大部分智能信息、不能编辑修改但可以标注审核意见、更多人可以访问的格式，如 DWF/PDF/3D PDF 等，供项目其他参与方进行审核或者利用，如图 3-12 所示。

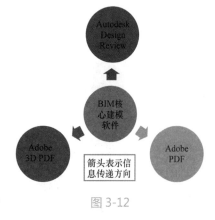

图 3-12

## 3.4 小结

到此为止，我们介绍了目前工程建设行业正在应用的十几种 BIM 和 BIM 相关软件，除了上述介绍的软件以外，限于篇幅，其他 BIM 相关软件就不一一介绍了。值得一提的是，制造业已普遍应用的 PDM（Product Data Management——产品数据管理）软件或者类似功能的其他软件，作为 BIM 深入普及应用所必需的 BIM 数据管理解决方案，其地位和作用将被逐渐认识和实现。

本章用不同类型软件和 BIM 核心建模软件之间的信息流动关系，对目前常用的 BIM 以及 BIM 相关软件进行了介绍。如果把这种类型划分方法进行简化，可发现这些软件基本上可以划分为两个大类：

第一大类：创建 BIM 模型的软件，包括 BIM 核心建模软件、BIM 方案设计软件以及和 BIM 接口的几何造型软件。

第二大类：利用 BIM 模型的软件，除第一大类以外的其他软件。

那么，这么多不同类型的软件是如何有机地结合在一起为项目建设运营服务的呢？下面来分析图 3-13 所示内容：

图 3-13 所示实线表示信息直接互用，虚线代表信息间接互用，箭头表示信息互用的方向。从图中我们看到不同类型的 BIM 软件可以根据专业和项目阶段作以下区分：

（1）建筑：包括 BIM 建筑模型创建、几何造型、可视化、BIM 方案设计等。

（2）结构：包括 BIM 结构建模、结构分析、深化设计等。

（3）机电：包括 BIM 机电建模、机电分析等。

（4）施工：包括碰撞检查、4D 模拟、施工进度和质量控制等。

（5）其他：包括绿色设计、模型检查、造价管理等。

（6）运营管理 FM（Facility Management）。

（7）数据管理 PDM。

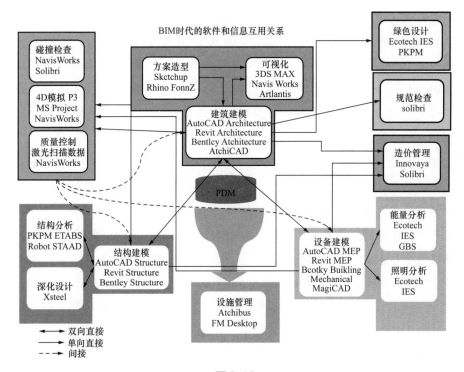

图 3-13

# 第 4 章　制图和专业识图

## 4.1　投影知识

本节主要介绍投影的基本概念与特性，掌握点、线、平面与其他平面体的投影及投影特性，理解重影点的概念、判断重影点的可见性。认识截交线与相贯线的形成过程。

### 4.1.1　投影概念及正投影特性

1. 投影的概念

光源发出的光线，假设能透过形体而将各个顶点和各条侧棱都在平面 $P$ 上投落它们的影，这些点和线的影将组成一个能够反映出形体各部分形状的图形，这个图形称为形体的投影。

（1）投影形成的三要素：形体、投射线和投影面。

（2）投影法中的空间形体，只研究它们的空间形状，而不涉及它们的制造材料、重量、质量分布是否均匀等物理性质。

2. 投影的分类

（1）中心投影：光源 $S$ 通常称为投影中心，当投影中心在有限的距离内，发出放射状的投影线，这些投影线形成的投影称为中心投影。

（2）平行投影：投影中心在无限远处，发出平行的投影线，这些平行投影线形成的投影称为平行投影。

在平行投影中，根据投影线与投影面的倾角不同，又分为正投影和斜投影两种。

两者区别：投影的大小随形体与投射中心或投影面的距离的变化情况，中心投影会变，度量性较差，因此一般用于表达较大的场景或目标，例如地貌、建筑物等。

而平行投影不改变，度量性好；且当空间形体的某一平面与投影面平行时，平行投影能反映该平面的真实形状和大小。其中，正投影一般用于表达施工图样，并表达物体的实际大小。中心投影与平行投影（斜投影法、正投影法）投射方式，如图 4-1 所示。

3. 投影法的应用

（1）利用中心投影法画透视图。

（2）利用斜投影法画轴测图。

（3）利用正投影法画正轴测图。

（4）利用正投影法画正投影图。

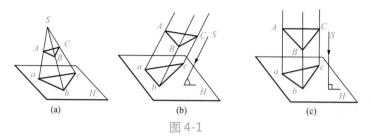

图 4-1

（a）中心投影法；（b）斜投影法；（c）正投影法

（5）利用正投影法画标高投影图。

4. 正投影图的特性

（1）正投影的投影关系："长对正"、"高平齐"、"宽相等"。

（2）每个投影面均反映两个坐标，同时反映上下、左右、前后方位关系。

沿 $x$ 轴——反映左右；沿 $y$ 轴——反映前后；沿 $z$ 轴——反映上下。

$H$ 投影面反映形体的长度和宽度，反映前后、左右方位关系。

$V$ 投影面反映形体的长度和高度，反映上下、左右方位关系。

$W$ 投影面反映形体的宽度和高度，反映前后、上下方位关系。

## 4.1.2　点的投影

1. 点的三面投影的展开

规定：空间点用大写字母表示，点的三个投影都用同一个小写字母表示。其中，$H$ 投影（$XOY$ 平面）不加撇，$V$（$XOZ$ 平面）投影加一撇，$W$（$YOZ$ 平面）投影加两撇，如图 4-2 所示。

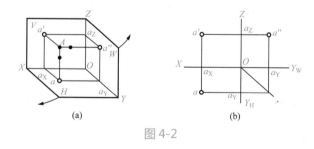

图 4-2

（a）立体图；（b）投影图

（1）$V$ 投影面保持不动，$H$ 投影面绕 $OX$ 轴向下旋转 $90°$。

（2）$V$、$H$ 投影面保持不动，$W$ 投影面绕 $OZ$ 轴向右旋转 $90°$。

（3）最后三个投影面位于同一平面上，通常投影面的边框不必画出。

2. 点在三个投影面中的位置

（1）$x, y, z \neq 0$，点在空间。

（2）$x = 0 \; y, z \neq 0$ 时，点在 $W$ 面上；

　　$y = 0 \; x, z \neq 0$ 时，点在 $V$ 面上；

　　$z = 0 \; y, x \neq 0$ 时，点在 $H$ 面上。

（3）$x, y = 0 \; z \neq 0$，点在 $Z$ 轴上；

　　$y, z = 0 \; x \neq 0$，点在 $X$ 轴上；

　　$z, x = 0 \; y \neq 0$，点在 $Y$ 轴上。

（4）$x, y, z = 0$，点在坐标原点。

3. 重影点

当空间两点位于对投影面的同一条投影线上时，这两点在该投影面上的投影重合，称这两点为对该投影面的重影点。

## 4.1.3　直线的投影

1. 投影面的垂直线

垂直于其中一个投影面，而同时平行另外两个投影面的直线。

2. 投影面的平行线

平行于一个投影面，倾斜于其他两个投影面的直线。

3. 一般位置直线

与三个投影面都倾斜的直线（直线与 $H$、$V$ 和 $W$ 三投影面的夹角分别用 $\alpha$、$\beta$、$\gamma$ 表示）。

4. 两直线的相对位置

空间两直线共有三种相对位置关系：平行、相交、交叉。

## 4.1.4　平面的投影

1. 平面的表示方法

（1）不在同一直线上的三个点，确定一平面。

（2）一直线和线外一点。

（3）相交两直线。

（4）平行两直线。

（5）平面图形（任意平面多边形）。

上述 5 种平面表示方法可如图 4-3 所示。

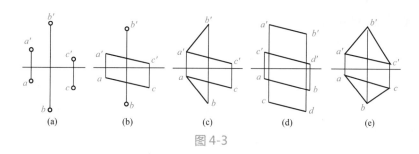

图 4-3

## 2. 平面的位置

（1）空间一平面相对投影面共有三种相对位置：平行、垂直、一般位置。

（2）平行面和垂直面称为投影面的特殊位置平面。

1）平行面——平行于某一投影面，垂直于另两个投影面的平面。这样的平面有三种：

➢ 平行于 $H$ 投影面，垂直于 $V$、$W$ 投影面的平面——水平面

➢ 平行于 $V$ 投影面，垂直于 $H$、$W$ 投影面的平面——正平面

➢ 平行于 $W$ 投影面，垂直于 $H$、$V$ 投影面的平面——侧平面

2）垂直面——垂直于某一投影面，倾斜于另两个投影面。这样的平面有三种：

➢ 垂直 $H$ 面，倾斜 $V$ 面、$W$ 面——铅垂面

➢ 垂直 $V$ 面，倾斜 $H$ 面、$W$ 面——正垂面

➢ 垂直 $W$ 面，倾斜 $H$ 面、$V$ 面——侧垂面

3）一般位置平面——和三个投影面既不垂直也不平行的平面，如用平面图形（例如三角形）表示一般位置平面，其投影特性：

➢ 三面投影均无积聚性

➢ 三面投影反映原平面的类似形状，但都小于实形

## 3. 其他平面体的投影

在建筑工程中的建筑物及其构配件，如果从几何体形角度来分析，它们总可以看作由一些形状简单、形成也简单的几何体组合而成。在制图中，常把这些工程上经常使用的单一几何形体，如棱柱、棱锥、圆柱、圆锥、球和圆环等称为基本几何体，简称基本体。基本体有平面体和曲面体。这里以棱柱和棱锥为例，具体可如图 4-4 和图 4-5 所示：

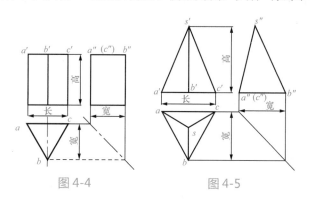

图 4-4　　　　　　　图 4-5

### 4.1.5　截交线和相贯线

在建筑形体的表面上，经常会出现一些交线，由于形体的表面交线形成的条件不同，产生的交线有两种：一种是形体的表面被平面截切而产生的交线，称为截交线；另一种是两形体表面相交而产生的交线，称为相贯线。

1. 截交线基本概念

（1）截平面：假想用来切割形体的平面。

（2）截交线：截平面与形体表面的交线。

（3）断面：截交线围成的平面图形。

2. 截交线的性质

（1）截交线是指既在截平面上，又在立体表面上，是截平面与立体表面的共有线。

（2）截交线的形状是由直线段围成的平面多边形。

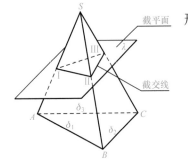

图 4-6

（3）多边形的顶点是立体棱线与截平面的交点，多边形的各边是截平面与立体各表面的交线。

3. 截交线的分类

（1）平面体的截交线（图 4-6）。

（2）曲面体的截交线。

（3）平面与其他回转面体相交。

4. 相贯线基本概念

两立体表面相交所得的交线。

5. 相贯线的性质

（1）相贯线一般是闭合的。

（2）相贯线是相交两立体表面的共有线，同时也是分界线；相贯线上的点是两立体表面的共有点。

6. 相贯线的分类

（1）平面体与平面体相贯。

（2）平面体与曲面体相贯。

（3）两曲面体相贯。

### 4.1.6　小结

本节学习了投影的概念与分类，点、线、面的基本投影知识，以及截交线与相贯线的概念、性质与分类，通过学习大致掌握各类形体的投影情况。

# 4.2 制图知识

本节主要讲述建筑施工图的分类与作用，施工图的设计步骤，施工图常用的符号画法，从总体上把握制图的整个过程。

## 4.2.1 建筑施工图分类与作用

共分为：建筑总平面图、建筑平面图、建筑立面图、建筑剖面图四类。

1. 建筑总平面图

用途：可以反映出上述建筑的形状、位置、朝向以及与周围环境的关系，它是新建筑物施工定位、土方设计、施工总平面图设计的重要依据。

2. 建筑平面图

用途：反映房屋的平面形状、大小和房间的布局，门窗洞口的位置、尺寸，墙、柱的尺寸及使用的材料。

3. 建筑立面图

（1）用途：直接表现立面的艺术处理、外部装修、立面造型，屋顶、门、窗、雨篷、阳台、台阶、勒脚的位置和形式。

（2）命名方式：按主要立面分为正立面图、背立面图、左侧立面图、右侧立面图；按房屋的朝向分为南立面图、北立面图、东立面图、西立面图。

4. 建筑剖面图

（1）用途：用来表示房屋内部的结构、分层情况，各构件的高度，各部分的联系，同时在构件的端面可以反映使用材料，是与平、立、剖面图相互配合的不可缺少的重要图样之一。

（2）剖切原则：剖切面一般选在过门窗洞口、楼梯间、房屋构造复杂与典型的部位；对于多层建筑，一般选在楼梯间、层高不同、层数不同的部位。剖切面一般横向，即平行于侧面；必要时也可纵向，即平行于正面。

（3）数量：依据房屋复杂程度和施工情况具体确定。习惯上，剖面图不画出基础的大放脚。

## 4.2.2 施工图的图示特点

（1）施工图中的各图样，主要是用正投影法绘制。

（2）房屋形体较大，施工图一般采用较小比例绘制。

（3）由于房屋的构、配件和材料种类较多，国家制图标准规定了一系列相应的符号和图例。

### 4.2.3 施工图的设计步骤

施工图的设计需两个阶段：初步设计、施工图设计 [ 对一些复杂工程，还应增加技术设计（扩大初步设计）阶段，为调节各工种的矛盾和绘制施工图作准备 ]。

1. 初步设计阶段

（1）设计前的准备。

（2）方案设计。

（3）绘制初步设计图。

2. 施工图设计阶段

注意是将已经批准的初步设计图，按照施工的要求给予具体化。

3. 具体的制图步骤

绘制建筑施工图的顺序，一般按平面图→立面图→剖面图→详图的顺序来进行。绘图时，对于施工图常用图形比例可参照表 4-1。

表 4-1 施工图常用图形比例

| 图形名称 | 总平面图 | 平面图 | 立面图 | 剖面图 | 详图 |
|---|---|---|---|---|---|
| 常用图形比例 | 1:500<br>1:1000<br>1:2000 | 1:50<br>1:100<br>1:200 | 1:50<br>1:100<br>1:200 | 1:50<br>1:100<br>1:200 | 1:2 1:5 1:10 1:20 1:50 |

（1）总平面图的绘制步骤。选择绘图比例，根据项目建筑、道路、基础设施的长高，以及其相应的位置与周围建筑的关系等画出整个的建筑分布，最后补充绿化、指北针或风玫瑰、建筑物名称与层数、图名等。

（2）平面图的绘制步骤。

1）根据表选取好所需的绘图比例。

2）按开间、进深尺寸画定位轴线。

3）画出墙、柱轮廓线。

4）定门窗洞的位置。

5）画出房屋的细部（如窗台、阳台、室外、台阶、楼梯、雨篷、阳台、室内固定设备等细部）。

6）布置标注，对轴线编号圆、尺寸标注、门窗编号、标高符号、文字说明（如房间名称等）位置进行安排调整。先标外部尺寸，再标内部和细部尺寸，按要求轻画字格和数字、字母字高导线。

7）底层平面图需要画出指北针，剖切位置符号及其编号。

8）认真检查无误后整理图面，按要求加深、加粗图线。

9）在平面图下方写出图名及比例等（后两项待平、立、剖全部底稿图完成后一起进行）。

（3）立面图的绘制步骤。

1）一般应画在平面图的上方，侧立面图或剖面图可放在所画立面图的一侧。根据表4-1选取好所需的绘图比例。

2）画室外地坪、两端的定位轴线、外墙轮廓线、屋顶线等。

3）根据层高、各种分标高和平面图门窗洞口尺寸，画出立面图中门窗洞、檐口、雨篷、雨水管等细部的外形轮廓。

4）画出门扇、墙面分格线、雨水管等细部，对于相同的构造、做法（如门窗立面和开启形式），可以只详细画出其中的一个，其余的只画外轮廓。

5）检查无误后加深图线，并注写标高、图名、比例及有关文字说明。

（4）剖面图的画法步骤。

1）画定位轴线、室内外地坪线、各层楼面线和屋面线，并画出墙身轮廓线。

2）画出楼板、屋顶的构造厚度，再确定门窗位置及细部（如梁、板、楼梯段与休息平台等）。

3）经检查无误后擦去多余线条，按施工图要求加深图线，画材料图例。注写标高、尺寸、图名、比例及有关文字说明。

（5）详图的绘制主要包括楼梯、门窗、外墙、阳台等构件，绘制过程也是先画轴线、墙线、室内外地面、各层楼面和平台面的高度位置线，即先定构件的大致位置，再根据构件的具体形状与要求，进一步完成详图的绘制。

## ▎4.2.4 施工图中常用的符号

**1. 定位轴线**

用来确定主要承重结构和构件（承重墙、梁、柱、屋架、基础等）的位置以便施工时定位放线和查阅图纸。

（1）国标规定定位轴线的绘制。

1）线型：细单点长画线。

2）轴线编号的圆：细实线，直径8mm。

3）编号（以平面图为例）：水平方向，从左向右依次用阿拉伯数字编写；竖直方向，从下向上依次用大写拉丁字母编写（不能用I、O、Z，以免与数字1、0、2混淆），如图4-7所示。

（2）标注位置。图样对称时，一般标注在图样的下方和左侧；图样不对称时，以下方和左侧为主，上方和右方也要标注。

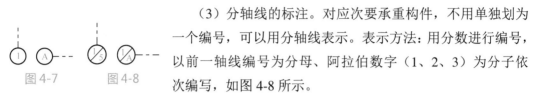

图 4-7　　　图 4-8

（3）分轴线的标注。对应次要承重构件，不用单独划为一个编号，可以用分轴线表示。表示方法：用分数进行编号，以前一轴线编号为分母、阿拉伯数字（1、2、3）为分子依次编写，如图 4-8 所示。

（4）详图中的轴向编号。轴线编号的圆：直径 10mm，细实线绘制（用模板绘制）。

2. 标高符号

在总平面图、平面图、立面图、剖面图上，经常有需要标注高度的地方。不同图样上的标高符号的绘制各不相同，如图 4-9 所示。

标高符号　　　　　　同一位置注写多个标高　　　　　总平面室外地坪标高符号

图 4-9

（1）平面图的标高符号：用相对标高，保留三位小数。

（2）立面图、剖面图的标高符号：用相对标高，保留三位小数。

（3）总平面图的标高符号（室内、室外）：用绝对标高，保留两位小数。如标高数字前有"－"号，表示该完成面低于零点标高。

3. 索引符号和详图符号

为了方便查找构件详图，用索引符号可以清楚地表示出详图的编号、详图的位置和详图所在图纸的编号。

（1）索引符号

1）绘制方法：引出线指在要画详图的地方，引出线的另一端为细实线、直径 10mm 的圆，引出线应对准圆心。在圆内过圆心画一水平细实线，将圆分为两个半圆，如图 4-10 所示。

引出线

索引符号　　　　　　　　用于索引剖面详图的索引符号

图 4-10

【提示】当索引符号用于索引剖面详图时，应在被剖切的部位绘制剖切位置线，引出线所在一侧应为投射方向。

2）编号方法：上半圆用阿拉伯数字表示详图的编号；下半圆用阿拉伯数字表示详图所在图纸的图纸号。若详图与被索引的图样在同一张图纸上，下半圆中间画一水平细实线；若详图为标准图集上的详图，应在索引符号水平直径的延长线上加注标准图集的编号，如图 4-11 所示。

图 4-11

（2）详图符号——表示详图的位置和编号。

1）绘制方法：粗实线，直径 14mm。

2）编号方法：当详图与被索引的图样不在同一张图纸上时，过圆心画一水平细实线。上半圆用阿拉伯数字表示详图的编号，下半圆用阿拉伯数字表示被索引图纸的图纸号。

【提示】当详图与被索引的图样在同一张图纸上时，圆内不画水平细实线。圆内用阿拉伯数字表示详图的编号，如图 4-12 所示。

图 4-12

（3）零件、钢筋、杆件、设备等的编号。

1）绘制方法：细实线，直径 6mm。

2）编号方法：用阿拉伯数字依次编号，如图 4-13 所示。

4. 指北针或风玫瑰——指示建筑物的朝向

绘制方法：细实线，直径 24mm。指针尖指向北，指针尾部宽度为直径的 1/8，约 3mm。需用较大直径绘制指北针时，指针尾部宽度取直径的 1/8，如图 4-14 所示。

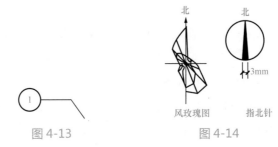

图 4-13　　　　　　图 4-14

5. 常用的建筑配件图例

建筑平面图中部分建筑配件图例可参考图 4-15。

## 4.2.5　小结

本节通过介绍建筑施工图的分类与作用、施工图的设计步骤等，使得读者能从总体上把握住建筑制图的总体思路。

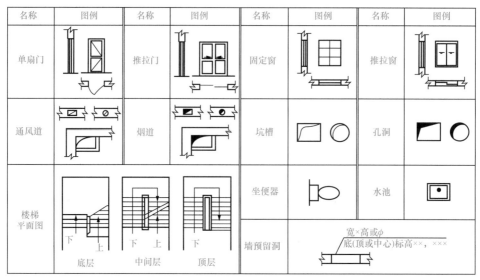

| 名称 | 图例 | 名称 | 图例 | 名称 | 图例 | 名称 | 图例 |
|---|---|---|---|---|---|---|---|
| 单扇门 | | 推拉门 | | 固定窗 | | 推拉窗 | |
| 通风道 | | 烟道 | | 坑槽 | | 孔洞 | |
| 楼梯平面图 | 底层　中间层　顶层 | | | 坐便器 | | 水池 | |
| | | | | 墙预留洞 | 宽×高或φ 底(顶或中心)标高××，×××× | | |

图 4-15

# 4.3 建筑识图

通过了解建筑施工图的产生与内容，掌握施工图的阅读步骤与建筑施工图的图示内容。重点需掌握建筑施工图的阅读步骤以及施工图中所需包含的内容，有效地建立起阅读图纸的框架。

## 4.3.1 施工图的产生及其内容

1. 施工图的产生

房屋建造需两个阶段：设计和施工。房屋建筑图（施工图）的设计也需两个阶段：初步设计和施工图设计 [ 对一些复杂工程，还应增加技术设计（扩大初步设计）阶段，为调节各工种的矛盾和绘制施工图作准备 ]。

（1）初步设计阶段，应包括：①设计前的准备；②方案设计；③绘制初步设计图。

（2）施工图设计阶段：是将已经批准的初步设计图，按照施工的要求给予具体化。

2. 施工图的内容

一套完整的施工图，应包括：①图纸目录；②设计总说明；③建筑施工图（建施）；④结构施工图（结施）；⑤建筑装修图；⑥设备施工图（设施）。

## 4.3.2 阅读施工图的步骤

一套完整的房屋施工图，简单的有十几张，甚至几百张。当我们阅读这些图纸时，究竟从哪里看起呢？

阅读施工图前，除了具备投影知识和形体表达方法外，还应熟识施工图中常用的各种图例和符号。

（1）对于全套图纸，先看图纸目录和设计总说明，再按建筑施工图、结构施工图和设备施工图的顺序阅读。对于建筑施工图来说，先平面图、立面图、剖面图（简称平、立、剖），后详图；对于结构施工图，先基础图、结构平面图，后构件详图。了解整套图纸的分类，每类图纸张数。

（2）按照目录通读一遍，了解工程概况（建设地点、环境，建筑物大小、结构形式，建设时间等）。

（3）根据负责内容，仔细阅读相关类别的图纸。阅读时，应按照先整体后局部，先文字后图样，先图形后尺寸的原则进行。

## 4.3.3　建筑施工图的图示内容

1. 总平面图图示内容

（1）图名、比例、指北针、风玫瑰图（风向频率玫瑰图）、图例。有风玫瑰图，可以不要指北针。

（2）附近地形（等高线）、地貌（道路、水沟、池塘、土坡等）。

（3）新建建筑（隐蔽工程用虚线）的定位（可以用坐标网或相互关系尺寸表示）、名称（或编号）、层数和室内外标高。

层数：低层建筑可用相应数量的小黑点或阿拉伯数字表示。高层建筑用阿拉伯数字表示。

（4）相邻原有建筑、拆除建筑的位置或范围。

（5）绿化、管道布置。

2. 平面图图示内容

（1）图名、比例、指北针。

（2）各房间的名称、布置、联系、数量、室内标高。

（3）建筑物的总长、总宽。

（4）定位轴线：确定建筑结构和构件的位置。

（5）尺寸。

1）外部尺寸（三道）。

➤ 总尺寸：标注建筑物的最外轮廓尺寸。

➤ 轴线尺寸：定位轴线间的距离，了解房间的开间和进深。

➤ 细部尺寸：标注门、窗、柱的宽度以及细部构件的尺寸。

➤ 细部尺寸距离图样最外轮廓线约为 15mm，三道尺寸线之间的距离约为 8mm。

2）内部尺寸：表示房间内部门窗洞口、各种设施的大小及位置。

（6）门窗图例和编号。门——$M_1$、$M_2$、$M_3$…；窗——$C_1$、$C_2$、$C_3$…。一般情况，在首页或平面图同页图纸上，附有门窗表。

（7）细部布置。如：楼梯、隔板、卫生设备、家具布置。

（8）其他。如花池、室外台阶、散水、雨水管。

【提示】只在底层平面中出现的内容有剖切符号、雨水管、指北针、散水、花池、室外台阶。

3. 建筑立面图图示内容

（1）图名、比例。

（2）外貌：了解房屋一个立面的外貌形式，了解屋顶、门、窗、雨篷、阳台、台阶、勒脚的位置和形式。

（3）外墙的装修。

（4）局部构造。

（5）标高标注。

4. 建筑剖面图图示内容

（1）图名（要与平面图的剖切编号相一致）、比例（一般与平面图采用相同的比例）。

（2）各定位墙体，沿墙体从下向上依次介绍各构件。

（3）楼面、地面构造。

（4）详图的索引符号。

（5）尺寸和标高。

## 4.3.4 小结

本节介绍了建筑施工图的产生与内容、阅读施工图的步骤、每张施工图所包含的图示内容，使读者基本看懂建筑施工图。

# 第 5 章　Revit 基础操作

## 5.1　Revit软件概述

Autodesk Revit 是专为建筑信息模型（BIM）而构建，是 Autodesk 用于建筑信息模型的平台。从概念性研究到最详细的施工图纸和明细表，基于 Revit 的应用程序可带来立竿见影的竞争优势，并使建筑师和建筑团队的其他成员获得更高收益。

Revit 经历多年发展，功能日益完善，版本在不断更新。自 2013 版开始，Autodesk 将 Autodesk Revit Architecture（建筑）、Autodesk Revit MEP（机电）和 Autodesk Revit Structure（结构）三者合为一个整体，用户只需一次安装，就可以享有建筑、机电、结构的建模环境。不用再和过去一样，需要安装三个软件并在三个建模环境中来回转换，使用更加方便、高效。

Revit 全面、创新的概念设计功能，可以方便地进行自由形状建模和参数化设计，并且还能够对早期设计进行分析。借助这些功能，可以自由绘制草图，快速创建三维形状，交互地处理各个形状。可以利用内置的工具进行复杂形状的概念澄清，为建造和施工准备模型。随着设计的持续推进，Autodesk Revit 能够围绕最复杂的形状自动构建参数化框架。从概念模型到施工文档的整个设计流程，都可以在一个直观环境中完成。

在 Revit 中进行建筑设计，除可以建立真实的三维模型外，还可以直接通过模型得到设计师所需要的相关信息（如图纸、表格、工程量清单等）。利用 Revit 的机电（系统）设计，可以进行管道综合、碰撞检查等工作，更加合理地布置水、暖、电设备，另外还可以做建筑能耗分析、水压计算等。Revit 的结构设计可以协助工程师创建更加协调、可靠的模型，增强各团队间的协作，并可与流行的结构分析软件双向关联，且提供了分析模型及结构受力分析工具，以及钢筋绘制工具。

## 5.2　Revit界面介绍

Revit 界面如图 5-1 所示，共包括应用程序按钮、快速访问工具栏、上下文选项、帮助与信息中心、选项卡、面板、选项栏、属性面板、项目浏览器、状态栏、视图控制栏、绘图区域以及工作状态集等界面内容。

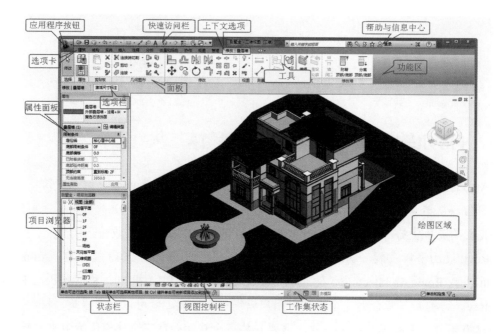

图 5-1

## 5.3　Revit菜单命令

### 5.3.1　应用程序菜单

应用程序菜单位于软件开启后界面的左上方▣，应用程序菜单提供对常用文件操作的访问，包括"最近打开的文件"、"新建"、"打开"、"另存为"等，还包括更高级的工具，如"导出"和"发布"等。点击应用程序菜单中的选项按钮，可以查看和修改文件位置、用户界面、图形设置等。

1. 项目的创建和编辑

（1）项目的创建。此处的项目指的是项目文件，它包含了设计所需的所有信息，例如，建筑的三维模型、平立剖面及节点视图、各种明细表、施工图图纸，以及其他相关信息。项目文件也是用于最终完成并交付的文件，其后缀名为".rvt"。

选择菜单中的"新建"→"项目"选项，弹出"新建项目"，如图 5-2 所示。

在"新建项目"里，可以新建一个项目或者是项目样板。在此之前，要先选择所需的样板文件，如图 5-3 所示。何谓"样板文件"？样板文件中定义了新建项目中默认的初始参数，例如，项目默认的度量单位、楼层数量的设置、层高信息、线型设置、显示设置等。相当于 AutoCAD 的 .dwt 文件，其后缀名为".rte"。

图 5-2　　　　　　　　　　　　　　　　　　　　图 5-3

Revit 提供的默认样板文件，往往太过简单，不能满足项目需求，这时需要点击"浏览"，寻找所需要的样本文件。如果没有所需的样板文件，则需要导入所需的样板文件，如何导入下文会有所提及。

（2）项目的编辑。单击"管理"选项卡"项目设置"面板"项目信息"选项，即可输入项目信息，如图 5-4 和图 5-5 所示。

2. 族的创建

在 Revit 中，基本的图形单元被称为图元，例如，在项目中建立的墙、门、窗等都被称为图元，而族则是一个包含通用属性集和相关图形表示的图元族，图元都是使用"族"（Family）来创建的。Revit 中的族分为三类：

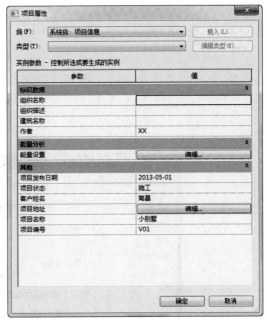

图 5-4　　　　　　　　　　　　　　　　　　　　图 5-5

（1）内建族：在当前项目为专有的特殊构件所创建的族，不能在其他项目中重复利用。

（2）系统族：包含基本建筑图元，如墙、屋顶、顶板、楼板以及其他要在施工场地使用的图元。标高、轴网、图纸、视口类型的项目和系统设置也是系统族。

（3）标准构件族：用于创建建筑构件和一些注释图元的族。例如，窗、门、橱柜、

图 5-6

装置、家具和植物和一些常规自定义的注释图元，比如符号和标题栏等。它们具有高度可自定义的特征，可重复利用。

Revit 提供了族编辑器，可以根据设计要求自由创建、修改所需族文件。如图 5-6 所示，单击"新建"可创建所需的族文件，详情参见下文。

3. "选项"命令的使用

单击右下角的"选项"命令，会出现"常规"、"用户界面"、"图形"、"文件位置"、"渲染"等选项，如图 5-7 所示。

（1）"常规"选项。"常规"选项可以对保存提醒间隔、日志文件清理、工作共享更新频率、默认视图规程进行设置，如图 5-8 所示。

（2）"用户界面"选项。在"用户界面"里面，可以配置 Revit 是否显示的建筑、结构或机电部分的工具选项卡，如图 5-9 所示。

取消勾选"启用时启动'最近使用的文件'页面"，退出 Revit 后再次进入，仅显示空白界面；若要显示最近使用的文件，重新勾选即可。

图 5-7

图 5-8

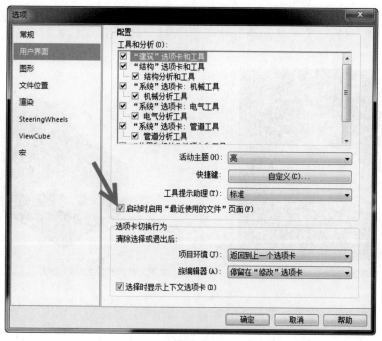

图 5-9

（3）"图形"选项。"图形"选项中常用到的是"反转背景颜色"，如图 5-10 所示。取消勾选"反转背景颜色"，背景色将会由黑色变为白色，如图 5-11 和图 5-12 所示的绘图区由黑色反转成白色。

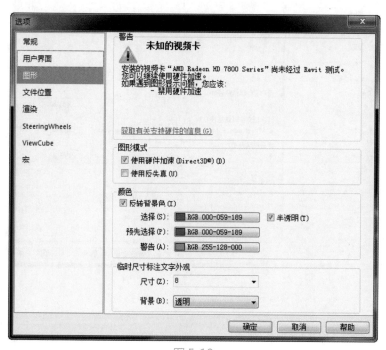

图 5-10

图 5-11

图 5-12

（4）"文件位置"选项。在"文件位置"选项里会显示最近使用过的样板，也可以利用"➕"添加新的样板。同时，也可以设置默认的样板文件、用户文件默认路径及族样板文件默认路径，如图 5-13 所示。

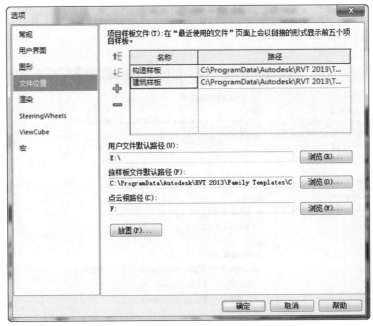
图 5-13

## 5.3.2  快速访问工具栏

单击快速访问工具栏后的下拉按钮，将弹出工具列表。可以添加一些快速访问的选项，方便使用者快速地使用某些访问命令。比如，快速进入 3D 视图、快速创建剖面等。

1. 移动快速访问工具栏

快速访问工具栏可以显示在功能区的上方或下方。要修改设置，请在快速访问工具栏上单击"自定义快速访问工具栏"下拉列表 ➤ "在功能区下方显示"，如图 5-14 所示。

2. 将工具添加到快速访问工具栏中

在功能区内浏览以显示要添加的工具。在该工具上单击鼠标右键，然后单击"添加到快速访问工具栏"，如图 5-15 所示。

【提示】上下文选项卡上的某些工具无法添加到快速访问工具栏中。

如果从快速访问工具栏删除了默认工具，可以单击"自定义快速访问工具栏"下拉列表，并选择要添加的工具，重新添加这些工具。

图 5-14

3. 自定义快速访问工具栏

要快速修改快速访问工具栏，请在快速访问工具栏的某个工具上单击鼠标右键，然后选择下列选项之一。

图 5-15

➤ 从快速访问工具栏中删除：删除工具。

➤ 添加分隔符：在工具的右侧添加分隔符线。

要进行更广泛的修改，请在快速访问工具栏下拉列表中，单击"自定义快速访问工具栏"。在该对话框中执行下列操作，见表 5-1。

| 表 5-1 | 要 执 行 的 操 作 |
|---|---|
| 目　　标 | 操　　作 |
| 在工具栏上向上（左侧）或向下（右侧）移动工具 | 在列表中，选择该工具，然后单击 ⇧（上移）或 ⇩（下移）将该工具移动到所需位置 |
| 添加分隔线 | 选择要显示在分隔线上方（左侧）的工具，然后单击 ▯▮（添加分隔符） |
| 从工具栏中删除工具或分隔线 | 选择该工具或分隔线，然后单击 ✖（删除） |

## 5.3.3　功能区

1. 功能区

功能区共包括 3 种按钮：选项卡、上下文选项卡、选项栏。

选项卡中包括了 Revit 中各主要命令，如图 5-16 所示。

（1）"建筑"（Revit2013 版本前称为"常用"）选项卡——创建建筑模型所需的大部分工具。

（2）"结构"选项卡——创建结构模型所需的大部分工具。

（3）"系统"选项卡——创建机电、管道、给水排水所需的大部分工具。

（4）"插入"选项卡——用于添加和管理次级项目，如导入 CAD。

（5）"注释"选项卡——将二维信息添加到设计当中。

（6）"修改"选项卡——用于编辑现有的图元、数据和系统的工具。

（7）"体量和场地"选项卡——用于建模和修改概念体量族和场地图元的工具。

（8）"协作"选项卡——用于与内部和外部项目团队成员协作的工具。

（9）"视图"选项卡——用于管理和修改当前视图以及切换视图的工具。

（10）"管理"选项卡——对项目和系统参数的设置管理。

（11）"附加模块"选项卡——只有在安装了第三方工具后，才能使用附加模块。

图 5-16

2. 上下文功能区选项卡

激活某些工具或选中图元的时候，系统会添加并切换到一个"上下文功能区选项卡"，如图 5-17 所示，包含绘制或者修改图元的各种命令以及各种阵列和复制等命令。

退出该工具或清除选择时，该选项卡将关闭。

图 5-17

3. 选项栏

如图 5-18 所示，提示当前选中的对象，并对当前选中的对象提供选项进行编辑。

图 5-18

## 5.3.4　信息中心

用户在遇到使用困难时，可以随时单击"帮助与信息中心"栏中的"Help"，打开帮助文件查阅相关帮助。

如果是 Autodesk 用户，还可以登录到 Autodesk 中心，使用一些只为 Autodesk 用户提供的功能，例如，对概念体量进行建筑性能分析、能耗分析等。

## 5.3.5　属性面板

属性面板分实例属性与类型属性两类。

实例属性指的是单个图元的属性；类型属性指的是一类图元的属性。举个例子，选中墙上的一扇门，此时 Revit 显示的是这扇门的实例属性，如图 5-19 所示。

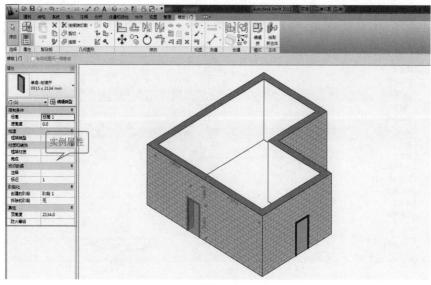

图 5-19

接着，将这扇门的"底高度"调整为 1000，则如图 5-20 所示。

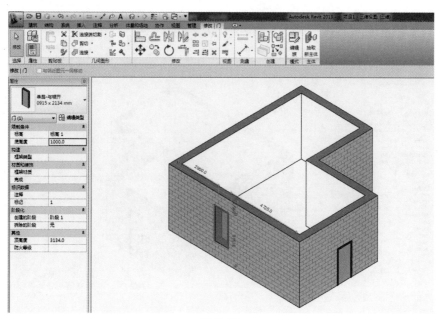

图 5-20

可见选中的门向上偏移了 1000mm，而未选中的门并没有发生变化。然后，在"属性"中点击"编辑类型"，此时弹出"类型属性"对话框，如图 5-21 所示。

图 5-21

可以看到这扇门的类型是 915mm×2134mm，将高度由 2134 改为 3000，此时两扇门的高度都发生了变化，如图 5-22 所示。

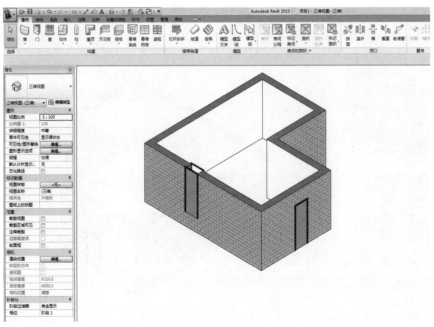

图 5-22

## 5.3.6　项目浏览器

项目浏览器是用于组织和管理当前项目中包括的所有信息，包括项目中所有视图、明细表、图纸、族、链接的 Revit 模型等项目资源。项目设计时，最常用的就是利用项目浏览器在各个视图中切换。

如果不小心关闭了项目浏览器，可以从"视图"选项卡，再单击"窗口"面板上的"用户界面"工具，如图 5-23 所示，在弹出的下拉选项中勾选"项目浏览器"选项，即可重新打开项目浏览器。

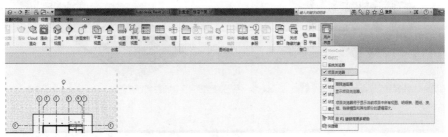

图 5-23

在项目浏览器中，可以从平、立、剖和三维等不同角度去观察模型，如图 5-24 所示。在使用"平铺"命令（稍后介绍）后，同时可看到所有观察面，加之 Revit 使用参数化设计，所有构件在各个观察面都是互通的，在其中一个观察面改变了构件的属性，其他的观察面也会进行相应的改变，这为进行精细化设计以及寻找设计中存在的错误提供了方便。

在使用项目浏览器的过程中，有以下几点值得注意：

（1）当需要使用到剖面看模型内部的时候，可以先将视图切换到三维，然后在"类型面板"中找到"剖面框"勾选，如图 5-25 所示。

此时，三维模型周围会出现一个矩形框，选中矩形框，会出现图中红色箭头所示的拖动标志，如图 5-26 所示。按住标志拖动，即可对模型进行剖切，剖切后如图 5-27 所示。

（2）单击"项目浏览器"中的"明细表"类别前面的⊞图标，就可以看到"门明细表"

图 5-24　　　　　图 5-25

和"窗明细表"。双击"窗明细表"，切换出的视图反映了项目中所有窗的统计信息，如图 5-28 所示。

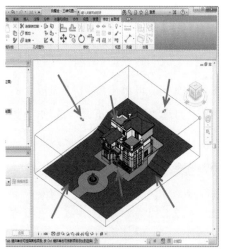

图 5-26

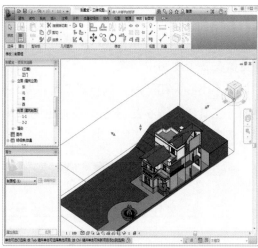

图 5-27

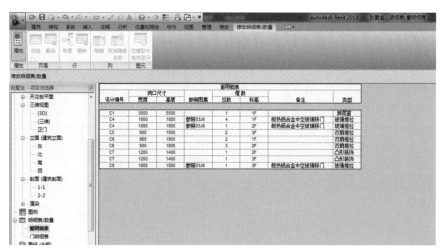

图 5-28

（3）在使用"项目浏览器"时会频繁地切换视图，而切换视图的次数过多，可能会因为视图窗口过多而消耗较多的计算机内存，因此需要关闭不需要的视图，关闭视图点击视图右上角的 ➖◻❎ 即可。如果所有的视图都需要，打开新视图的同时找不到老视图怎么办？可以通过"视图"选项卡，点击"切换窗口"命令，如图 5-29 所示，进行窗口的切换。

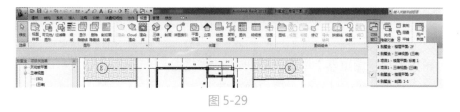

图 5-29

### 5.3.7　视图控制栏

视图控制栏位于 Revit 窗口底部的状态栏上方，可以控制视图的比例、详细程度、模型图形式样、临时隐藏等，如图 5-30 所示。

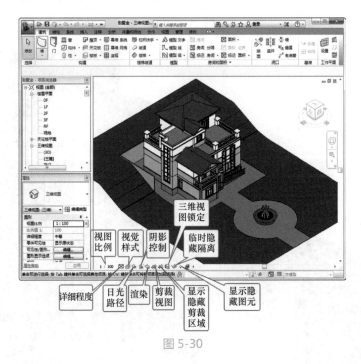

图 5-30

下面介绍视图控制栏里比较常用的命令。

**1. 视觉样式**

视图样式按显示效果由弱变强可分为线框、隐藏线、着色、一致的颜色和真实，如图 5-31 所示。显示的效果越强，计算机消耗的资源也就越多，对计算机的性能要求也就越高，所以要根据自己的需要，选择合适的显示效果。如图 5-32 所示，只给出真实的显示效果，其他的效果由读者自行尝试体会。

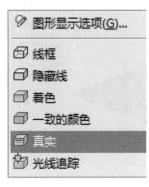

图 5-31

图 5-32

2. 临时隐藏 / 隔离

临时隐藏 / 隔离命令可以帮助在设计过程中，临时地隐藏或者突显需要观察或者编辑的构件，为绘图工作提供了极大的方便。当 变为 ，说明有对象被临时隐藏。选择需要编辑的图元，如图 5-33 所示，单击临时隐藏按钮，可以看到有四个选项：隔离类别、隐藏类别、隔离图元、隐藏图元。下面以屋顶为例，分别介绍这四种功能。

图 5-33

（1）隔离类别：只显示与选中对象相同类型的图元，其他图元将被临时隐藏，如图 5-34 所示。

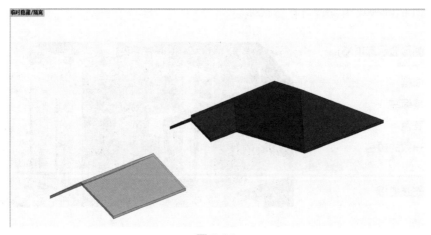

图 5-34

（2）隐藏类别：选中的图元与其具有相同属性的图元将会被隐藏，如图 5-35 所示。

图 5-35

（3）隔离图元：只显示选中的图元，与其具有相同类别属性的图元不会被显示，如图 5-36 所示。

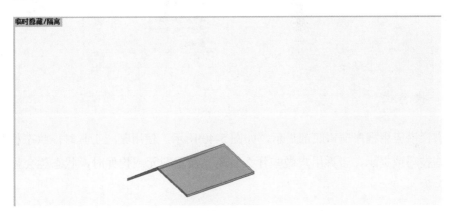

图 5-36

（4）隐藏图元：只有选中的图元会被隐藏，同类别的图元不会被隐藏，如图 5-37 所示。

图 5-37

如何恢复被临时隐藏的图元呢？

再次点击临时隐藏 / 隔离命令，选择最上方的"将隐藏 / 隔离应用到视图"，完成后点击"显示隐藏图元"  按钮，此时被隐藏的图元显示为暗红色，如图 5-38 所示。选中被隐藏的图元，单击鼠标右键，点击"取消在视图中隐藏→图元"，如图 5-39 所示。完成后再次单击"显示隐藏图元"工具按钮，即可重新显示被隐藏的图元。

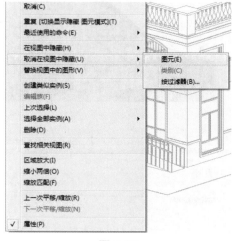

图 5-38　　　　　　　　　　　　　图 5-39

## ▌5.3.8　状态栏

状态栏沿应用程序窗口底部显示，如图 5-40 所示。使用某一工具时，状态栏左侧会提供一些技巧或提示，告诉用户做些什么。高亮显示图元或构件时，状态栏会显示族和类型的名称。

图 5-40

状态栏的右侧会显示其他控件：

（1）工作集：提供对工作共享项目的工作集对话框的快速访问。该显示字段显示处于活动状态的工作集。使用下拉列表可以显示已打开的其他工作集（若要隐藏状态栏上的工作集控件，请单击"视图"选项卡→"窗口"面板→"用户界面"下拉列表，然后清除"状态栏 - 工作集"复选框）。

（2）设计选项：提供对设计选项对话框的快速访问。该显示字段显示处于活动状态的设计选项。使用下拉列表可以显示其他设计选项。使用"添加到集"工具，可以将选定的图元添加到活动的设计选项（若要隐藏状态栏上的设计选项控件，请单击"视图"选项卡→"窗口"面板→"用户界面"下拉列表，然后清除"状态栏 - 设计选项"复选框）。

（3）仅活动项：用于过滤所选内容，以便仅选择活动的设计选项构件。请参见在"设计选项”和“主模型”中选择图元。

（4）排除选项：用于过滤所选内容，以便排除属于设计选项的构件。

（5）单击 + 拖曳：允许在不事先选择图元的情况下拖曳图元。

（6）仅可编辑：用于过滤所选内容，以便仅选择可编辑的工作共享构件。

（7）过滤：用于优化在视图中选定的图元类。举个例子，按住 Ctrl 键，鼠标依次点选墙、C4 和 C6 三种图元，如图 5-41 和图 5-42 所示。

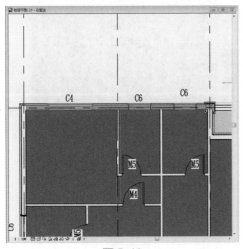

图 5-41

图 5-42

点击右下角的过滤器 ▽₄ 按钮，出现如图 5-43 所示的窗口。

图 5-43

选择三种图元，但 C6 窗我们选择了两扇，所以过滤器显示为 4，叠层墙为 1，窗为 3。此时，取消勾选窗，点击确定，从属性面板和过滤器显示为 1 可以看出，选中的就只有叠层墙，如图 5-44 所示。

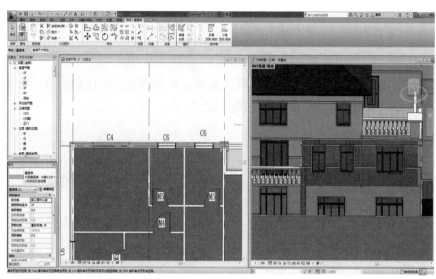

图 5-44

### 5.3.9　常用的修改编辑工具

1. 常规的编辑命令

常规的编辑命令使用于软件的整个绘图过程中，如移动、复制、旋转、阵列、镜像、对齐、拆分、修剪、偏移等编辑命令，如图 5-45 所示。下面主要通过墙体和门窗的编辑来详细介绍。

图 5-45

对齐：对构件进行对齐处理，单击对齐命令 ，先选择被对齐的构件，再选择需要对齐的构件，如图 5-46 所示，将下面墙体与轴线对齐。

【提示】选择对象时，可以使用 Tab 键精确定位。

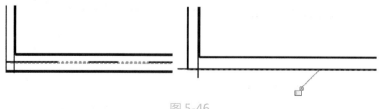

图 5-46

偏移：使用图 5-47 所示中的偏移命令，可以使图元按规定距离移动或复制。

图 5-47

如果需要生成新的构件，勾选"复制"选项，单击起点输入数值，回车确定即可。偏移有两种方式：图形方式和数值方式。图形方式在选定了构件后，需要到图纸上去确定距离；而数值方式只需要直接输入偏移数字即可，图 5-48 所示是图形方式。

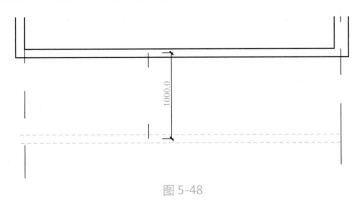

图 5-48

镜像：镜像分为"镜像拾取轴"和"镜像绘制轴"两种。"镜像拾取轴"顾名思义，在拾取已有对称轴线后，可以得到与"原像"轴对称的"镜像"；而"镜像绘制轴"则需要自己绘制对称轴。

拆分：在平面、立面或三维视图中，鼠标单击墙体的拆分位置即可将墙水平或垂直拆分成几段。

移动：选中需要移动的对象，点击移动，即可移动对象。

复制：勾选选项栏，拾取复制的参考点和目标点，可复制多个墙体到新的位置，结束复制命令可以单击鼠标右键，在弹出的快捷菜单中单击"取消"，或者按键盘上的 Esc 键结束复制命令。

【提示】"约束"的含义是只能正交复制；"多个"是可以在执行一次命令的前提下复制多个。

旋转：选中对象，单击"旋转"命令，状态栏中的"地点"选项可选择旋转的中心，其中勾选"复制"会出现新的墙体。勾选"分开"命令后，墙体旋转后会和原来连接的墙体分开，设置好"分开"和"复制"，选择一个起始的旋转平面，输入旋转的角度，按回车键即可。

勾选了"分开"和"复制"的旋转墙体，旋转角度为 45°，如图 5-49 所示。

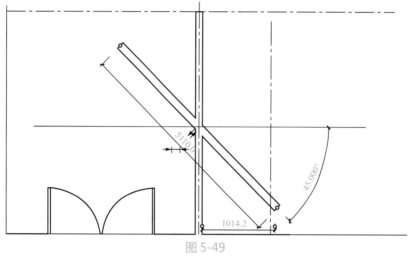

图 5-49

修剪/延伸为角 ：修剪/延伸图元使两个图元形成一个角。

阵列：选择"阵列"调整选项栏中相应设置，在视图中拾取参考点和目标点位置，两者间距作为第一个墙体和第二个或者最后一个墙体的间距值，自动阵列墙体。

| 修改 \| 墙 | ☑成组并关联　项目数:4 | 移动到: ○第二个 ◎最后一个 | 激活尺寸标注 |

【提示】如勾选选项栏"成组并关联"选项，阵列后的标高将自动成组，需要编辑该组才能调整墙体的相应属性；"项目数"包含被阵列对象在内的墙体个数；勾选"约束"选项，可保证正交，如图 5-50 和图 5-51 所示。

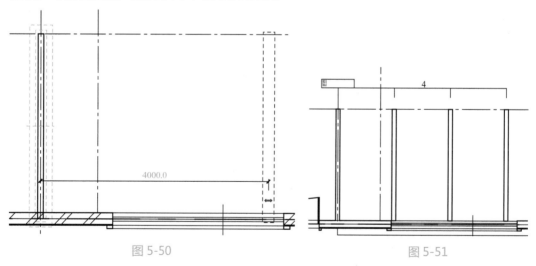

图 5-50                                    图 5-51

缩放 ：选择墙体，单击"缩放"工具，选项 修改 \| 墙　◎图形方式 ○数值方式　比例:0.442623 选择缩放方式，"图形方式"单击整道墙体的起点、终点，以此来作为缩放的参照距离，再单击墙体新的起点、终点，确认缩放后的大小距离，如图 5-53 所示。"数值方式"直接缩放比例数值，回车确认即可。

图 5-52　　　　　　　　　　　图 5-53

2. 其他常用的基本命令

细线：软件默认打开模式是粗线。当需要在绘图中以细线表示时，单击"图形"面板下的"细线"命令。

窗口切换：绘图时打开了更多个窗口，可以通过此命令切换。

关闭隐藏对象：自动隐藏当前没有在绘图区域上使用的窗口。

层叠：单击该命令，则当前打开的所有视图将层叠出现在绘图区域，如图 5-54 所示。

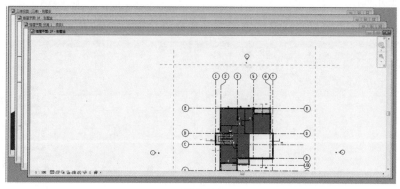

图 5-54

平铺：单击此命令，当前打开的所有窗口平铺在绘图区域，如图 5-55 所示，4 幅图平铺在窗口中。

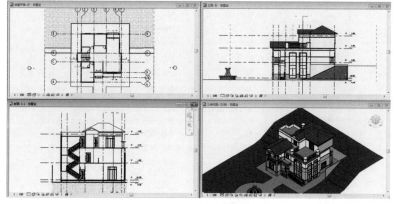

图 5-55

从平铺命令可以折射出，Revit 是平、立、剖图纸同步创建的具有强大的建模功能的专业建筑设计软件。建模完成将自动生成平、立、剖面图纸，强大的渲染功能更使人犹如身临其境。而关联性修改，自动地体现在建筑的平、立、剖图及构件明细表等相关图纸上，避免图纸间对不上的低级错误。

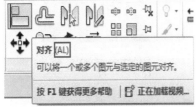

图 5-56

## 5.3.10 快捷键的使用

在使用修改编辑图元命令的时候，往往需要进行多次操作，那就需要用鼠标多次点击不同命令进行操作，甚至在有时候忘记了命令所在位置，而花费许多时间在寻找命令位置上。针对以上问题，有没有什么快速的解决之道呢？答案是有！就是使用快捷键。

Revit 的快捷键都是由两个字母组成。在工具提示中，可以看到快捷键的分配。以图 5-56 中所示的"对齐"命令为例，红色框里面的 AL 就是对齐命令的快捷键，将输入法切换到英文输入状态，直接在键盘上敲击 AL 即可。退出按快捷键 Esc 键。

Revit 还允许用户自行添加快捷键，单击"视图"选项卡"窗口"面板下的"用户界面"下拉列表，如图 5-57 所示，选择快捷键选项后，弹出如图 5-58 所示的对话框。

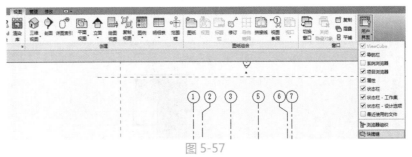

图 5-57

图 5-58

常用命令快捷键主要分为建模与绘图工具常用快捷键、编辑修改工具常用快捷键、捕捉替代常用快捷键、视图控制常用快捷键四种类别。具体分类可参见表 5-2 ～表 5-5。

表 5-2　　　　　　　　　　　　　　建模与绘图工具常用快捷键

| 命令 | 快捷键 | 命令 | 快捷键 |
|---|---|---|---|
| 墙 | WA | 对齐标注 | DI |
| 门 | DR | 标高 | LL |
| 窗 | WN | 高程点标注 | EL |
| 放置构件 | CM | 绘制参照平面 | RP |
| 房间 | RM | 模型线 | LI |
| 房间标记 | RT | 按类别标记 | TG |
| 轴线 | GR | 详图线 | DL |
| 文字 | TX | | |

表 5-3　　　　　　　　　　　　　　编辑修改工具常用快捷键

| 命令 | 快捷键 | 命令 | 快捷键 |
|---|---|---|---|
| 删除 | DE | 对齐 | AL |
| 移动 | MV | 拆分图元 | SL |
| 复制 | CO | 修剪 / 延伸 | TR |
| 旋转 | RO | 偏移 | OF |
| 定义旋转中心 | R3 | 在整个项目中选择全部实例 | SA |
| 列阵 | AR | 重复上上个命令 | RC |
| 镜像 - 拾取轴 | MM | 匹配对象类型 | MA |
| 创建组 | GP | 线处理 | LW |
| 锁定位置 | PP | 填色 | PT |
| 解锁位置 | UP | 拆分区域 | SF |

表 5-4　　　　　　　　　　　　　　捕捉替代常用快捷键

| 命令 | 快捷键 | 命令 | 快捷键 |
|---|---|---|---|
| 捕捉远距离对象 | SR | 捕捉到运点 | PC |
| 象限点 | SQ | 点 | SX |
| 垂足 | SP | 工作平面网格 | SW |
| 最近点 | SN | 切点 | ST |
| 中点 | SM | 关闭替换 | SS |
| 交点 | SI | 形状闭合 | SZ |
| 端点 | SE | 关闭捕捉 | SO |
| 中心 | SC | | |

表 5-5　　　　　　　　　　　　　视图控制常用快捷键

| 命令 | 快捷键 | 命令 | 快捷键 |
|---|---|---|---|
| 区域放大 | ZR | 临时隐藏类别 | HC |
| 缩放配置 | ZF | 临时隔离类别 | IC |
| 上一次缩放 | ZP | 重设临时隐藏 | HR |
| 动态视图 | F8 | 隐藏图元 | EH |
| 线框显示模式 | WF | 隐藏类别 | VH |
| 隐藏线显示模式 | HL | 取消隐藏图元 | EU |
| 带边框着色显示模式 | SD | 取消隐藏类别 | VU |
| 细线显示模式 | TL | 切换显示隐藏图元模式 | RH |
| 视图图元属性 | VP | 渲染 | RR |
| 可见性图形 | VV | 快捷键定义窗口 | KS |
| 临时隐藏图元 | HH | 视图窗口平铺 | WT |
| 临时隔离图元 | HI | 视图窗口层叠 | WC |

# 第 6 章　某小别墅建筑模型创建

## 6.1　项目准备

通过对 Autodesk Revit 2013 软件的功能讲解，同时结合整个小别墅案例作为该软件的入门学习。对于小别墅的整个建模过程，首先根据所给的图纸建立起建模框架流程，一个项目的图纸中包含了平面图、立面图、大样图和剖面图。只有先识别项目的图纸，才能开始项目的建模。

以小别墅为例，整个的建模过程可大致分为以下几个过程，如图 6-1 所示。

【提示】创建基本模型包括了墙体、门窗、楼板、幕墙、屋顶、楼梯等构件。

Revit 是一个系统且结构化的软件，却不失灵活性，上述介绍的流程也不是一成不变的。当读者熟悉 Revit 软件后，将发现流程和建模方案有多种，需根据项目的特点、阶段来选择不同的流程和方法，提高工作效率和质量。

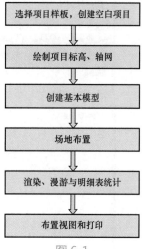

图 6-1

### 6.1.1　样板设置

在连网状态完成 Autodesk Revit 2013 的安装后，在电脑的某个文件夹中默认会自带软件的族库、族样板以及项目样板，但是由于软件自带的项目样板满足不了国内建筑设计规范的要求，需要根据各项目，在项目建模开始前先定义好样板，包括项目的度量单位、标高、轴网、线型、可见性等内容，同时在软件中设置好样板路径。

【提示】好的样板是提高项目建模效率的重要手段，所以做好样板对于整个建模而言非常重要。

Revit 所使用的格式分别为：项目的后缀名是 .rvt，项目样板是 .rte，族是 .rfa，族样板是 .rft，样板的意义就相对于 AutoCAD 的 .dwt 文件。任何一个项目开始前，都需要选择与制定特定的项目样板。软件安装后会自带样板文件，其分别在：

Windows XP：C:\Documents and Settings\All Users\Application Data\Autodesk\< 产品名称及版本 >\

Windows Vista 或 Windows 7：C:\ProgramData\Autodesk\< 产品名称及版本 >\

设置样板路径的目的：在软件中设置好样板后，可快速选择所需的样板建模。

设置样板路径的步骤：打开"应用程序菜单"→单击右下角"选项"按钮→单击第四个"文件位置"→点击➕键添加所需样板，如图 6-2 所示。

【提示】在"选项"的"文件位置"中，同样可设置"族样板文件默认路径"。这样，在新建族文件时，软件会自动访问到默认路径的文件夹中，用户可快速选择所需的族样板。

图 6-2

## 6.1.2　新建项目

如果事先不将已提供的"别墅样板"在"文件位置"中添加，在"最近打开的文件"界面中，直接单击"项目"中的"新建"按钮或使用快捷键"CTRL+N"，如图 6-3 所示，或在"应用程序菜单"下单击"新建"、"项目"，如图 6-4 所示。

在本案例中完成好项目样板的设置后，单击"项目"中的"新建"按钮，弹出"新建项目"对话框，如图 6-5 所示，可直接通过下箭头选择"别墅样板"并勾选"项目"，单击"确定"，即可开始项目的正式创建。或者单击"浏览"，可在电脑中选择所需的样板，如图 6-6 所示。

图 6-3　　　　　　　　　　　　图 6-4

图 6-5

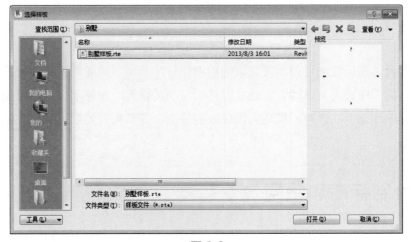

图 6-6

## 6.1.3　项目设置

在初次安装完软件进行新建项目时，会弹出"英制"与"公制"的选择框，根据项目要求选择所需的度量单位。在进入项目建模界面后，可单击"管理"选项卡→"设置"面板→"项目单位"选项，在"项目单位"对话框中可根据不同的格式设置项目单位，如图 6-7 所示。

### 6.1.4　项目保存

单击"应用程序菜单"→"保存"命令，快捷键 Ctrl+S，或单击"快速访问工具栏"上的"保存" 🖫 按钮，打开"另存为"对话框，如图 6-8 所示。

图 6-7

图 6-8

【提示】在建模过程中要经常保存，以免软件发生致命错误，导致建模工作的浪费。设置保存路径，输入项目文件名为"小别墅"，单击"保存"即可保存项目。

### 6.1.5　小结

本节学习了在新建项目前所需完成的前期任务，初步了解建模的基本流程，大致把握整个项目的工作进度。请读者务必掌握样板与项目设置、新建项目与项目保存，在项目建模过程中注意多次保存，以免工作成果的丢失。下节将开始学习标高、轴网等基本构件的建模。

## 6.2　绘制标高和轴网

概述：标高用来定义楼层层高及生成平面视图，反映建筑物构件在竖向的定位情况，标高不是必须作为楼层层高；轴网用于构件定位，在 Revit 中轴网确定了一个不可见的工作平面。轴网编号以及标高符号样式均可定制修改。软件目前可以绘制弧形和直线轴网，2014 版增加折线轴网功能。

在本章节中，需重点掌握轴网和标高 2D、3D 显示模式的不同作用，影响范围命令的应用，轴网和标高标头的显示控制，如何生成对应标高的平面视图等功能应用。

## 6.2.1　创建标高

在 Revit 2013 中，"标高"命令必须在立面和剖面视图中才能使用，因此在正式开始项目设计前，必须事先打开一个立面视图。在立面视图中一般会有样板中的默认标高，如 2F 标高为 "3.00"，单击标高符号中的高度值，可输入 "3.5"，则 2F 的楼层高度改为3.5m，如图 6-9 和图 6-10 所示。

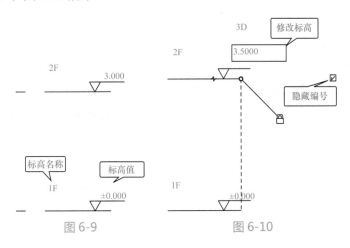

图 6-9　　　　　　　　　　　图 6-10

【提示】不勾选隐藏编号，则标头、标高值以及标高名称将隐藏。

除了直接修改标高值，还可通过临时尺寸标注修改两标高间的距离。单击"2F"，蓝显后在 1F 与 2F 间会出现一条蓝色临时尺寸标注，如图 6-11 所示。此时，直接单击临时尺寸上的标注值，即可重新输入新的数值，该值单位为"mm"，与标高值的单位"m"不同，读者要注意区别。

图 6-11

绘制标高"3F"：单击选项卡"建筑"→"标高"面板命令，移动光标到视图中"F2"左端标头上方。当出现绿色标头对齐虚线时，单击鼠标左键，捕捉标高起点。向右拖动鼠标，直到再次出现绿色标头对齐虚线，单击鼠标。若创建的标高名称不为 3F，则手动修改。

【技巧】选项栏中勾选"创建平面视图" ☑创建平面视图，勾选后则在绘制完标高后自动在项目浏览器中生成"楼层平面"视图，否则创建的为参照标高。

【提示】标高命名一般为软件自动命名，通常按最后一个字母或数字排序，如 F1、F2、F3，且汉字不能自动排序。

## 6.2.2　编辑标高

对于高层或者复杂建筑，可能需要多个高度定位线，除了直接绘制标高，那如何来快速添加标高，并且修改标高的样式来快速提高工作效率呢？下面将通过复制、阵列等功能快速绘制标高。

1. 复制、阵列标高

选择"3F"标高，在激活的"修改 | 标高"选项卡下，单击"修改"面板中的"复制" (CC/CO) 或"阵列" (AR) 命令，快速添加标高。

复制标高：如果选择"复制"，在选项卡中会出现 修改 | 标高　☐约束 ☐分开 ☐多个 。勾选"约束"，可垂直或水平复制标高；勾选"多个"，可连续多次复制标高。都勾选后，单击"3F"上一点作为起点，向上拖动鼠标，直接输入临时尺寸的值，单位为 mm，输入后回车，则完成一个标高的绘制，如图 6-12 所示。继续向上拖动鼠标，输入数值，则可继续绘制标高。

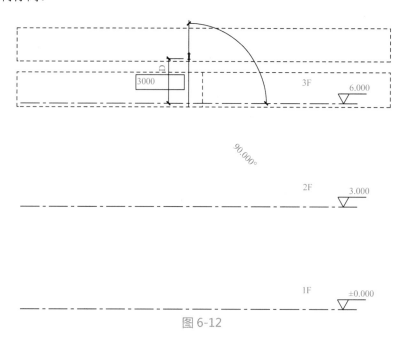

图 6-12

阵列标高：如果选择"阵列"，则适用于一次绘制多个等距的标高，选择后在选项卡中会出现 修改 | 标高　☑成组并关联　项目数：2　移动到：◉第二个 ○最后一个 ☑约束 激活尺寸标注 ，勾选成组并关联，则阵列的标高为一个模型组；如果要编辑标高名称，需要解组后才可编

辑；项目数为包含原有标高在内的数量，如项目数为3，则为3F、4F与5F；选择移动到第二个，则在输入标高间距"3000"后，按回车3F、4F与5F间的间距均为3000mm；若选择最后一个，则3F与5F间的距离共3000mm。

【常见问题剖析】（1）如果需要绘制－0.45m的标高，但为什么复制出来的标高显示的却还是"±0.00"？

答：因为此时的标高属性为零标高，则需要选中该标高，在"属性"框将中将其族类型由零标高修改为下标高，如图6-13所示。

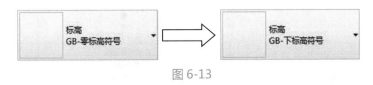

图 6-13

（2）为什么会出现负标高在零标高上方？

答：如果在建模过程中不小心拖动了零标高，则会出现如图6-14所示的情况，而其他标高上、下拖动位置后会直接修改标高值，因为在软件中有默认的零标高位置，且零标高不随位置改变而改变。只需在"属性"框中，将立面中的"－2150"改为"0"即可，如图6-15所示。

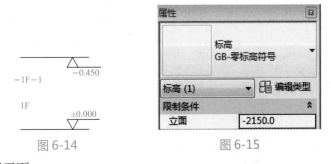

图 6-14　　　　　　　图 6-15

2. 添加楼层平面

在完成标高的复制或阵列后，在"项目浏览器"中可以发现均没有4F、5F的楼层平面。因为在Revit中复制的标高是参照标高，因此新复制的标高标头都是黑色显示，如图6-16所示，而且在项目浏览器中的"楼层平面"项下也没有创建新的平面视图，如图6-17所示。

单击选项卡"视图"→"平面视图"→"楼层平面"命令，打开"新建平面"对话框，如图6-18所示。从下面列表中选择"4F、5F"，如图6-19所示。单击"确定"后，在项目浏览器中创建了新的楼层平面"4F、5F"，并自动打开"4F、5F"平面视图。此时，可发现立面中的标高"4F、5F"变成蓝色显示。

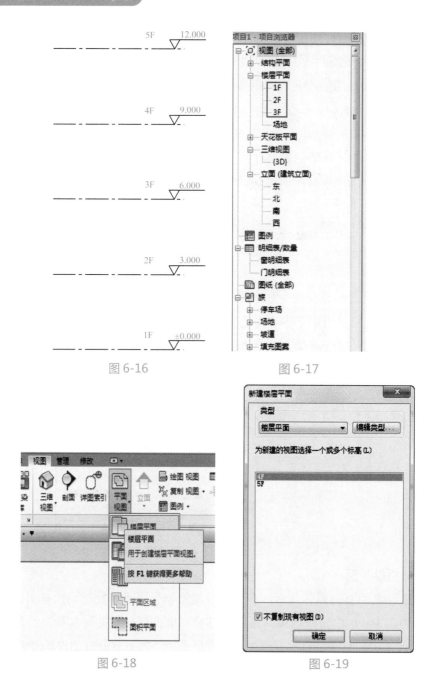

图 6-16　　　　　　　　　　　图 6-17

图 6-18　　　　　　　　　　　图 6-19

## ▌6.2.3　创建轴网

在 Revit 2013 中，轴网只需在任意一个平面视图中绘制一次，其他平面、立面和剖面视图中都将自动显示。

在项目浏览器中双击"楼层平面"项下的"1F"视图，打开"楼层平面：1F"视图。选择"建筑"选项卡→"基准"面板→"轴网"命令或快捷键：GR 进行绘制。

在视图范围内单击一点后，垂直向上移动光标到合适距离再次单击，绘制第一条垂直轴线，轴号为 1。

利用复制命令创建 2～7 号轴网。选择 1 号轴线，单击"修改"面板的"复制"命令，在 1 号轴线上单击捕捉一点作为复制参考点，然后水平向右移动光标，输入间距值 1200 后，单击一次鼠标复制生成 2 号轴线。保持光标位于新复制的轴线右侧，分别输入 3900、2800、1000、4000、600 后依次单击确认，绘制 3～7 号轴线，完成结果如图 6-20 所示。

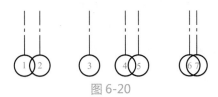

图 6-20

使用复制功能时，勾选选项栏中的"约束"，可使得轴网垂直复制，"多个"可单次连续复制。

修改｜轴网　☑约束　□分开　☑多个

继续使用"轴网"命令绘制水平轴线，移动光标到视图中 1 号轴线标头左上方位置，单击鼠标左键捕捉一点作为轴线起点。然后，从左向右水平移动光标到 7 号轴线右侧一段距离后，再次单击鼠标左键捕捉轴线终点，创建第一条水平轴线。

选择刚创建的水平轴线，修改标头文字为"A"，创建 A 号轴线。

同上绘制水平轴线步骤，利用"复制"命令，创建 B-E 号轴线。移动光标在 A 号轴线上，单击捕捉一点作为复制参考点，然后垂直向上移动光标，保持光标位于新复制的轴线上侧，分别输入 2900、3100、2600、5700 后依次单击确认，完成复制。

重新选择 A 号轴线进行复制，垂直向上移动光标，输入值 1300，单击鼠标绘制轴线，选择新建的轴线，修改标头文字为"1/A"。

完成后的轴网如图 6-21 所示。

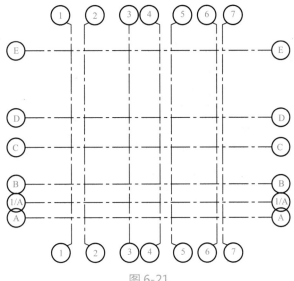

图 6-21

### 6.2.4　编辑轴网

绘制完轴网后，需要在平面图和立面视图中手动调整轴线标头位置，解决 1 号和 2 号轴线、4 号和 5 号轴线、6 号和 7 号轴线等的标头干涉问题。

选择 2 号轴线，单击靠近轴号位置的"添加弯头"标志（类似倾斜的字母 N），出现弯头，拖动蓝色圆点则可以调整偏移的程度。同理，调整 5 号、7 号轴线标头的位置，如图 6-22 所示。

标头位置调整。选中某根轴网，在"标头位置调整"符号（空心圆点）上按住鼠标左键拖拽，可整体调整所有标头的位置；如果先单击打开"标头对齐锁" 🔓，然后再拖拽，即可单独移动一根标头的位置。

在项目浏览器中双击"立面（建筑立面）"项下的"南立面"，进入南立面视图，使用前述编辑标高和轴网的方法，调整标头位置、添加弯头。用同样方法调整东立面或西立面视图标高和轴网。

【提示】在框选了所有的轴网后，会在"修改 | 轴网"选项卡中出现"影响范围"命令，单击后出现"影响基准范围"的对话框，按住 Shift 选中各楼层平面，单击确定后，其他楼层的轴网也会相应地变化。

轴网可分为 2D 和 3D 状态，单击 2D 或 3D 可直接替换状态。3D 状态下，轴网端点显示为空心圆；2D 状态下，轴网端点修改为实心点，如图 6-23 所示。2D 与 3D 的区别在于：2D 状态下所做的修改仅影响本视图；在 3D 状态下，所做的修改将影响所有平行视图。在 3D 状态下，若修改轴线的长度，其他视图的轴线长度对应修改，但是其他的修改均需通过"影响范围"工具实现。仅在 2D 状态下，通过"影响范围"工具能将所有的修改传递给当前视图平行的视图。

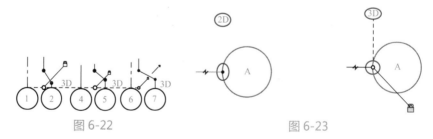

图 6-22　　　　　　　　　　　　　　　　　图 6-23

标高和轴网创建完成，回到任一平面视图，框选所有轴线在"修改"面板中单击 🗗 图标，锁定绘制好的轴网（锁定的目的是为了使得整个的轴网间的距离在后面的绘图过程中不会偏移）。

### 6.2.5　案例操作

建模思路：设置样板→新建项目→绘制标高→编辑标高→绘制轴网→编辑轴网→影

响范围→锁定。

创建过程：

（1）新建项目，单击"应用程序菜单"下拉列表中的"新建"，选择"项目"，在弹出的"新建项目"对话框中选择"别墅样板"作为样板文件，开始项目设计。

（2）在项目浏览器中展开"立面（建筑立面）"项，双击图6-24所示的视图名称"南立面"，进入南立面视图。

（3）调整"2F"标高，将一层与二层之间的层高修改为3.5m，可通过直接修改"1F"与"2F"间的临时标注，或在"2F"标头上直接输入高程3.5。如图6-25所示。

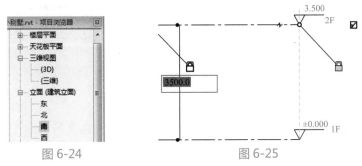

图6-24　　　　　　　　　　　图6-25

（4）选择"建筑"选项卡中→"基准"面板→"标高"命令 ✦ **标高**，绘制标高"3F"，修改临时尺寸标注，使其间距"2F"为3200mm；绘制标高"4F"，修改临时尺寸标注，使其间距"3F"为2800mm，选择标高名称"4F"，改为"RF"，如图6-26（a）所示。

（5）利用"复制"命令，创建地坪标高。选择标高"1F"，单击"修改|标高"上下文选项卡下"修改"面板中的"复制"命令，移动光标在标高"1F"上单击捕捉一点，作为复制参考点，然后垂直向下移动光标，输入间距值450，单击鼠标放置标高，同上，修改标高名称为"0F"。

（6）如果直接从"1F"楼层直接复制，则复制出来的标高都是±0.00，需要将属性中的零标高 标高 GB-零标高符号 ▾ 改为上、下标高，才会出现标高值。完成后的标高如图6-26（b）所示。

（7）单击选项卡"视图"→"平面视图"下拉列表→"楼层平面"命令，打开"新建平面"对话框，如图6-27所示。从下拉列表中选择标高"0F"，单击"确定"后，在项目浏览器中创建了新的楼层平面"0F"，从项目浏览器中打开"0F"作为当前视图。

（8）在项目浏览器中双击"立面（建筑立面）"项下的"南立面"立面视图回到南立面中，发现标高"0F"标头变成蓝色显示。

（9）轴网则按照第6.2.3和6.2.4节绘制，至此建筑的各个标高、轴网就创建完成，保存为文件"标高轴网.rvt"。

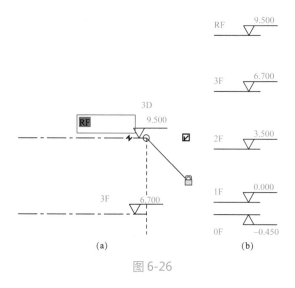

图 6-26

图 6-27

## 6.2.6 小结

本节学习了标高和轴网的常用创建和编辑方法，标高和轴网是 Revit 进行项目设计的基础。

# 6.3 墙体的绘制和编辑

概述：墙体作为建筑设计中的重要组成部分，在实际工程中墙体根据材质、功能也分多种类型，如隔墙、防火墙、叠层墙、复合墙、幕墙等，因此在绘制时，需要综合考虑墙体的高度，厚度，构造做法，图纸粗略、精细程度的显示，内外墙体区别等。随着高层建筑的不断涌现，幕墙以及异形墙体的应用越来越多，而通过 Revit 能有效建立出三维模型。

## 6.3.1 绘制墙体

进入平面视图中，单击"建筑"选项卡→"构建"面板→"墙"的下拉按钮，如图 6-28 所示。有"建筑墙"、"结构墙"、"面墙"、"墙饰条"、"墙分隔缝"五种选择，"墙饰条"和"墙分隔缝"只有在三维的视图下才能激活亮显，用于墙体绘制完后添加。其他墙可以从字面上来理解，建筑墙主要是用于分割空间，不承重；结构墙用于承重以及抗剪作用；面墙主要用于体量或常规模型创建墙面，详见第七章。

【技巧】快捷键 WA 可快速进入到建筑墙体的绘制模式，学会快捷键的应用有效提高建模效率。

单击选择"建筑墙"后，在选项卡中出现 修改 | 放置 墙 上下文选项卡，面板中出现墙

体的绘制方式如图 6-29 所示，属性栏将由视图"属性"
框转变为墙"属性"，如图 6-30 所示，以及选项栏也变为
墙体设置选项，如图 6-31 所示。

　　绘制墙体需要先选择绘制方式，如直线、矩形、多
边形、圆形、弧形等，如果有导入的二维 .dwg 平面图作
为底图，可以先选择"拾取线 / 边"命令，鼠标拾取 .dwg
平面图的墙线，自动生成 Revit 墙体。除此以外，还可利
用"拾取面"功能拾取体量的面生成墙。

图 6-28　　　　　　图 6-29

图 6-30　　　　　　　　　　　　　图 6-31

**1. 选项栏参数设置**

在完成绘制方式的选择后，要设置有关墙体的参数属性。

（1）在"选项栏"中，"高度"与"深度"分别指从当前视图向上还是向下延伸墙体。

（2）"未连接"选项中还包含各个标高楼层；"4200"为该墙体的底部为该视图，墙
顶部距底部 4200mm。

（3）勾选"链"表示可以连续绘制墙体。

（4）"偏移量"表示绘制墙体时，墙体距离捕捉点的距离，如图 6-32 所示设置的偏
移量设置为 200mm，则绘制墙体时捕捉绿色虚线（即参照平面），绘制的墙体距离参照
平面 200mm。

（5）"半径"表示两面直墙的端点相连接处不是折线，而是根据设定的半径值自动
生成圆弧墙，如图 6-33 所示，设定的半径为 1000mm。

**2. 实例参数设置**

如图 6-34 所示，该属性为墙的实例属性，主要设置墙体的墙体定位线、高度、底部
和顶部的约束与偏移等，有些参数为暗显，该参数可在更换为三维视图、选中构件、附
着时或改为结构墙等情况下亮显。

（1）定位线：共分为墙中心线、核心层、面层面与核心面四种定位方式。在 Revit
术语中，墙的核心层是指其主结构层。在简单的砖墙中，"墙中心线"和"核心层中心线"
平面将会重合，然而它们在复合墙中可能会不同。顺时针绘制墙时，其外部面（面层面：
外部）默认情况下位于顶部。

　　【提示】放置墙后，其定位线便永久存在，即使修改其类型的结构或修改为其他类
型亦如此。修改现有墙的"定位线"属性值，不会改变墙的位置。

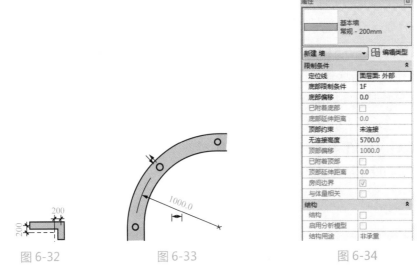

图 6-32　　　　　　　　　　图 6-33　　　　　　　　　　图 6-34

图 6-35 所示为一基本墙，右侧为基本墙的结构构造。通过选择不同的定位线，从左向右绘制出的墙体与参照平面的相交方式是不同的，如图 6-36 所示。选中绘制好的墙体，单击"翻转控件" ⇕ 可调整墙体的方向。

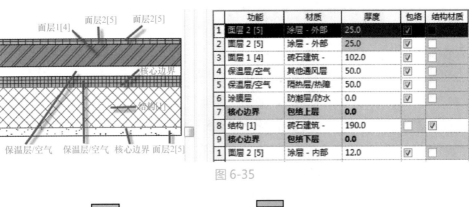

| | 功能 | 材质 | 厚度 | 包络 | 结构材质 |
|---|---|---|---|---|---|
| 1 | 面层 2 [5] | 涂层 - 外部 | 25.0 | ☑ | ☐ |
| 2 | 面层 2 [5] | 涂层 - 外部 | 25.0 | ☑ | ☐ |
| 3 | 面层 1 [4] | 砖石建筑 - | 102.0 | ☑ | ☐ |
| 4 | 保温层/空气 | 其他通风层 | 50.0 | ☑ | ☐ |
| 5 | 保温层/空气 | 隔热层/热障 | 50.0 | ☑ | ☐ |
| 6 | 涂膜层 | 防潮层/防水 | 0.0 | ☑ | |
| 7 | 核心边界 | 包络上层 | 0.0 | | |
| 8 | 结构 [1] | 砖石建筑 - | 190.0 | ☐ | ☑ |
| 9 | 核心边界 | 包络下层 | 0.0 | | |
| 1 | 面层 2 [5] | 涂层 - 内部 | 12.0 | ☑ | ☐ |

图 6-35

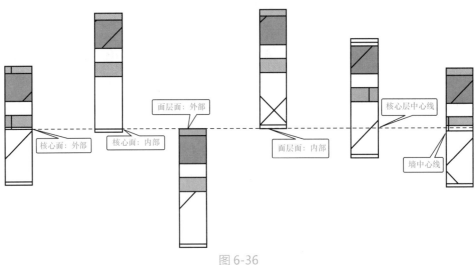

图 6-36

【提示】Revit 中的墙体有内、外之分，因此绘制墙体选择顺时针绘制，保证外墙侧朝外。

（2）底部限制条件 / 顶部约束：表示墙体上下的约束范围。

（3）底 / 顶部偏移：在约束范围的条件下，可上下微调墙体的高度，如果同时偏移100mm，表示墙体高度不变，整体向上偏移 100mm。+100mm 为向上偏移，－ 100mm为向下偏移。

（4）无连接高度：表示墙体顶部在不选择"顶部约束"时高度的设置。

（5）房间边界：在计算房间的面积、周长和体积时，Revit 会使用房间边界。可以在平面和剖面视图中查看房间边界。墙则默认为房间边界。

（6）结构：结构表示该墙是否为结构墙，勾选后则可用于做后期受力分析。

3. 类型参数设置

在绘制完一段墙体后，选择该面墙，单击"属性"栏中的"编辑属性"，弹出"类型属性"对话框，如图 6-37 所示。

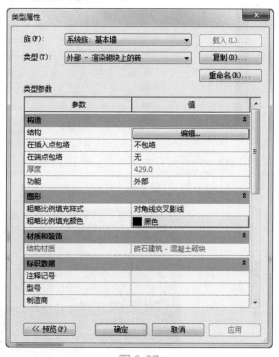

图 6-37

（1）复制：可复制"系统族：基本墙"下不同类型的墙体，如复制新建：普通砖200mm，复制出的墙体为新的墙体。新建的不同墙体还需编辑结构构造。

（2）重命名：可将"类型"中的墙名称修改。

（3）结构：用于设置墙体的结构构造，单击"编辑"，弹出"编辑部件"对话框，如图 6-38 所示。内 / 外部边表示墙的内外两侧，可根据需要添加墙体的内部结构构造。

（4）默认包络："包络"指的是墙非核心构造层在断开点处的处理办法，仅是对编辑部件中勾选了"包络"的构造层进行包络，且只在墙开放的断点处进行包络。

（5）修改垂直结构：主要用于复合墙、墙饰条与分隔缝的创建。

复合墙：在"编辑部件"对话框中，添加一个面层，"厚度"改为 20mm。创建复合墙，通过利用"拆分区域"按钮拆分面层，放置在面层上会有一条高亮显示的预览拆分线→放置好高度后单击鼠标左键→在"编辑部件"对话框中再次插入新建面层→修改面层材质→单击该新建面层前的数字，选中新建的面层→单击"指定层"，在视图中单击拆分后的某一段面层，选中的面层蓝色显示→点击"修改"→新建的面层指定给了拆分后的某一段面层，如图 6-39 所示。实现一面墙在不同高度有几个材质的要求。

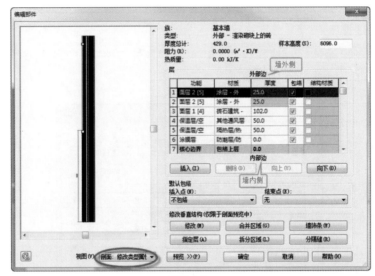

图 6-38

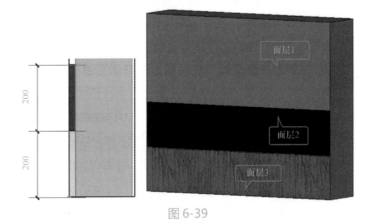

图 6-39

【提示】拆分区域后，选择拆分边界会显示蓝色控制箭头↑，可调节拆分线的高度。

墙饰条：墙饰条主要是用于绘制的墙体在某一高度处自带墙饰条，单击"墙饰条"，在弹出的"墙饰条"对话框中单击"添加"轮廓，可选择不同的轮廓族；如果没有所需的轮廓，可通过"载入轮廓"载入轮廓族，设置墙饰条的各参数，则可实现绘制出的墙体直接带有墙饰条，如图6-40所示。

　　分隔缝类似于墙饰条，只需添加分隔缝的族并编辑参数即可，在此不加以赘述。

　　4. 墙族分类

　　上述所讲的墙，均以"基本墙"为例讲述。但是墙除了"基本墙"，还包括"叠层墙"、"幕墙"共三大块。

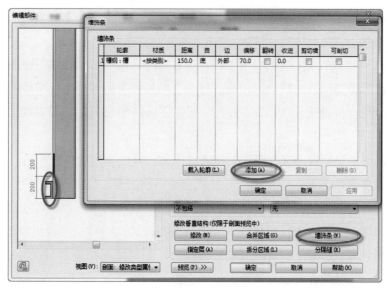

图6-40

　　（1）"叠层墙"：要绘制叠层墙，首先需要在"属性"栏中选中叠层墙的案例，编辑其类型，如图6-41所示。它由不同的材质、类型的墙在不同的高度叠加而成，墙1、墙2均来自"基本墙"，因此没有的墙类型要在"基本墙"中新建墙体后，再添加到叠层墙中。

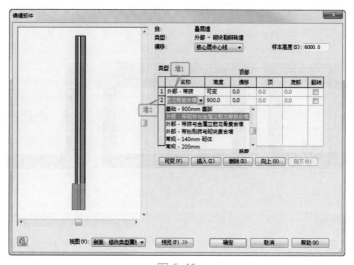

图6-41

（2）幕墙：主要用于绘制玻璃幕墙，详见 6.7 节。

## 6.3.2　编辑墙体

在定义好墙体的高度、厚度、材质等各参数后，按照 CAD 底图或设计要求绘制完墙体的过程中，还需要对墙体进行编辑，利用"修改"面板下的"移动、复制、旋转、阵列、镜像、对齐、拆分、修剪、偏移"等编辑命令，和 CAD 中对线段的编辑一样，以及编辑墙体轮廓、附着 / 分离墙体，使所绘墙体与实际设计保持一致。

1. 修改工具

（1）移动✛（快捷键：MV）：用于将选定的墙图元移动到当前视图中指定的位置。在视图中可以直接拖动图元移动，但是"移动"功能可帮助准确定位构件的位置。

（2）复制（快捷键 CO/CC）：在上节标高、轴网中已应用过该功能，同样可适用于墙体。

（3）阵列（快捷键：AR)：用于创建选定图元的线性阵列或半径阵列，通过"阵列"可创建一个或多个图元的多个实例。与复制功能不同的是，复制需要一个一个地复制过去，但阵列可指定数量，在某段距离中自动生成一定数量的图元，如百叶窗中的百叶。

（4）镜像（快捷键：MM/DM）：镜像分为两种，一种是拾取线或边作为对称轴后，直接镜像图元；如果没有可拾取的线或边时，则可绘制参照平面作为对称轴镜像图元。对于两边对称的构件，通过镜像可以大大提高工作效率。

（5）对齐（快捷键：AL）：选择"对齐"命令后，先选择对齐的参照线，再选择需对齐移动的线。

（6）拆分图元（快捷键：SL）：拆分图元是指在选定点剪切图元（例如墙或线），或删除两点之间的线段，常结合修剪命令一起使用。如图 6-42 所示的一面黄色墙体，单击"修改面板"中的"拆分图元"，在要拆分的墙中单击任意一点，则该面墙分成两段。再用"修剪"命令选择所要保留的两面墙，则可将墙修剪成所需状态。

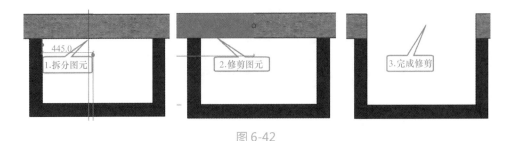

图 6-42

2. 编辑墙体轮廓

选择绘制好的墙后，自动激活"修改 | 墙"选项卡，单击"修改 | 墙"下"模式"面板中的"编辑轮廓"，如图 6-43 所示。如果在平面视图进行了轮廓编辑操作，此时弹出"转

到视图"对话框，选择任意立面或三维进行操作，进入绘制轮廓草图模式。

图 6-43

【提示】如果在三维中编辑，则编辑轮廓时的默认工作平面为墙体所在的平面。

在三维或立面中，利用不同的绘制方式工具，绘制所需形状，如图 6-44 所示。其创建思路为：创建一段墙体→修改 | 墙"→"编辑轮廓"→绘制轮廓→ 修剪轮廓 →完成绘制模式。

【提示】弧形墙体的立面轮廓不能编辑。

图 6-44

完成后，单击"完成编辑模式" ✔ 即可完成墙体的编辑，保存文件。

【提示】如需一次性还原已编辑过轮廓的墙体，选择墙体，单击"重设轮廓"命令即可实现。

3. 附着 / 分离墙体

如果墙体在多坡屋面的下方，需要墙和屋顶有效快速连接，依靠编辑墙体轮廓则会花费很多时间，此时通过"附着 / 分离"墙体能有效解决问题。

如图 6-45 所示，墙与屋顶未连接，用 Tab 键选中所有墙体，在"修改墙"面板中选择"附着顶部 / 底部"，在选项卡 附着墙：◉ 顶部 ○ 底部 中选择顶部或底部，再单击选择屋顶，则墙自动附着在屋顶下，如图 6-46 所示。再次选择墙，单击"分离顶部 / 底部"，再选择屋顶，则墙会恢复原样。

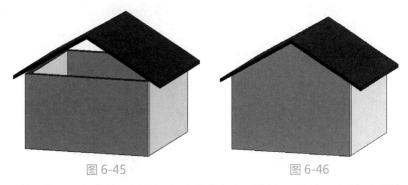

图 6-45          图 6-46

【提示】墙不仅可以附着于屋顶，还包括屋顶、楼板、顶板、参照平面等。

【常见问题剖析】刚已学习墙体附着的命令，但是如果要将编辑过轮廓的墙体附着，会出现什么样的情况？

答：此处以墙附着到屋顶为例，可以正常附着，但只有和参照标高重合的墙才能附着，不重合则不附着，如图 6-47 所示，在参照平面下方的墙体均未附着。但是，如果将编辑过轮廓的墙体再次编辑，将所有墙体顶部拖至参照平面下方，如图 6-48 所示，则软件会弹出如图 6-49 所示的警告，因为没有墙和参照平面同高度。此时，如果将墙体附着到屋顶上，则软件会弹出"不能保持墙和目标相连接"的错误。

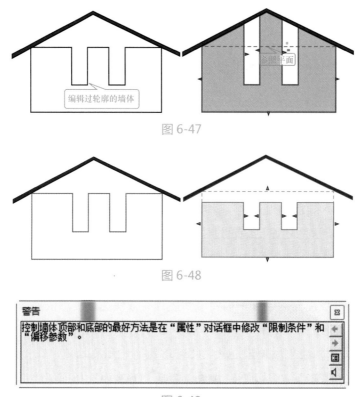

图 6-47

图 6-48

图 6-49

4. 墙体连接方式

墙体相交时，可有多种连接方式，如平接、斜接和方接三种方式，如图 6-50 所示。单击"修改"选项卡→"几何图形"面板→"墙连接" 功能，将鼠标光标移至墙上；然后，在显示的灰色方块中单击，即可实现墙体的连接。

图 6-50

在设置墙连接时，可指定墙连接是否以及如何在活动平面视图中进行处理，在"墙连接"命令下将光标移至墙连接上，然后在显示的灰色方块中单击。在"选项栏"中的"显示"有"清理连接"、"不清理连接"和"使用视图设置"三个显示设置，如图 6-51 所示。

默认情况下，Revit 会创建平接连接并清理平面视图中的显示；如果设置成"不清理连接"，则在退出"墙连接"工具时，这些线不消失。另外，在设置墙体连接方式时，不同视图详细程度与显示设置也会在很大程度上影响显示效果。如图 6-52 所示。

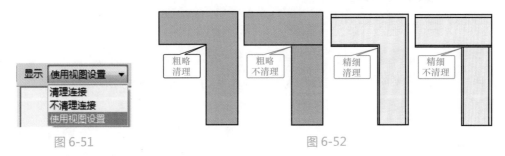

图 6-51　　　　　　　　　　　　　图 6-52

对于两面平行的墙体，如果距离不超过 6 英寸，Revit 会自动创建相交墙之间的连接，如图 6-53 所示。如在其中一面墙体上放置门窗后，选择"修改"选项卡→"几何图形"面板中→"连接"下拉列表→"连接几何图形" 连接命令，则该门窗会剪切两面墙体。

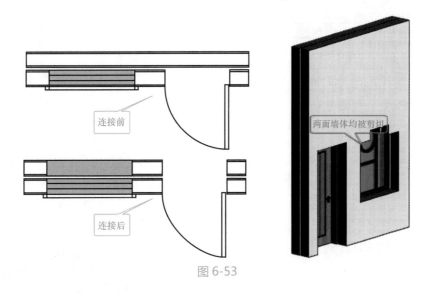

图 6-53

## 6.3.3　案例操作

上章完成了标高和轴网等定位设计，下面开始将从首层平面开始，分层逐步完成别墅三维模型的设计。本节将创建首层平面的墙体构件。

建模思路："建筑"选项卡→"构建"面板→"墙"→墙：建筑→新建墙类型→设置墙参数→绘制墙体，先外墙后内墙→编辑墙体。

图 6-54

创建过程：

（1）打开上节保存的"标高轴网 .rvt"文件，在项目浏览器中双击"楼层平面"项下的"0F"，打开首层平面视图。

（2）单击"建筑"选项卡→"墙"下拉列表→"墙：建筑"命令，或快捷键：WA。在"属性"框中的"类型选择器"中选择"叠层墙"的"外部叠层墙－浅褐＋米黄色石漆饰面"墙类型，如图 6-54 所示。

（3）在墙"属性"框中，设置实例参数"基准限制条件"为"0F"、"顶部限制条件"为"直到标高 2F"，如图 6-55 所示。

图 6-55

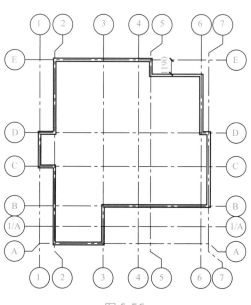

图 6-56

（4）选择"绘制"面板下"直线"命令，选项栏中"定位线"选择"墙中心线"，移动光标单击鼠标左键捕捉 E 轴和 2 轴交点为绘制墙体起点，按照图 6-56 所示顺时针方向绘制外墙轮廓，顺时针绘制可使得绘制的墙体外面层朝外。

（5）完成后的首层外墙如图 6-57 所示，保存文件。

（6）接上节练习，单击选项卡"建筑"→"墙"命令，在类型选择器中选择"基本墙：普通砖－ 180mm"类型。

（7）在"绘制"面板选择"直线"命令，选项栏中"定位线"选择"墙中心线"，在"属性"框

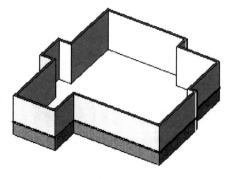

图 6-57

中直接设置实例参数"基准限制条件"为"0F"、"顶部限制条件"为"直到标高 2F"。

（8）按图 6-58 所示内墙轮廓捕捉轴线交点，绘制"普通砖－180mm"地下室内墙。

【技巧】每绘制完一段，按下 Esc 键则可重新绘制另一段墙，若按两次则退出墙编辑模式。

（9）在类型选择器中选择"基本墙：普通砖－100mm"，选项栏中"定位线"选择"核心面－外部"，单击"属性"框，设置实例参数"基准限制条件"为"0F"、"顶部限制条件"为"直到标高 2F"。

（10）按图 6-59 所示内墙位置捕捉轴线交点，绘制"普通砖－100mm"地下室内墙。标注均为墙中线与墙中线、轴网的间距。

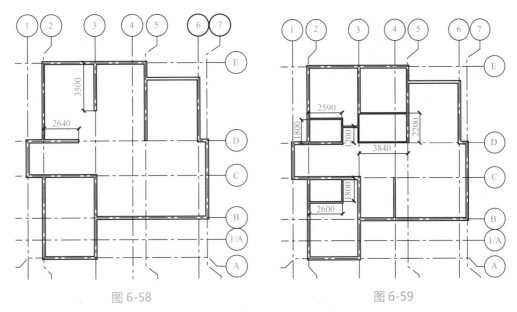

图 6-58                                    图 6-59

（11）完成后的首层墙体如图 6-60 所示，保存为文件"首层墙 .rvt"。

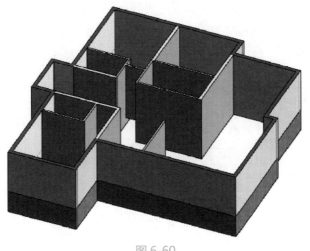

图 6-60

### 6.3.4 小结

本节主要建立了项目模型中最基础的模型——墙。通过对各类墙体的创建、属性设置，掌握各类墙体绘制、编辑和修改的方法。基本墙体创建是基础，对于复杂墙体，可利用内建族、体量等方式来创建，下一节将介绍门、窗和楼板等构件。

# 6.4 创建首层门窗和楼板

概述：在三维模型中，门窗的模型与它们的平面表达并不是对应的剖切关系，在平面图中可与 CAD 图一样表达，这说明门窗模型与平立面表达可以相对独立。在 Revit 中的门窗可直接放置已有的门窗族，对于普通门窗可直接通过修改族类型参数，如门窗的宽和高、材质等，形成新的门窗类型，后面课程会深入讲解族文件的创建。

楼板的创建不仅可以是楼面板，还可以是坡道，楼梯休息平台等，对于有坡度的楼板，通过"修改子图元"命令修改楼板的空间形状，设置楼板的构造层找坡，实现楼板的内排水和有组织排水的分水线建模绘制。

### 6.4.1 插入门、窗

门、窗是基于主体的构件，可添加到任何类型的墙体，并在平、立、剖以及三维视图中均可添加门，且门会自动剪切墙体放置。

单击"建筑"选项卡→"构建"面板下→"门""窗"命令，在类型选择器下，选择所需的门、窗类型，如果需要更多的门、窗类型，通过"载入族"命令从族库载入或者和新建墙一样新建不同尺寸的门窗。

1. 标记门、窗

放置前，在"选项栏"中选择"在放置时进行标记"则软件会自动标记门窗，选择"引线"可设置引线长度，如图 6-61 所示。门窗只有在墙体上才会显示，在墙主体上移动光标，参照临时尺寸标注，当门位于正确的位置时单击鼠标确定。

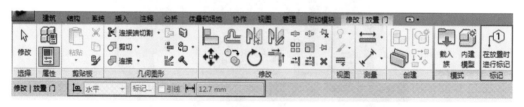

图 6-61

在放置门窗时，如果未勾选"在放置时进行标记"，还可通过第二种方式对门窗进行标记。选择"注释"选项卡中的"标记"面板，单击"按类别标记"，将光标移至放置标记的构件上，待其高亮显示时，单击鼠标则可直接标记；或者单击"全部标记"，在弹出的"标记所有未标记的对象"对话框，选中所需标记的类别后，单击"确定"即可，如图6-62所示。

图 6-62

### 2. 尺寸标注

放置完门窗时，根据临时尺寸可能很难快速定位放置，则可通过大致放置后，调整临时尺寸标注或尺寸标注来精准定位；如果放置门窗时，开启方向放反了，则可和墙一样，选中门窗，通过"翻转控件"↕来调整。

对于门、窗放置时，可调节临时尺寸的捕捉点。单击"管理"选项卡→"设置"面板→"其他设置"下拉列表→"临时尺寸标注"命令，在弹出的"临时尺寸标注属性"对话框中，如图6-63所示。

对于"墙"，选择"中心线"后，则在墙周围放置构件时，临时尺寸标注自动会捕捉"墙中心线"；对于"门、窗"，则设置成"洞口"，表示"门和窗"放置时，临时尺寸捕捉的为到门、窗洞口的距离。

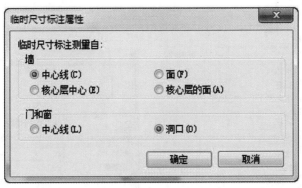

图 6-63

【技巧】在放置门窗时输入"SM"，可自动捕捉到中点插入。

【常见问题剖析】一面墙上，则门、窗会默认的拾取该面墙体，但是如果门窗放置在两面不同厚度（100mm 与 200mm 为例）的墙中间，那门窗附着主体是谁呢？

答：门窗只能附着在单一的主体上，但可替换主体。因此以窗为例，需要选中"窗"，在"修改 | 窗"的上下文选项卡中，单击"主体"面板中的"拾取主要主体"命令，可更换放置窗的主体，如图6-64所示。

图 6-65 所示即表示窗在不同厚度墙体中间，通过"拾取主要主体"功能，既可以左边墙体又可以右边墙体为主体。

图 6-64　　　　　　　　　　　　　　　图 6-65

【提示】"拾取新主体"则可使门窗脱离原本放置的墙上，重新捕捉到其他的墙上。

### 6.4.2　编辑门窗

1. 实例属性

在视图中选择门、窗后，视图"属性"框则自动转成门 / 窗"属性"，如图 6-66 所示，在"属性"框中可设置门、窗的"标高"以及"底高度"，该底高度即为窗台高度，顶高度为门窗高度＋底高度。该"属性"框中的参数为该扇门窗的实例参数。

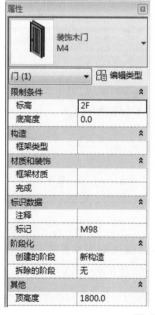 

图 6-66

2. 类型属性

在"属性"框中，单击"编辑类型"，在弹出的"类型属性"对话框中，可设置门、窗的高度、宽度、材质等属性，在该对话框中可同墙体复制出新的墙体一样，复制出新的门、窗，以及对当前的门、窗重命名。

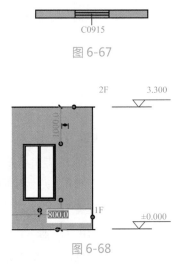

C0915

图 6-67

对于窗如果有底标高，除了在类型属性处修改，还可切换至立面视图，选择窗，移动临时尺寸界线，修改临时尺寸标注值。如图 6-67 所示，有一面东西走向墙体，则进入项目浏览器，鼠标单击"立面（建筑立面）"，双击"南立面"从而进入南立面视图。在南立面视图中，如图 6-68 所示，选中该扇窗，移动临时尺寸控制点至 ±0 标高线，修改临时尺寸标注值为"900"后，按"Enter"键确认修改。

2F　　3.300

1F

±0.000

800.0

图 6-68

### 6.4.3　创建楼板

楼板共分为建筑板、结构板以及楼板边缘，建筑与结构同样是在于是否进行结构分析。楼板边缘多用于生成住宅外的小台阶。

单击"建筑"选项卡→"构建"面板→"楼板"→"楼板：建筑"，在弹出的"修改|创建楼层边界"上下文选项卡中，如图 6-69 所示，可选择楼板的绘制方式，本教材以"直线"与"拾取墙"两种方式来讲解。

图 6-69

使用"直线"命令绘制楼板边界则可绘制任意形状的楼板，"拾取墙"命令可根据已绘制好的墙体快速生成楼板。

1. 属性设置

在使用不同的绘制方式绘制楼板时，在"选项栏"中是不同的绘制选项，如图 6-70 所示，其"偏移"功能也是提高效率的有效方式，通过设置偏移值，可直接生成距离参照线一定偏移量的板边线。

☑链　偏移量：0.0　　☐半径：10000.0　　→直线命令

偏移：-220.0　　☑延伸到墙中(至核心层)　→拾取墙

图 6-70

【提示】顺时针绘制板边线时，偏移量为正值，在参照线外侧；负值则在内侧。

对于楼板的实例与类型属性主要设置板的厚度、材质以及楼板的标高与偏移值。

2.绘制楼板

偏移量设置为 200mm，用"直线"命令方式绘制出如图 6-71 所示的矩形楼板，标高为"2F"，内部为"200mm"厚的常规墙，高度为 1 ～ 2F，绘制时捕捉墙的中心线，顺时针绘制楼板边界线。

【提示】如果用"拾取墙"命令来绘制楼板，则生成的楼板会与墙体发生约束关系，墙体移动楼板会随之发生相应变化。

【技巧】使用 Tab 键切换选择，可一次选中所有外墙，单击生成楼板边界。如出现交叉线条，使用"修剪"命令编辑成封闭楼板轮廓。

边界绘制完成后，单击 ✔ 完成绘制，此时会弹出"是否希望将高达此楼层标高的墙附着到此楼层的底部"，如图 6-72 所示，如果单击"是"，将高达此楼层标高的墙附着到此楼层的底部；单击"否"，将高达此楼层标高的墙将未附着，与楼板同高度，如图 6-73 所示。

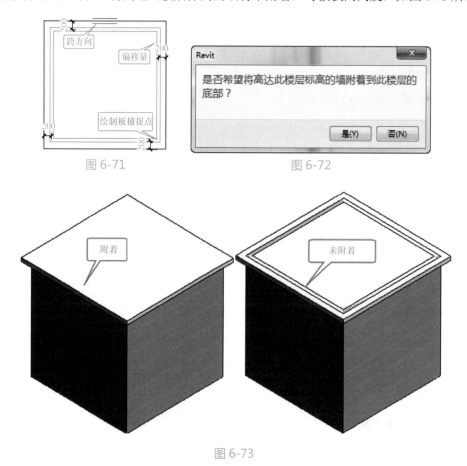

图 6-71　　　　　　　　　　　图 6-72

图 6-73

通过"边界线"绘制完楼板后，在"绘制"面板中还有"坡度箭头"的绘制，其主要用于斜楼板的绘制，可楼板上绘制一条坡度箭头，如图 6-74 所示，并在"属性"框中设置该坡度线的"最高 / 低处的标高"。

图 6-74

## 6.4.4　编辑楼板

如果楼板边界绘制不正确，则可再次选中楼板，单击"修改 | 楼板"选项卡中的"编辑边界"命令，如图 6-75 所示，可再次进入到编辑楼板轮廓草图模式。

图 6-75

### 1. 形状编辑

除了可编辑边界，还可通过"形状编辑"编辑楼板的形状，同样可绘制出斜楼板，如图 6-76 所示。单击"修改子图元"选项后，进入编辑状态，单击视图中的绿点，出现"0"文本框，其可设置该楼板边界点的偏移高度，如 500，则该板的此点向上抬升 500mm。

### 2. 楼板洞口

楼板开洞，除了"编辑楼板边界"可开洞外，如图 6-77 所示，还有专门的开洞的方式。

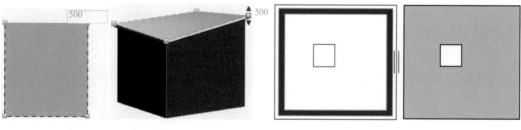

图 6-76　　　　　　　　　　　图 6-77

在"建筑"选项卡中的"洞口"面板，有多种的"洞口"挖取方式，有"按面"、"竖井"、"墙"、"垂直"、"老虎窗"几种方式，针对不同的开洞主体选择不同的开洞方式，在选择后，只需在开洞处，绘制封闭洞口轮廓，单击完成，即可实现开洞。详见 6.9 节。

## 6.4.5　案例操作

建模思路："建筑"选项卡→"构建"面板→"门、窗"命令→放置门窗→编辑门、窗位置与高度→"楼板"：建筑命令绘制楼板→编辑楼板。

创建过程：

（1）接上节练习，打开"1F"视图，单击选项卡"建筑"→"门"命令，或使用快捷键：DR，在类型选择器下拉列表中选择"硬木装饰门 M1"类型。

（2）在"修改 | 放置门"选项卡中单击"在放置时进行标记"命令，便对门进行自动标记。要引入标记引线，选择"引线"并指定长度 12.7mm，如图 6-78 所示。

图 6-78

（3）将光标移动到 B 轴线 3、4 号轴线之间的墙体上，此时会出现门与周围墙体距离的灰色相对临时尺寸，如图 6-79 所示。这样可以通过相对尺寸大致捕捉门的位置。在平面视图中放置门之前，敲击空格键控制门的开启方向。

（4）在墙上合适位置单击鼠标左键以放置门，调整临时尺寸标注蓝色的控制点，拖动蓝色控制点移动到 4 轴，修改距离值为"615"，得到"大头角"的距离，如图 6-80 所示。"硬木装饰门 M1"修改后的位置如图 6-81 所示。

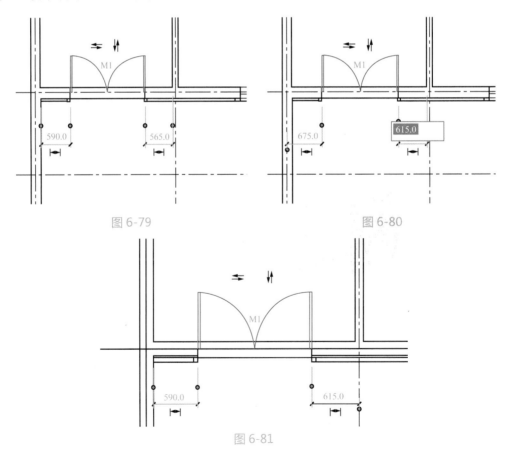

图 6-79　　　　　　　　　　　　　图 6-80

图 6-81

（5）同理，在类型选择器中分别选择"硬木装饰门 M1"、"铝合金玻璃推拉门 M2"、"双扇推拉门 M3"、"装饰木门 M4""装饰木门 M5"门类型，按图 6-82 所示位置插入到首层墙上。

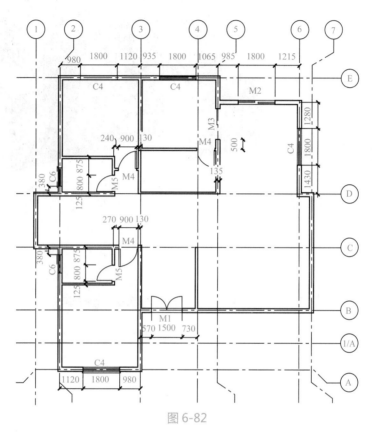

图 6-82

（6）继续在"1F"视图，单击选项卡"建筑"→"窗"命令或快捷键：WN。在类型选择器中分别选择"跨层窗 C1"、"玻璃推拉窗 C4"、"双扇推拉窗 C6"类型，按图 6-82 所示窗 C1、C4、C6 的位置，在墙上单击将窗放置在对应位置。

（7）本案例中窗台底高度不全一致，因此在插入窗后需要手动调整窗台高度。几个窗的底高度值为：C4-900mm 、 C6-900mm。在任意视图中选择"双扇推拉窗 C6"，"属性"框中直接修改"底高度"值为 900，如图 6-83 所示。

（8）同样编辑其他窗的底高度，编辑完成后的首层门窗，如图 6-84 所示，保存文件。

（9）单击选项卡"建筑"→"楼板"命令，进入楼板绘制模式。在"属性"中选择楼板类型为"楼板 常规－200mm"。

（10）在"绘制"面板中，单击"拾取墙"命令，在选项栏中设置偏移为："－20"，如图 6- 85 所示，移动光标到外墙外边线上，依次单击拾取外墙外边线，自动的创建楼板轮廓线，如图 6-86 所示。拾取墙创建的轮廓线自动和墙体保持关联关系。

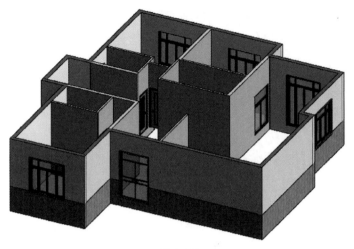

图 6-83 图 6-84

图 6-85

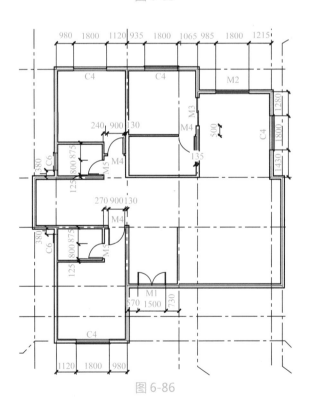

图 6-86

（11）单击"完成"按钮
，完成创建首层楼板。如图
6-87 所示，弹出的对话框中选
择"否"。创建的首层楼板如
图 6-88 所示。

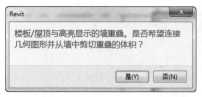

图 6-87

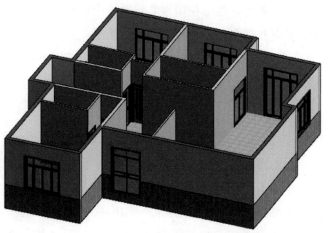

图 6-88

（12）至此本案例首层的构件都已经绘制完成，保存文件"首层模型 .rvt"。

### 6.4.6　小结

在本节中首层构件已基本绘制完成，从建立标高→轴网→创建墙体→放置门窗→创建楼板整个过程中，由于每个图元都在样板文件中已事先创建并定义好了，所以减少了新建族文件的过程。下一节将讲述后两层构件的创建，其创建过程和首层一致，但可通过其他方式来快速完成。

# 6.5　创建二层墙、门、窗和楼板

实际工程中包括多个标准层，建模过程需要分层绘制，则可利用复制功能快速生成楼层，提高整体建模效率。

### 6.5.1　复制的功能

复制除了"修改"选项卡中的"复制"命令外，还有"修改"选项卡"剪切板"面板中的"复制到剪切板"工具，二者的使用功能是不一样的。

（1）"复制"命令：其可在同一视图中将选中的单个或多个构件，从 A 处复制后放置在同一视图的 A 或 B 处。

（2）"复制 / 剪切到剪切板"命令：其类似于 word 中的文本 / 图片的复制 / 剪切，其是在 A 视图或项目中选中单个或多个构件，可粘贴至 A、B 或其他视图或其他项目中。即如果需要在放置副本之前切换视图时，"复制到剪贴板"工具可将一个或多个图元复制到剪贴板中，然后使用"从剪贴板中粘贴"工具将图元的副本粘贴到其他项目或视图中，从而实现多个图元的传递。

因此可以看出复制的两种方式所使用范围不同的，"复制"适用于同一视图中，"复制/剪切到剪切板"命令适用于粘贴至不同项目、视图中的任意位置。

由此如果要将下一层的全部构件复制到上一层去，要通过"复制到剪切板"命令来实现。

### 6.5.2　过滤器的使用

过滤器顾名思义在选择的一批构件中，通过过滤，过滤出所需的构件。

过滤器是按构件类别快速选择一类或几类构件最方便快捷的方法。过滤选择集时，当类别很多，需要选择的很少时，可以先单击"放弃全部"，再勾选"墙"等需要的类别，如图 6-89 所示；当需要选择的很多，而不需要选择的相对较少时，可以先单击"选择全部"，再取消勾选不需要的类别，提高选择效率。

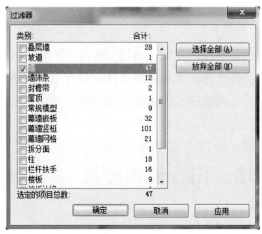

图 6-89

### 6.5.3　案例操作

建模思路:选中所有首层外墙→利用"复制到剪切板"命令→选择粘贴方式→利用"过滤器"过滤删除不需要的图元→参照首层，绘制并编辑墙体→放置并编辑二层门、窗→绘制并编辑二层板。

创建过程如下:

（1）接上节练习，切换到三维视图，将光标放在首层的外墙上，高亮显示后按 Tab 键，所有外墙将全部高亮显示，单击鼠标左键，首层外墙将全部选中，构件蓝色亮显，如图 6-90 所示。

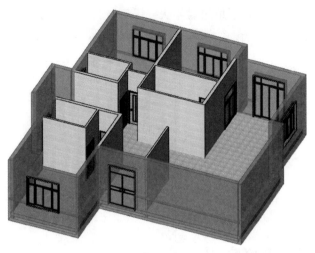

图 6-90

（2）单击"修改 | 叠层墙"选项卡→"剪贴板"面板→"复制到剪贴板"命令，将所有构件复制到粘贴板中备用。

（3）单击"剪贴板"面板→"粘贴"→"与选定的标高对齐"命令，打开"选择标高"对话框，如图 6-91 所示。选择"2F"，单击"确定"。

【提示】复制上来的二层外墙高度和首层相同，但是由于首层层高高于二层，所以二层的外墙的高度尽管是顶部约束到标高：2F，但是在"属性框"中顶部偏移为750mm，需要改为 0。

（4）首层平面的外墙都被复制到二层平面，同时由于门窗默认为是依附于墙体的构件，所以一并被复制，如图 6-92 所示。

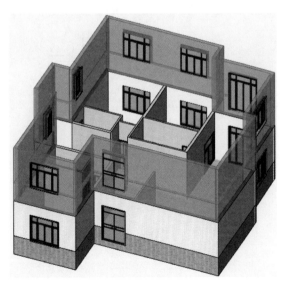

图 6-91　　　　　　　　　　　　　　　　图 6-92

（5）在项目浏览器中双击"楼层平面"项下的"2F"，打开二层平面视图。如图 6-93

所示，框选所有构件，单击右下角的漏斗状按钮▽，打开"过滤器"对话框，如图 6-94 所示，取消勾选"叠层墙"，单击"确定"选择所有门窗。按 Delete 键，删除所有门窗。

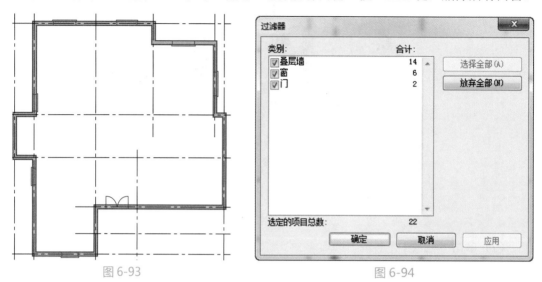

<table>
<tr><td>图 6-93</td><td>图 6-94</td></tr>
</table>

（6）移动光标到复制的外墙上，按 Tab 键，当所有外墙链亮显时单击鼠标选择所有外墙，在类型选择器中选择"叠层墙 外部叠层墙－米黄 1200 ＋奶白色石漆饰面"，修改首层墙的类型。

【技巧】Tab 键的妙用：①切换选择对象来帮助快速捕捉选取，如选中的是墙中心线，可通过 Tab 键来选取墙外边线；②可选取头尾相连的多面墙体。总之 Tab 键在选择图元中是必不可少的；③在幕墙中可切换选取到幕墙网格或嵌板。

（7）选中 A 号轴线上 2、3 轴线之间的叠层墙，按 Delete 键删除，选中 2 号轴线上 A、C 轴线之间的叠层墙，向上拖动端部蓝色圆点，将其长度修改为 4200，如图 6-95 所示。

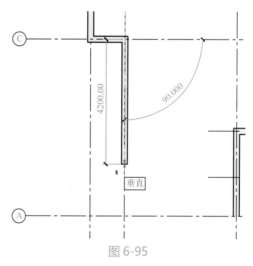

图 6-95

（8）选择"建筑"选项卡→"墙"→"叠层墙 外部叠层墙－米黄 1200 ＋奶白色石漆饰面"，在上述墙的拖曳端点单击鼠标，水平向右移动绘制墙，至与右侧的墙相交，如图 6-96 所示。

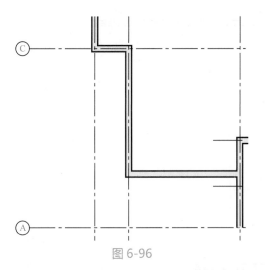

图 6-96

（9）选择"修改"选项卡→"修改"面板→"修剪"命令 ，快捷键：TR。依次单击上述新绘制的墙体和 3 轴上的墙 B、1/A 轴之间墙体，结果如图 6-97 所示。

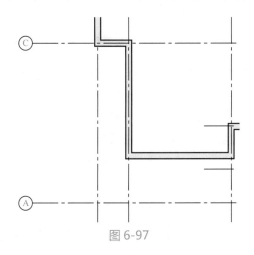

图 6-97

【提示】在绘制墙的时候，墙一边会出现双向箭头，代表墙的内外，如图 6-98 所示，单击可改变墙的内外位置。

图 6-98

（10）单击设计栏"建筑"→"墙"命令，在类型选择器中选择"基本墙：普通砖－180mm"，"绘制"面板中选择"直线"命令，选项栏中"定位线"选择"墙中心线"。在"属性"栏中，设置实例参数"底部限制条件"为"2F"，"顶部约束"为"直到标高3F"，如图 6-99 所示，绘制 180mm 内墙。

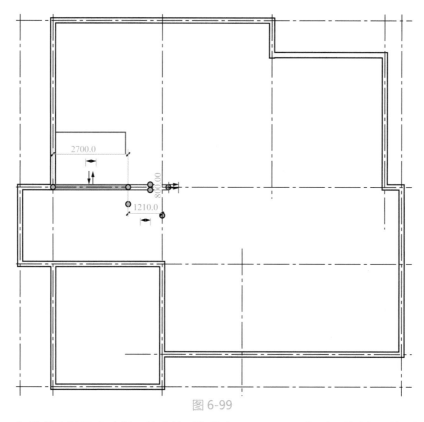

图 6-99

（11）在类型选择器中选择"基本墙：普通砖－ 100mm"类型，"绘制"面板中选择"直线"命令，选项栏中"定位线"选择"墙中心线"。在"属性"框中，设置实例参数"底部限制条件"为"2F"，"顶部约束"为"直到标高 3F"，绘制如图 6-100 所示的内墙。

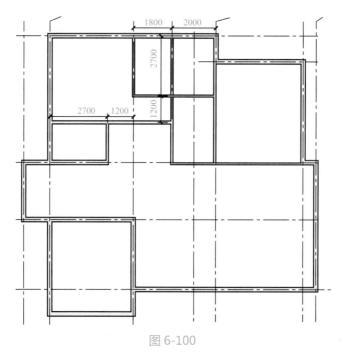

图 6-100

【提示】如果内墙与外墙的墙体方向平行，可利用对齐命令 ，快捷键 AL，使内墙的墙面与外墙的墙面对齐。

完成后的二层墙体如图 6-101 所示，保存文件。

编辑完成二层平面内外墙体后，即可创建二层门窗。门窗的插入和编辑方法同前述首层门窗的创建相同。

（12）放置门：接前面练习，在"项目浏览器"→"楼层平面"项下双击"2F"，打开二层楼层平面。单击选项卡"建筑"→"门"命令，在类型选择器中分别选择门类型："铝合金玻璃推拉门 M2"、"装饰木门 M4"、"装饰木门 M5"，按图 6-102 所示位置移动光标到墙体上单击放置门，并编辑临时尺寸，如图 6-102 所示尺寸位置精确定位。

（13）放置窗：单击选项卡"建筑"→"窗"命令，在类型选择器中分别选择窗类型："玻璃推拉窗 C4"、"双扇推拉窗 C6"、"凸形装饰窗 C7"，按图 6-102 所示位置移动光标到墙体上单击放置窗，并编辑临时尺寸，按图 6-102 所示尺寸位置精确定位。

（14）编辑窗台高：在平面视图中选择窗，在"属性"栏中，修改"底高度"参数值，调整窗户的窗台高。各窗的窗台高为：C4：900mm 、 C6：900mm 、 C7：1300mm。

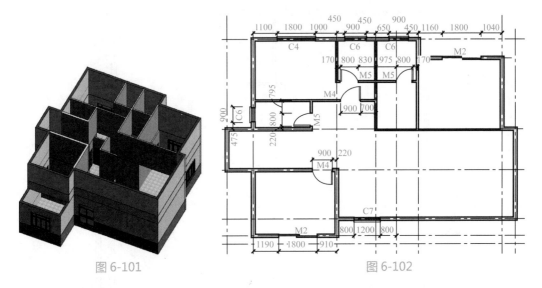

图 6-101　　　　　　　　　　　　　　　　图 6-102

上图的尺寸标注部分到墙体中心线的距离。

【技巧】放置门窗前则可通过在"管理"选项卡中→"设置"面板→"其他设置"→"临时尺寸标注"命令，墙选择到"中心线"，门和窗选择到"洞口"。

（15）下面给别墅创建二层楼板。Revit 可以根据墙来创建楼板边界轮廓线自动创建楼板，在楼板和墙体之间保持关联关系，当墙体位置改变后，楼板也会自动更新。

（16）接上节练习，打开二层平面 2F。单击选项卡"建筑"→"楼板：建筑"命令，如图 6-103 所示。

（17）单击"拾取线"命令，移动光标到外墙内边线上，依次单击拾取外墙外边线自动创建楼板轮廓线，如图 6-104 所示，最上方的轮廓线距下方的墙中心线为 1805mm，最下方的轮廓线距上方的墙中心线为 1695mm，拾取墙创建的轮廓线自动和墙体保持关联关系。

图 6-103

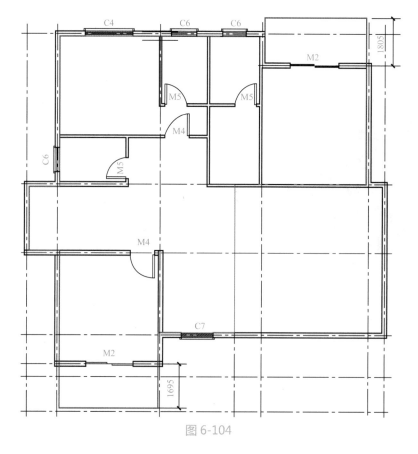

图 6-104

（18）检查确认轮廓线完全封闭。可以通过工具栏中"修剪" 🕂 命令，修剪轮廓线使其封闭，也可以通过光标拖动迹线端点移动到合适位置来实现，Revit 将会自动捕捉附近的其他轮廓线的端点。当完成楼板绘制时，如果轮廓线没有封闭，系统会自动提示。

（19）也可以单击绘制栏"拾取线"或"直线"命令，绘制封闭楼板轮廓线。单击"完成绘制"绿色按钮创建二层楼板，结果如图 6-105 所示，保存为文件为"二层模型 .rvt"。

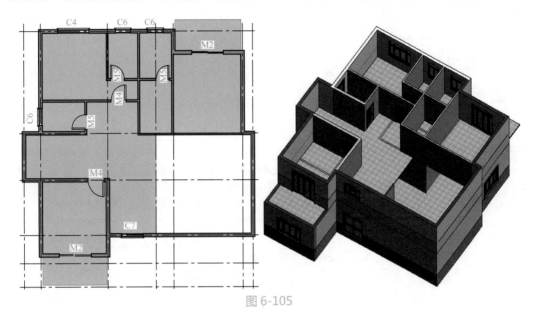

图 6-105

【提示】连接几何图形并剪切重叠体积后，在剖面图上可看到墙体和楼板的交接位置将自动处理。

【技巧】当使用拾取墙时，可以在选项栏勾选"延伸到墙中（至核心层）"，设置到墙体核心的"偏移"量参数值，然后再单击拾取墙体，直接创建带偏移的楼板轮廓线。与绘制好边界后再使用偏移工具的作用是一样的。

### 6.5.4　小结

本章学习了整体复制、对齐粘贴，以及墙的常用编辑方法，复习了墙体的绘制方法，门窗的插入和编辑方法，学习了楼板的创建方法。从下章开始创建三层平面主体构件。

## 6.6　创建三层墙、门、窗和楼板

三维设计和二维设计在设计过程还是存在很大差异，在三维设计过程中，需要隐藏构件、查看某一构件或创建剖面视图等来查看模型，掌握建模过程中的技巧。

### 6.6.1　视图范围、隐藏与可见性

在不同的楼层平面，如果要看到其他楼层的构件，此时该如何处理呢？假如在此楼

层，只想看到某一类构件，又该如何处理呢？

1. 视图范围

假要在 2F 平面上看到 1F 平面上的构件，有两个方法：①在"属性"栏中，设置基线的为 1F，如图 6-106 所示，则可看到 1F 的构件暗显在 2F 处；②在"属性"栏中，单击"视图范围"的"编辑 ..."按钮，在弹出的"视图范围"对话框中调整主要范围及视图深度，如图 6-107 所示。

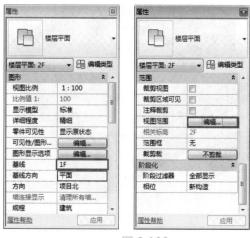

| 图 6-106 | 图 6-107 |

视图范围的调整在项目建模过程中是常用命令，经常会出现放置的某个构件在该层看不到，但是在三维中看的到的情况，此时可能的原因是视图范围设置不合理。

图 6-108 所示为 1F 的"视图范围"设置表，顶、底以及剖切面均以 1F 为相关标高，并在相关标高上进行偏移。图 6-109 所示则为"视图范围"设置的立面表示情况，通过该图可以清楚的分辨出"主要范围"与"视图深度"的区别。

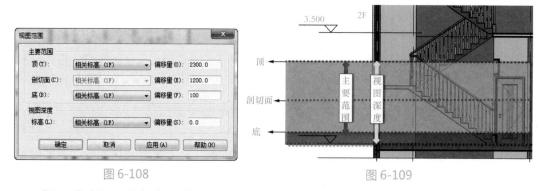

| 图 6-108 | 图 6-109 |

【提示】剖切面的标高是默认设置，不能修改。如果直接在"项目浏览器"中的"楼层平面"中复制楼层 1F，复制出来的重命名为 3F，则 3F"剖切面"的默认相关标高为 1F。

2. 可见性

在平面、立面或三维视图中，如果要对某个构件单独拿出来分析，或是需要在该视图中隐藏图元，可通过两种方式来实现。

（1）"视图控制栏"中的"临时隐藏／隔离"功能。该功能共分为隐藏和隔离两种方式，图元和类别两种范围。只有选中某一图元后，"临时隐藏／隔离"功能按钮才能亮显，如图 6-110 所示。

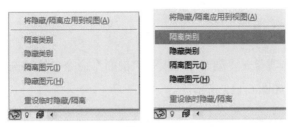

图 6-110

如果临时隐藏了某一图元或类别，则"绘图区域"中会出现"临时隐藏／隔离"的绿色矩形框，表示该视图有图元被隐藏或隔离。

要去除"临时隐藏／隔离"的绿色矩形框：①可以单击"临时隐藏／隔离"按钮中的"重设临时隐藏／隔离"，则是取消掉了隐藏或隔离；②可以单击"将隐藏／隔离应用到视图"，其可将临时隐藏／隔离改为永久隐藏。

【提示】设置的临时隐藏，如果关闭文件则不会保存，只有永久隐藏才能保存。

（2）可见性／图形替换功能（快捷键 VV）。可见性／图形替换可控制所有图元在各个视图中的可见性，其主要用于控制某一类别的所有图元的可见性。如图 6-111 所示。只勾选了"墙"类别，则该视图中只显示墙。

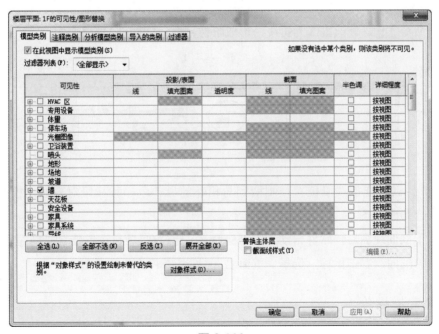

图 6-111

"可见性 / 图形替换"功能中除了"模型类别"外，还包括"注释类别"、"分析模型类别"、"导入的类别"和"过滤器"，其中"过滤器"可根据各过滤条件，过滤出不同类别的图元。如要区分给水管道和排水管道，通过过滤器设置成不同颜色，可快速区分。

【提示】上述讲的永久隐藏，则正是取消了图元的可见性。

### 6.6.2　创建剖面视图

单击"视图"选项卡→"创建"面板→"剖面"命令→绘制剖面线→处理剖面位置→重命名剖面视图，如图 6-112 所示。

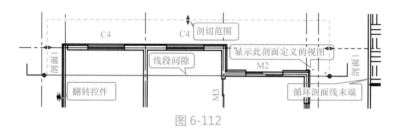

图 6-112

（1）剖切范围：通过视图宽度和视景深度控制剖切模型的视图范围。

（2）线段间隙：单击线段间隙符号，可在有隙缝的或连续的剖面线样式之间切换。

（3）翻转控件：单击查看翻转控件可翻转视图查看方向。

（4）显示此剖面定义的视图：单击可弹出该剖面视图。

（5）循环剖面线末端：控制剖面线末端的可见性与位置。

剖面线只可绘制直线，但可通过"修改 | 视图"上下文选项卡的"剖面"面板中的"拆分线段"命令 ，修改直线为折线，形成阶梯剖面，如图 6-113 所示。

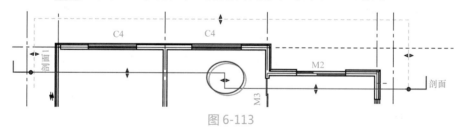

图 6-113

【提示】鼠标拖拽线段位置控制柄到与相邻的另一段平行线段对齐时，松开鼠标，两条线段合并成一条。

绘制了剖面视图后，软件自动给该剖面命名。通过在"项目浏览器"中"剖面"视图中，选择所需的剖面，右击鼠标，选择"重命名"，可重命名该剖面视图。

### 6.6.3　案例操作

建模思路：打开三层平面→绘制墙体→放置门窗→绘制楼板。

创建过程：

（1）打开上节保存的"二层模型 .rvt"文件，展开"项目浏览器"下"楼层平面"项，双击"3F"，进入"楼层平面：3F"视图。

（2）绘制墙：输入快捷键 WA，在类型选择器中选择"基本墙 外墙—奶白色石漆饰面"，直接在墙"属性"栏中，设置实例参数"底部限制条件"为"3F"，"顶部约束"为"直到标高：RF"。绘制如图 6-114 所示的外墙。

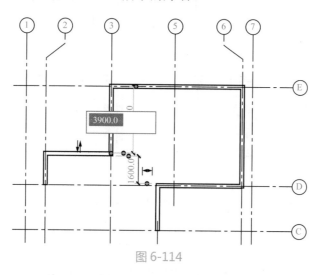

图 6-114

（3）类似地，在类型选择器中选择"叠层墙 外部叠层墙—米黄 1000+ 奶白色石漆饰面"，直接在墙"属性"栏中，设置实例参数"底部限制条件"为"3F"，"顶部约束"为"直到标高：RF"。添加如图 6-115 所示的外墙。

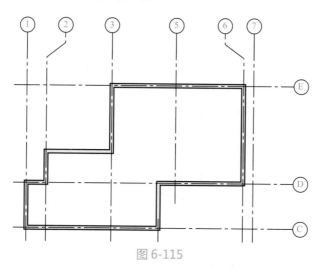

图 6-115

（4）同样方法，在类型选择器中选择"基本墙 普通砖－ 180mm"，直接在墙"属性"栏中，设置实例参数"底部限制条件"为"3F"，"顶部约束"为"直到标高：RF"。添加如图 6-116 所示的内墙。

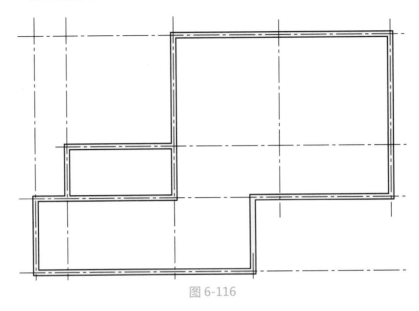

图 6-116

（5）同理，如图 6-117 所示，添加内墙"基本墙 普通砖－100mm"。其标注值为到轴线的距离。

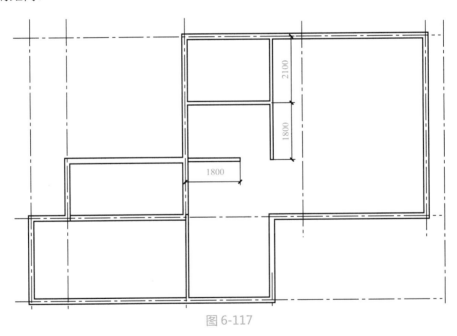

图 6-117

【技巧】从左上角位置向右下角位置框选与从右上角位置向左下角位置框选是两个不同的结果，从左向右选择的是全部包含在框内的构件，但是从右向左选择的构件则是只框选到了构件的一部分也会被选中。结合使用过滤器，可以快速选择所需的图元。

（6）编辑完成二层平面内外墙体后，即可创建二层门窗。门窗的插入和编辑方法同前述章节，本节不再详述。在项目浏览器"楼层平面"—鼠标双击"3F"，进入楼层平面：3F。

（7）放置门：选择选项卡"建筑"→"门"命令，在类型选择器中选择"装饰木门 M4"、"装饰木门 M5"、"门 - 双扇平开 M6"、"铝合金玻璃推拉门 M7"，按图 6-118 所示位置，移动光标到墙体上单击放置门，并编辑临时尺寸位置精确定位。

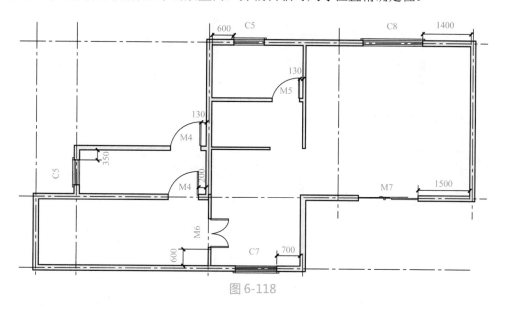

图 6-118

（8）放置窗：选择选项卡"建筑"→"窗"命令。在类型选择器中选择"双扇推拉窗 C5"、"凸形装饰窗 C7"、"玻璃推拉窗 C8"，按图 6-118 所示位置，移动光标到墙体上单击放置窗，并编辑临时尺寸位置精确定位。

（9）编辑窗台高：在平面视图中选择窗，在"属性"栏中，修改"底高度"参数值，调整窗户的窗台高。各窗的窗台高为：C5：900mm、C7：1000mm、C8：900mm。

（10）绘制板：单击选项卡"建筑"→"楼板：建筑"命令，进入楼板绘制模式后，在属性栏中选择"楼板 常规 -100mm"，绘制如图 6-119 所示的楼板轮廓。

（11）完成轮廓绘制后，单击"完成绘制"命令创建三层楼板，结果如图 6-120 所示。

【提示】楼板轮廓必须是闭合回路，如编辑后无法完成楼板，检查轮廓线是否有未闭合或重叠的情况。

（12）单击"项目浏览器"中的"楼层平面"下的"3F"，打开三层平面，绘制剖面视图。

（13）单击"视图"选项卡→"创建"面板→"剖面"命令，在 C、D 轴线中间绘制一根剖面线，调整剖面的可视范围，如图 6-121 所示。

（14）在"项目浏览器"中，在新建的"剖面（建筑剖面）"视图中，将"剖面 1"重命名为"1-1"，双击"1-1"剖面，则可进入到"1-1"剖面视图。

至此本案二层平面的主体都已经绘制完成，完成后保存文件为"三层模型 .rvt"。

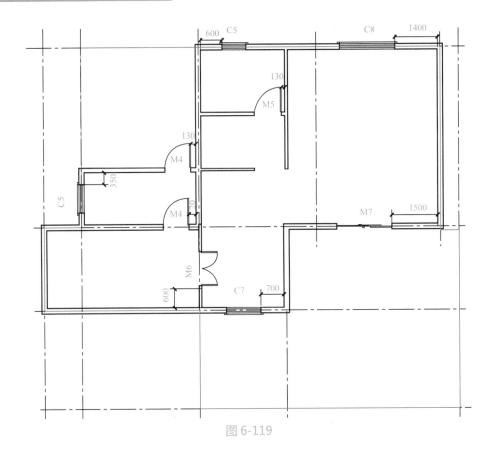

图 6-119

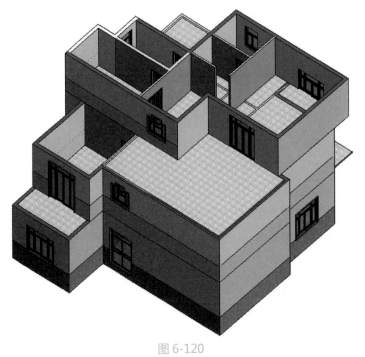

图 6-120

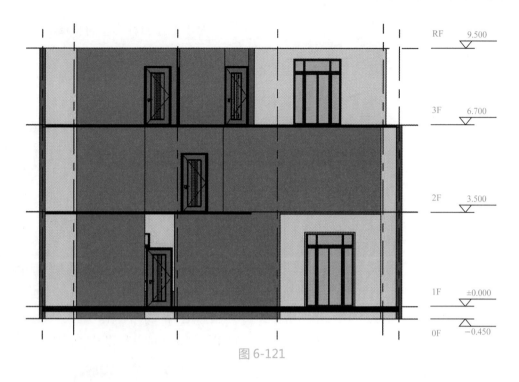

图 6-121

## 6.6.4　小结

Revit 建模根据建模细度可实现不同的效果，需要掌握一定的工作细度，太细会造成工作任务的加大，太粗则无法有效呈现 BIM 的效果。在项目设计过程中，需要定义好设计深度。二维中需单独绘制立面视图，但在 Revit 中直接绘制剖面线后，可直接生成剖面，如果达到设计要求，则可直接用于出剖面视图。

# 6.7　幕墙设计

概述：幕墙是现代建筑设计中被广泛应用的一种建筑外墙，由幕墙网格、竖梃和幕墙嵌板组成。其附着到建筑结构，但不承担建筑的楼板或屋顶荷载。在 Revit 中，根据幕墙的复杂程度分常规幕墙、规则幕墙系统和面幕墙系统，三种创建幕墙的方法。

常规幕墙是墙体的一种特殊类型，其绘制方法和常规墙体相同，并具有常规墙体的各种属性，可以像编辑常规墙体一样用"附着""编辑立面轮廓"等命令编辑常规幕墙。规则幕墙系统和面幕墙系统可通过创建体量或常规模型来绘制，主要对于幕墙数量、面积较大或不规则曲面时使用。此章主要讲常规幕墙的创建。

## 6.7.1　创建玻璃幕墙、跨层窗

幕墙四种默认类型：幕墙、外部玻璃、店面与扶手，如图 6-122 所示。

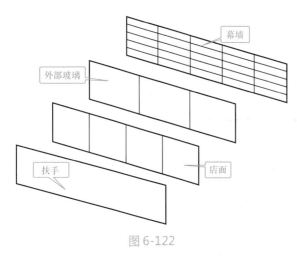

图 6-122

对于上述四种类型的幕墙类型，均可通过幕墙网格、竖梃以及嵌板三大组成元素来进行设置，本节主要以幕墙为例。

单击"建筑"选项卡→"构建"面板→"墙:建筑"→"属性"框中选择"幕墙"类型→绘制幕墙→编辑幕墙。幕墙的绘制方式和墙体绘制相同，但是幕墙比普通墙多了部分参数的设置。

1. 类型属性

绘制幕墙前，单击"属性"框中的"编辑类型"，在弹出的"类型属性"对话中设置幕墙参数，如图 6-123 所示。主要需要设置"构造"、"垂直网格样式"、"水平网格样式"、"垂直竖梃"和"水平竖梃"几大参数。"复制"和"重命名"的使用方式和其他构件一致，可用于创建新的幕墙以及对幕墙重命名。

| 类型属性 | |
|---|---|
| 族(F): | 系统族: 幕墙 |
| 类型(T): | 幕墙 |

载入(L)...
复制(D)...
重命名(R)...

类型参数

| 参数 | 值 |
|---|---|
| **构造** | |
| 功能 | 外部 |
| 自动嵌入 | ☐ |
| 幕墙嵌板 | 无 |
| 连接条件 | 未定义 |
| **材质和装饰** | |
| 结构材质 | |
| **垂直网格样式** | |
| 布局 | 固定数量 |
| 间距 | 1500.0 |
| 调整竖梃尺寸 | ☐ |
| **水平网格样式** | |
| 布局 | 固定数量 |
| 间距 | 1500.0 |
| 调整竖梃尺寸 | ☐ |
| **垂直竖梃** | |
| 内部类型 | 无 |
| 边界 1 类型 | 无 |
| 边界 2 类型 | 无 |
| **水平竖梃** | |
| 内部类型 | 无 |
| 边界 1 类型 | 无 |
| 边界 2 类型 | 无 |
| **标识数据** | |

《 预览(P)　　　　　　　　　　确定　　取消　　应用

图 6-123

（1）构造：主要用于设置幕墙的嵌入和连接方式。勾选"自动嵌入"则在普通墙体上绘制的幕墙会自动剪切墙体，如图6-124所示。

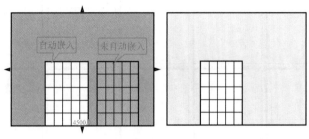

图 6-124

"幕墙嵌板"中，单击"无"中的下拉框，可选择绘制幕墙的默认嵌板，一般幕墙的默认选择为"系统嵌板：玻璃"。

（2）垂直网格与竖直网格样式：用于分割幕墙表面，用于整体分割或局部细分幕墙嵌板。根据其"布局方式"可分为："无"、"固定数量"、"固定距离"、"最大间距"与"最小间距"五种方式。

1）无：绘制的幕墙没有网格线，可在绘制完幕墙后，在幕墙上添加网格线。

2）固定数量：不能编辑幕墙"间距"选项，可直接利用幕墙"属性"框中的"编号"来设置幕墙网格数量。

3）固定距离、最大间距、最小间距：三种方式均是通过"间距"来设置，绘制幕墙时，多用"固定数量"与"固定距离"两种。

（3）垂直竖梃与水平竖梃：设置的竖梃样式会自动在幕墙网格上添加，如果该处没有网格线，则该处不会生成竖梃。

2. 实例属性

玻璃幕墙在实例属性与普通墙类似，只是多了垂直/水平网格样式，如图6-125所示。编号只有网格样式设置成"固定距离"时才能被激活，编号值即等于网格数。

| 垂直网格样式 | ⫸ |
| --- | --- |
| 编号 | 4 |
| 对正 | 起点 |
| 角度 | 0.000° |
| 偏移量 | 0.0 |
| 水平网格样式 | ⫸ |
| 编号 | 4 |
| 对正 | 起点 |
| 角度 | 0.000° |
| 偏移量 | 0.0 |

图 6-125

## 6.7.2　编辑玻璃幕墙

编辑玻璃主要包括两方面：一是编辑幕墙网格线段与竖梃；二是编辑幕墙嵌板。

1. 编辑幕墙网格线段

在三维或平面视图中，绘制一段带幕墙网格与竖梃的玻璃幕墙，样式自定，转到三维视图中，如图6-126所示。

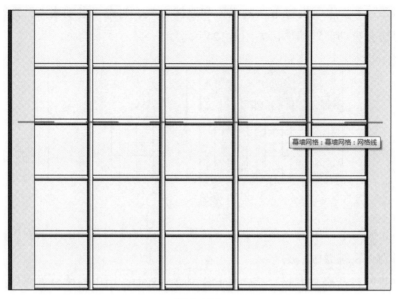

图 6-126

将光标移至某根幕墙网格处，待网格虚线高亮显示时，单击鼠标左键，选中幕墙网格，则出现"修改 | 幕墙网格"上下文选项卡，单击"幕墙网格"面板中的"添加 / 删除线段"。此时，单击选中幕墙网格中需要断开的该段网格线，再单击删除网格线的地方又可添加网格线，如图 6-127 所示。类型属性中设置了幕墙竖梃后，添加或删除幕墙网格线，同步会添加 / 删除幕墙竖梃。

如果不选中幕墙，同样可以添加幕墙网格，单击"建筑选项卡"→"构建"面板→"幕墙网格"或"竖梃"命令，在弹出的"修改 | 放置 幕墙网格（竖梃）"上下文选项卡的"放置"面板中，如图 6-128 和图 6-129 所示，可以选择网格或竖梃的放置方式。

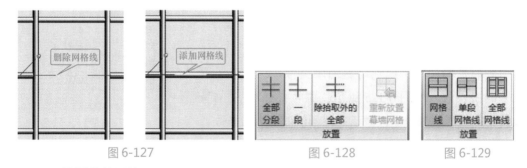

图 6-127                        图 6-128            图 6-129

（1）放置幕墙网格。

1）全部分段：单击添加整条网格线。

2）一段：单击添加一段网格线，从而拆分嵌板。

3）除拾取外的全部：单击先添加一条红色的整条网格线，再单击某段删除，其余的嵌板添加网格线。

（2）放置幕墙竖梃。

1）网格线：单击一条网格线，则整条网格线均添加竖梃。

2）单段网格线：在每根网格线相交后，形成的单段网格线处添加竖梃。

3）全部网格线：全部网格线均加上竖梃。

2. 编辑幕墙嵌板

将鼠标放在幕墙网格上，通过多次切换 Tab 键选择幕墙嵌板，选中后，在"属性"框中的"类型选择器"，可直接修改幕墙嵌板类型，如果没有所需类型，可通过载入族库中的族文件或新建族载入到项目中，如图 6-130 所示。

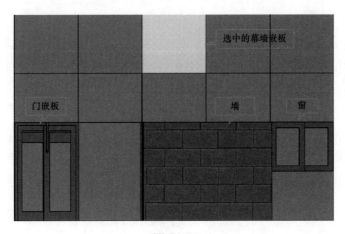

图 6-130

## 6.7.3　案例操作

建模思路：打开幕墙绘制楼层→"建筑"选项卡→"构建"面板→"墙"下拉按钮→"墙：建筑"命令→"属性"框中选择幕墙→绘制幕墙→重命名幕墙→编辑幕墙。

创建过程：

打开上节保存的"三层模型 .rvt"文件，下面开始应用玻璃幕墙的创建。

（1）在项目浏览器中双击"楼层平面"项下的"1F"，打开首层平面视图。

（2）单击"建筑"→"墙：建筑"，选择幕墙类型"幕墙 C2"，单击"编辑类型"命令，设置"垂直网格样式"和"水平网格样式"的"布局"为"固定数量"，"垂直竖梃"和"水平竖梃"类型全部选择为"矩形竖梃:50×100mm"，如图 6-131 所示，完成后确定。

（3）在属性栏设置相应参数，如图 6-132 所示。在 7 轴与 B 轴和 D 轴相交处的墙上单击一点，拖动鼠标向上移动，使幕墙宽度为 1500mm，调整幕墙位置使幕墙间距 B 轴线距离为 900mm，单击双向箭头调整幕墙的外方向。

【提示】幕墙属性栏中的"垂直网格样式"、"水平网格样式"项中的"编号"分别表示幕墙垂直网格线和水平网格线的数目（不包含外边界）。

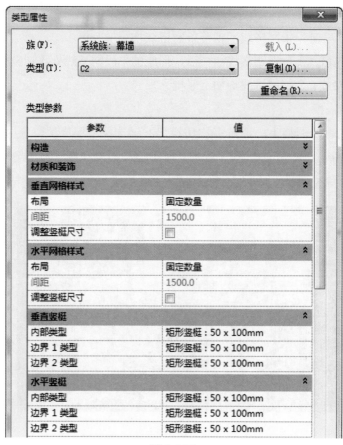

图 6-131

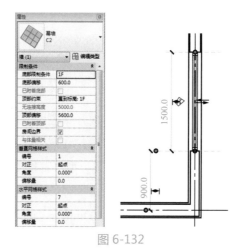

图 6-132

（4）编辑幕墙。切换到三维视图，上述步骤完成后的幕墙如图 6-133 所示，将鼠标移动到幕墙的竖梃上，循环单击 Tab 键，至出现"幕墙网格：网格线"的提示，单击鼠标选中网格线，出现"修改 | 幕墙网格"选项卡，单击"添加 / 删除线段"命令，再单

击需要删除的网格线，则网格线和相应的竖梃同时被删除。

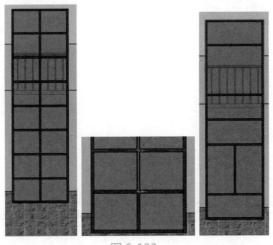

图 6-133

【提示】出现图 6-134 所示警告时，可直接忽略关掉窗口。

图 6-134

（5）切换到 2F 楼层平面视图，选择上述绘制的幕墙，单击"修改"面板的复制命令，制定幕墙的下端点为复制基点，垂直向上移动鼠标 2400mm 后单击放置幕墙。完成后，两块幕墙的三维效果如图 6-135 所示。

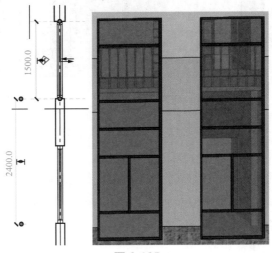

图 6-135

（6）放置西立面幕墙。选择幕墙类型"幕墙 C3"，在 1 轴与 C 轴和 D 轴相交处的墙上单击放置幕墙，并在属性栏调整位置，如图 6-136 所示。

（7）放置正立面跨层窗。单击"建筑"→"窗"，进入到 1F 平面中，选择窗类型"跨层窗 C1"，在 B 轴与 4 轴和 7 轴相交处的墙上单击放置跨层窗，并在属性栏修改参数，"底高度：600"，如图 6-137 所示。

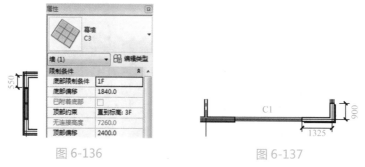

图 6-136　　　　　　　　　　　　图 6-137

完成后的幕墙如图 6-138 所示。保存文件为"幕墙 .rvt"。

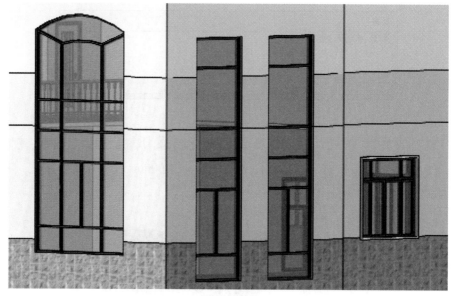

图 6-138

## 6.7.4　小结

本节主要讲述了幕墙的各种绘制方式，幕墙主要是通过设置幕墙网格、幕墙嵌板和幕墙竖梃来进行设计。对于幕墙网格可采用手动编辑和自动生成幕墙网格两种方式，可以对幕墙的造型进行各种编辑。灵活使用幕墙工具，可以创建任意复杂形式的幕墙样式。下一节将介绍屋顶的创建。

# 6.8　屋顶的创建

屋顶是房屋最上层起覆盖作用的围护结构，目前多用于别墅或住宅建筑中。根据屋顶排水坡度的不同，常见的有平屋顶、坡屋顶两大类，坡屋顶也具有很好的排水效果。屋顶是建筑的重要组成部分。在 Revit 中提供了多种建模工具。如：迹线屋顶，拉伸屋顶，面屋顶，玻璃斜窗等创建屋顶的常规工具。此外，对于一些特殊造型的屋顶，还可以通过内建模型的工具来创建。

图 6-139

### 6.8.1　创建迹线屋顶

对于大部分的屋顶的绘制，均是通过"建筑"选项卡→"构建"面板→"屋顶"下拉列表→选择绘制命令，如图 6-139 所示。其包括"迹线屋顶"、"拉伸屋顶"和"面屋顶"三种屋顶的绘制方式。

选择"迹线屋顶"，迹线屋顶即是通过绘制屋顶的各条边界线，为各边界线定义坡度的过程。

1.上下文选项卡设置

选择"迹线屋顶"命令后，进入绘制屋顶轮廓草图模式。绘图区域自动跳转至"创建屋顶迹线"上下文选项卡，如图 6-140 所示。其绘制方式除了边界线的绘制，还包括坡度箭头的绘制。

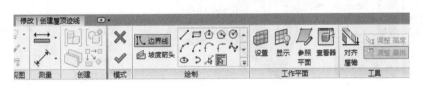

图 6-140

（1）边界线绘制方式。选项栏设置：屋顶的边界线绘制方式和其他构件类似，在绘制前，在"选项栏中"勾选"定义坡度"，则绘制的每根边界线都是定义了坡度值，可在"属性"中或选中边界线，单击角度值设置坡度值。"偏移量"是相对于拾取线的偏移值；"悬挑"是用于"拾取墙"命令，是对于拾取墙线的偏移。

【技巧】使用"拾取墙"命令时，使用 Tab 键切换选择，可一次选中所有外墙绘制

楼板边界。

（2）坡度箭头绘制方式。除了通过边界线定义坡度来绘制屋顶，还可通过坡度箭头绘制。其边界线绘制方式和上述所讲的边界线绘制一致，但用坡度箭头绘制前需取消勾选"定义坡度"，通过坡度箭头的方式来指定屋顶的坡度，如图 6-141 所示。

图 6-141 所绘制的坡度箭头，需在坡度"属性"框中设置坡度的"最高/低处标高"以及"头/尾高度偏移"，如图 6-142 所示。完成后勾选"完成编辑模式"，完成后的屋顶平面与三维视图，如图 6-143 所示。

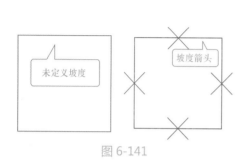

| 限制条件 | ￠ |
| --- | --- |
| 指定 | 尾高 |
| 最低处标高 | 默认 |
| 尾高度偏移 | 0.0 |
| 最高处标高 | 默认 |
| 头高度偏移 | 1000.0 |
| 尺寸标注 | ￠ |
| 坡度 | 1:1.73 |
| 长度 | 5000.0 |

图 6-141

图 6-142

### 2. 实例属性设置

对于用"边界线"方式绘制的屋顶，在"属性"框中与其他构件不同的是，多了截断标高、截断偏移、椽截面以及坡度四个概念，如图 6-144 所示。

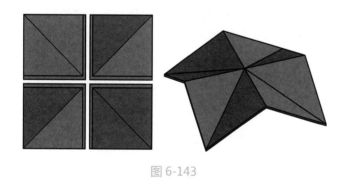

图 6-143

（1）截断标高：指屋顶顶标高到达该标高截面时，屋顶会被该截面剪切出洞口，如 2F 标高处截断。

（2）截断偏移：截断面在该标高处向上或向下的偏移值，如 100mm。

（3）椽截面：指的是屋顶边界处理方式，包括垂直截面、正方形双截面与正方形双截面。

（4）坡度：各根带坡度边界线的坡度值，如 1:1.73。

| 属性 | ⊠ |
| --- | --- |
| 基本屋顶 屋顶 2 | |
| 屋顶 (1) | 编辑类型 |
| 限制条件 | ￠ |
| 底部标高 | 1F |
| 房间边界 | ☑ |
| 与体量相关 | ☐ |
| 自标高的底部... | 1500.0 |
| 截断标高 | 2F |
| 截断偏移 | 100.0 |
| 构造 | ￠ |
| 椽截面 | 垂直截面 |
| 封檐带深度 | 0.0 |
| 最大屋脊高度 | 3238.6 |
| 尺寸标注 | ￠ |
| 坡度 | 1:1.73 |
| 厚度 | 120.0 |
| 体积 | 5.727 m³ |
| 面积 | 47.728 m² |

图 6-144

如图 6-145 所示为绘制的屋顶边界线，单击坡度箭头可调整坡度值，图 6-146 所示为所生成的屋顶。根据整个的屋顶的生成过程，可以看出，屋顶是根据所绘制的边界线，按照坡度值形成一定角度向上延伸而成。

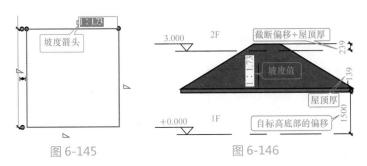

图 6-145　　　　　　　　　　图 6-146

## 6.8.2　编辑迹线屋顶

绘制完屋顶后，还可选中屋顶，在弹出的"修改 | 屋顶"上下文选项卡中的模式面板中，选中"编辑迹线"命令，可再次进入到屋顶的迹线编辑模式。对于屋顶的编辑，还可利用"修改"选项卡下→"几何图形"面板→"连接 / 取消连接屋顶"命令，连接屋顶到另一屋顶或墙上，如图 6-147 所示。

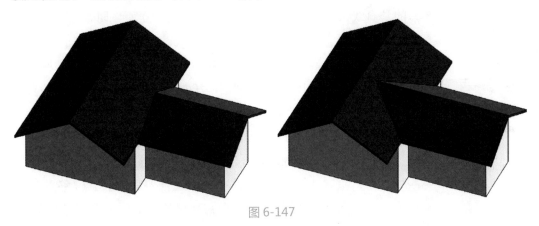

图 6-147

【提示】需先选中需要去连接的屋顶边界，再去选择连接到的屋顶面。

## 6.8.3　创建拉伸屋顶

拉伸屋顶主要是通过在立面上绘制拉伸形状，按照拉伸形状在平面上拉伸而形成，拉伸屋顶的轮廓是不能在楼层平面上进行绘制。

建模思路：绘制参照平面→点击拉伸屋顶命令→选择工作平面→绘制屋顶形状线→完成屋顶→修剪屋顶。

单击"建筑"选项卡→"构建"面板→"屋顶"下拉列表→"拉伸屋顶"命令，

如果初始视图是平面，则选择"拉伸屋顶"后，会弹出"工作平面"对话框，如图 6-148 所示。

拾取平面中的一条直线，则软件自动跳转至"转到视图"界面，如图 6-149 所示，

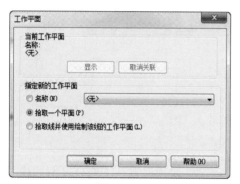

图 6-148

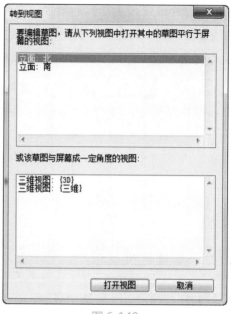

图 6-149

在平面中选择不同的线，软件弹出的"转到视图"中的选择立面是不同的。

如果选择水平直线，则跳转至"南、北"立面；如果选择垂直线，则跳转至"东、西"立面；如果选择的是斜线，则跳转至"东、西、南、北"立面，同时三维视图均可跳转。

图 6-150

选择完立面视图后，软件弹出"屋顶参照标高和偏移"对话框，在对话框中设置绘制屋顶的参照标高以及参照标高的偏移值，如图 6-150 所示。

此时，可以开始在立面或三维视图中绘制屋顶拉伸截面线，无需闭合，如图 6-151 所示。绘制完后，需在"属性"框中设置"拉伸的起点 / 终点"（其设置的参照与最初弹出的"工作平面"选取有关，

均是以"工作平面"为拉伸参照）、椽截面等，如图 6-152 所示；同时在"编辑类型"中设置屋顶的构造、材质、厚度、粗略比例填充样式等类型属性，完成后的屋顶平面图，如图 6-153 所示。

图 6-151　　　　　　　　　图 6-152　　　　　　　图 6-153

【技巧】对于屋顶的水平拉伸起点和拉伸终点的设置，可参照图 6-154 所示内容。如

果为竖直拉伸,向上拉为正,向下拉为负。

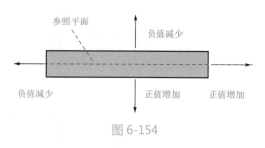

图 6-154

## 6.8.4  编辑拉伸屋顶

修剪屋顶主要是屋顶会延伸到最远处的墙体处,此时需要修剪墙体至一定长度,则需利用"连接 / 取消连接屋顶"命令 调整屋顶的长度,如图 6-155 所示。

图 6-155

## 6.8.5  创建面屋顶

面屋顶的创建,需要拾取体量图元或常规模型族的面生成屋顶。对于体量和常规模型的创建详见第 7 章。

## 6.8.6  案例操作

建模思路:根据屋顶样式,选择屋顶绘制方式→"建筑"选项卡→"构建"面板→"屋顶"下拉列表→迹线屋顶,则绘制屋顶边界(拉伸屋顶,则绘制参照平面与拉伸轮廓)→编辑屋顶。

创建过程:

(1)打开"幕墙 .rvt"文件,在创建屋顶前,将最后一块楼板即顶层楼板补上。在项目浏览器中双击"楼层平面"项下的"RF",打开顶层平面视图。

(2)单击"建筑"→"楼板:建筑"命令,在顶层平面视图中绘制如图 6-156 所示的顶层楼板轮廓,在属性栏中选择"楼板 常规－100mm",点击完成编辑按钮完成绘制。

(3)按住"Ctrl"键,选中与上述所绘制楼板相交的五面墙(除去右边纵向的一面墙),修改"顶部偏移"为"400"。

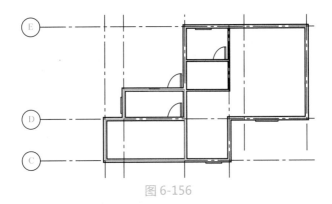

图 6-156

（4）在 RF 平面中，选择"建筑"选项卡→"构建"面板→"屋顶"下拉列表→"迹线屋顶"命令，在"绘制"面板中选择"拾取线"命令，在选项栏中勾选"定义坡度"，设置"偏移量"为"500"，即 ☑定义坡度　偏移量: 500 在属性栏中选择"基本屋顶 常规－100mm"，并修改限制条件"自标高的底部偏移"参数值为"400"，绘制迹线轮廓图，如图 6-157 所示。完成后在属性栏中设置"坡度"为"1:2"，单击完成编辑按钮，完成屋顶绘制，切换到三维视图中，结果如图 6-158 所示。

【提示】绘制 C 轴上的屋顶迹线（图 6-157 所示最下方的水平迹线）时，取消勾选定义坡度。有坡度的线会在线上出现一个红色三角形，取消坡度后红色三角形会消失。

（5）观察上述所创建的屋顶，发现屋顶并没有同下方墙体连接，不符合现实情况。按住"Ctrl"键，选中上述所绘制屋顶包络住的墙，单击"修改墙"面板的"附着顶部/底部"命令后，在选项栏中选择"顶部" 附着墙: ⦿顶部 ○底部 ，再单击上述绘制的屋顶，则墙顶部发生偏移而附着到屋顶上，如图 6-159 所示。

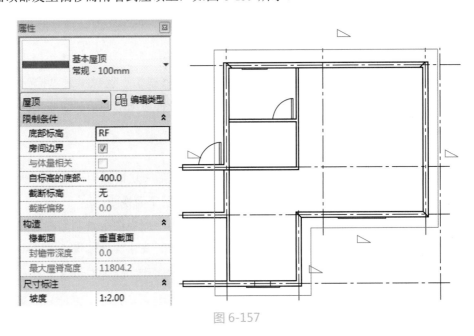

图 6-157

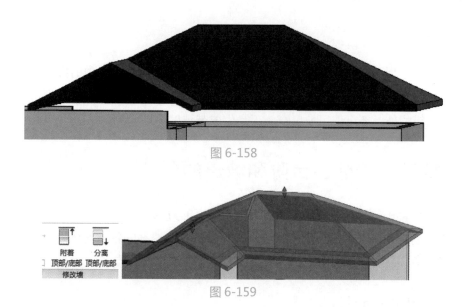

图 6-158

图 6-159

（6）接上节练习，在项目浏览器中双击"楼层平面"项下的"3F"，打开三层平面视图。单击"建筑"选项卡"屋顶"下拉菜单选择"迹线屋顶"命令，进入绘制屋顶轮廓迹线草图模式。

（7）屋顶类型仍选择"基本屋顶 常规－100mm"。在"绘制"面板选择"拾取线"命令，同之前操作，在选项栏中设置偏移量 500，在绘制纵向迹线时勾选"定义坡度"选项，并设置坡度大小为"1:2"。在绘制横向迹线时则取消勾选"定义坡度"，屋顶迹线轮廓如图 6-160 所示。

（8）同前所述选择屋顶下的墙体，选择"附着"命令，拾取刚创建的屋顶，将墙体附着到屋顶下。完成后的屋顶如图 6-161 所示，保存文件为"屋顶 .rvt"。

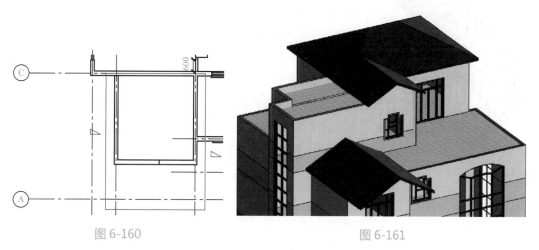

图 6-160

图 6-161

上述屋顶也可通过"拉伸"功能创建，读者可自行尝试。

### 6.8.7 小结

本节学习了屋顶的创建方法。对于屋顶，可采用迹线、拉伸屋顶的方法绘制。其中对于迹线，除了常用的指定轮廓边界线坡度生成复杂坡屋顶，使用拉伸屋顶可生成任意形状的屋顶模型外，还可使用坡度箭头工具生成带坡度的图元。

# 6.9  扶手、楼梯、台阶和坡道的创建

概述：本章节采用功能命令和案例讲解相结合的方式，详细介绍了扶手、楼梯、台阶和坡道的创建和编辑的方法。同时结合实际项目中会遇到的各类问题进行分析，此外结合案例介绍楼梯和栏杆扶手的拓展应用的思路是本章节的亮点。

### 6.9.1  创建楼梯和栏杆扶手

楼梯作为建筑垂直交通当中的主要解决方式，高层建筑尽管采用电梯作为主要垂直交通工具，但是仍然要保留楼梯供紧急时逃生之用。楼梯按梯段可分为单跑楼梯、双跑楼梯和多跑楼梯；梯段的平面形状有直线的、折线的和曲线的，楼梯的种类和样式多样。楼梯主要由踢面、踏面、扶手、梯边梁以及休息平台组成，如图 6-162 所示。

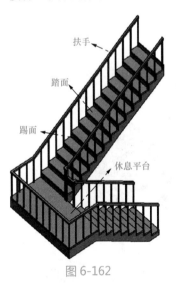

图 6-162

单击"建筑"选项卡→"楼梯坡道"面板→"楼梯"下拉列表→"楼梯（按草图）"命令（按草图相比按构件绘制的楼梯修改更灵活），进入绘制楼梯草图模式，自动激活"修改 | 创建楼梯草图"上下文选项卡，选择"绘制"面板下的"梯段"命令，即可开始直接绘制楼梯。

1. 实例属性

在"属性"框中，主要需要确定"楼梯类型"、"限制条件"和"尺寸标高"三大内容，如图 6-163 所示。根据设置的"限制条件"可确定楼梯的高度（1F 与 2F 间高度为 4m），"尺寸标注"可确定楼梯的宽度、所需踢面数以及实际踏板深度，通过参数的设定软件可自动计算出实际的踏步数和踢面高度。

2. 类型属性

单击"属性"框中的"编辑类型"，在弹出的"类型属性"对话框中，主要设置楼梯的"踏板"、"踢面"与"梯边梁"等参数，如图 6-164 所示。

【提示】如果"属性"框中指定的实际踏板深度值小于"最小踏板深度"，将显示一条警告。

（1）开始于踢面：如果选中，将向楼梯开始部分添加踢面。请注意，如果清除此复选框，则可能会出现有关实际踢面数超出所需踢面数的警告。要解决此问题，请选中"结束于踢面"，或修改所需的踢面数量。

（2）结束于踢面：如果选中，则将向楼梯末端部分添加踢面。如果清除此复选框，则会删除末端踢面，勾选后需要设置"踢面厚度"才能在图中看到结束于踢面。

图 6-163

图 6-164

勾选与不勾选"开始 / 结束于踢面"对整个楼梯的绘制有很大的不同，以下四幅图中，板 1 和板 2 相距 3500mm，"最小踏板深度"为 250mm，"最大踢面高度"为 160mm，踢面数设为 22，在勾选或不勾选"开始 / 结束于踢面"的情况下，对楼梯的影响情况：

1）最开始均不勾选，绘制有 23 个踏面，22 个踢面，楼梯可升至板 2，如图 6-165 所示。

2）勾选开始于踢面，绘制有 22 个踏面，22 个踢面，楼梯第一个台阶则为踢面，则楼梯升不到板 2 处，如图 6-166 所示。

3）仅勾选结束于踢面，需要设置踢面和踏面的厚度，才能看到楼梯结束于踢面，绘制有 22 个踏面，其未升至板 2，原因是当前的踢面数已达到 22，如图 6-167 所示。

4）勾选两者，楼梯第一个台阶则为踢面，最后以踢面结束，21 个踏面，22 个踢面，如图 6-168 所示。

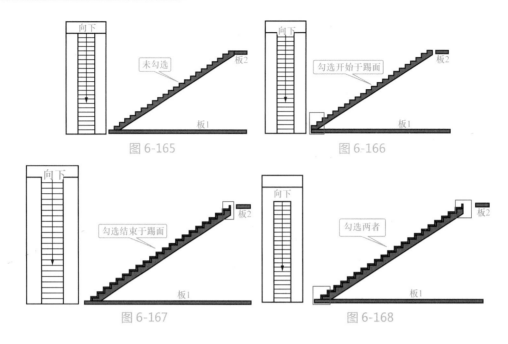

图 6-165　　　　　　　　　　　　　　图 6-166

图 6-167　　　　　　　　　　　　　　图 6-168

【提示】"最大踢面高度"设置不同时，所生成的楼梯踢面数也不同。

完成楼梯的参数设置后，可直接在平面视图中开始绘制。单击"梯段"命令，捕捉平面上的一点作为楼梯起点，向上拖动鼠标后，梯段草图下方会提示"创建了 10 个踢面，剩余 13 个"。

单击"修改 | 楼梯＞编辑草图"上下文选项卡→"工作平面"面板→"参照平面"命令，在距离第 10 个踢面 1000mm 处绘制一根水平参照平面，如图 6-169 所示。捕捉参照平面与楼梯中线的交点继续向上绘制楼梯，直到梯段草图下方提示"创建了 23 个踢面，剩余 0 个"。

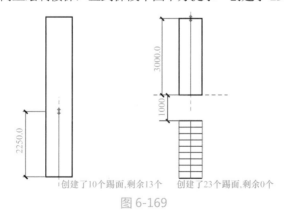

图 6-169

完成草图绘制的楼梯如图 6-170 所示，勾选"完成编辑模式"，楼梯扶手自动生成，即可完成楼梯。

楼梯扶手除了可以自动生成，还可单独绘制。单击"建筑"选项卡→"楼梯坡道"面板→"扶手栏杆"下拉列表→"绘制路径"/"放置在主体上"。其中放置在主体上主要是用于坡道或楼梯。

对于"绘制路径"方式，绘制的路径必须是一条单一且连接的草图，如果要将栏杆扶手分为几个部分，请创建两个或多个单独的栏杆扶手。但是对于楼梯平台处与梯段处的栏杆是要断开的，如图 6-171 所示。

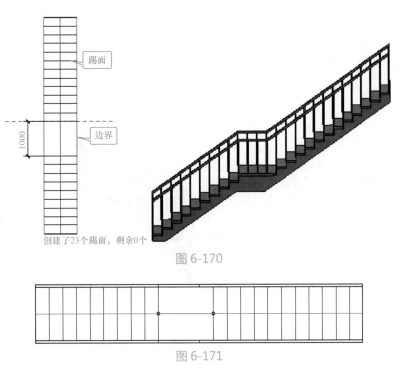

图 6-170

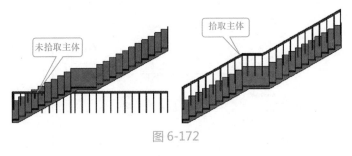

图 6-171

对于绘制完的栏杆路径，需要单击"修改 | 栏杆扶手"上下文选项卡→"工具"面板→"拾取新主体"，或设置偏移值，才能使得栏杆落在主体上，如图 6-172 所示。

图 6-172

## 6.9.2　编辑楼梯和栏杆扶手

1. 编辑楼梯

选中"楼梯"后，单击"修改 | 楼梯"上下文选项卡→"模式"面板→"草图绘制"命令，又可再次进入编辑楼梯草图模式。

单击"绘制"面板"踢面"命令，选择"起点 - 终点 - 半径弧"命令 ，单击捕捉第一跑梯段最右端的踢面线端点，再捕捉弧线中间一个端点绘制一段圆弧。

选择上述绘制的圆弧踢面，单击"修改"面板的"复制"按钮，在选项栏中勾选"约束"和"多个"，修改 | 编辑草图　☑约束　□分开　☑多个。选择圆弧踢面的端点作为复制的基点，水平向左移动鼠标，在之前直线踢面的端点处单击放置圆弧踢面，如图 6-173 所示。

在放置完第一跑梯段的所有圆弧踢面后，按住 Ctrl 键选择第二跑梯段所有的直线踢面，按 Delete 键删除，如图 6-174 所示。单击"完成编辑"命令，即创建圆弧踢面楼梯。

【提示】楼梯需要采用按草图的方法绘制，楼梯按踢面来计算台阶数，楼梯的宽度不包含梯边梁，边界线为绿线，可改变楼梯的轮廓，踏面线为黑色，可改变楼梯宽度。

对于楼梯边界，类似地单击"绘制"面板上的"边界"命令进行修改，如图 6-175 所示。

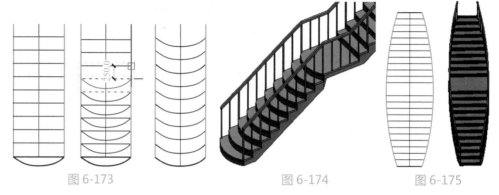

图 6-173　　　　　　　　　　　图 6-174　　　　　　图 6-175

2. 编辑栏杆扶手

完成楼梯后，自动生成栏杆扶手，选中栏杆，在"属性"栏的下拉列表中可选择其他扶手替换。如果没有所需的栏杆，可通过"载入族"的方式载入。

选择扶手后，单击"属性"框→"编辑类型"→"类型属性"，如图 6-176 所示。

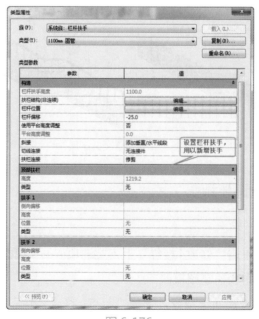

图 6-176

（1）扶栏结构（非结构）：单击扶栏结构的"编辑"按钮，打开"编辑扶手"对话框，如图 6-177 所示。可插入新的扶手，"轮廓"可通过载入"轮廓族"载入选择，对于各扶手可设置其名称、高度、偏移、材质等。

图 6-177

（2）栏杆位置：单击栏杆位置"编辑"按钮，打开"编辑栏杆位置"对话框，如图 6-178 所示。可编辑 1100mm 圆管的"栏杆族"的族轮廓、偏移等参数。

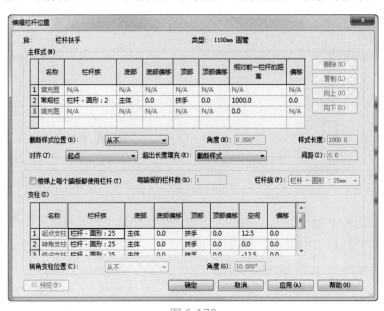

图 6-178

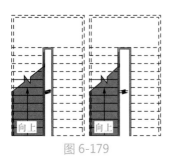

图 6-179

（3）栏杆偏移：栏杆相对于扶手路径内侧或外侧的距离。如果为 — 25mm，则生成的栏杆距离扶手路径为 25mm，方向可通过"翻转箭头"控件控制，如图 6-179 所示。

### 6.9.3　案例操作

建模思路：确定楼梯的踢面、踏面数、梯段宽等→绘制参照平面→"建筑"选项卡→"楼梯坡道"→"楼梯"下拉列表→"楼梯（按草图）"→绘制楼梯→编辑楼梯与栏杆。

创建过程：

（1）"梯段"命令是创建楼梯最常用的方法，本案例以绘制 U 型楼梯为例，详细介绍楼梯的创建方法。接上节练习，在项目浏览器中双击"楼层平面"项下的"1F"，打开首层平面视图。

（2）单击"建筑"选项卡"楼梯坡道"面板"楼梯（按草图）"命令，进入绘制草图模式。

（3）绘制参照平面：在 2-3 与 C-D 轴之间绘制，单击"工作平面"面板"参照平面"命令或快捷键 RP，如图 6-180 所示，在地下一层楼梯间绘制三条参照平面，并用临时尺寸精确定位参照平面与墙边线的距离。其中上下两条水平参照平面到墙边线的距离 590mm，其为楼梯梯段宽度的一半。

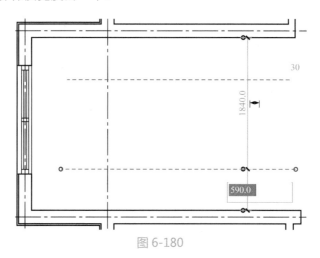

图 6-180

（4）楼梯实例参数设置：在"属性"框中选择楼梯类型为"整体式楼梯"，设置楼梯的"基准标高"为 1F，"顶部标高"为 2F，梯段"宽度"为 1180、"所需踢面数"为 21、"实际踏板深度"为 260，如图 6-181 所示。

（5）楼梯类型参数设置：在"属性"栏中单击"编辑类型"打开"类型属性"对话框，在"梯边梁"项中设置参数"楼梯踏步梁高度"为 80，"平台斜梁高度"为 100。在"材质和装饰"项中设置楼梯的"整体式材质"参数为"大理石抛光"。在"踢面"项中设置"最大踢面高度"为180，勾选"开始于踢面"，不勾选"结束于踢面"。完成后单击"确定"关闭对话框。

（6）单击"梯段"命令，默认选项栏选择"直线"绘图模式，移动光标至下方水平参照平面右端位置，单击捕捉参照面与墙的交点作为第一跑起跑位置。

（7）向左水平移动光标，在起跑点下方出现灰色显示的"创建了11个踢面，剩余11个"的提示字样和蓝色的临时尺寸，如图6-182所示，表示从起点到光标所在尺寸位置创建了11个踢面，还剩余11个。单击捕捉该交点作为第一跑终点位置，自动绘制第一跑踢面和边界草图。

图 6-181

创建了11个踢面，剩余11个

图 6-182

（8）垂直向上移动光标到上方水平参照平面左端位置（此时会自动捕捉与第一跑终点平齐的点），单击捕捉作为第二跑起点位置。向右水平移动光标到矩形预览图形之外单击捕捉一点，系统会自动创建休息平台和第二跑梯段草图，如图6-183所示。

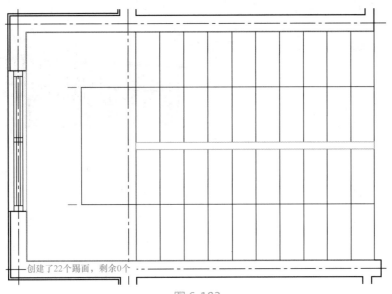

创建了22个踢面，剩余0个

图 6-183

| 属性 | ☒ |
| --- | --- |

楼梯
整体式楼梯

| 楼梯 | ▼ | 编辑类型 |
| --- | --- | --- |

| 限制条件 | ☆ |
| --- | --- |
| 底部标高 | 2F |
| 底部偏移 | 0.0 |
| 顶部标高 | 3F |
| 顶部偏移 | 0.0 |
| 多层顶部标高 | 无 |
| 图形 | ☆ |
| 结构 | ☆ |
| 钢筋保护层 | 钢筋保护层 1... |
| 尺寸标注 | ☆ |
| 宽度 | 1180.0 |
| 所需踢面数 | 19 |
| 实际踢面数 | -1 |
| 实际踢面高度 | 168.4 |
| 实际踏板深度 | 260.0 |

图 6-184

（9）单击选择楼梯顶部的绿色边界线，鼠标拖曳其和左边的墙体内边界重合。单击完成编辑按钮，创建 U 形等跑楼梯。

（10）扶手类型。在创建楼梯的时候，Revit 会自动为楼梯创建栏杆扶手。要修改栏杆扶手，可选择上述创建楼梯时形成的栏杆扶手，从属性栏中选择需要的扶手类型（若没有，则可以用编辑类型命令，新建符合要求的类型）。这里，直接选用默认附带的栏杆扶手。同时选择靠近墙体内边界的栏杆扶手，按 Delete 键删除。

（11）其他层楼梯：接上节练习，在项目浏览器中双击"楼层平面"项下的"2F"，打开二层平面视图。类似于首层楼梯的创建，使用"楼梯（按草图）"→"梯段"命令，选择"楼梯 整体式楼梯"类型，修改"底部标高"、"顶部标高"和"所需踢面数"的参数设置，如图 6-184 所示。在与首层楼梯相同的平面位置，采用相同方法绘制 2F 到 3F 楼层的楼梯。

（12）从项目浏览器中双击"楼层平面 2F"进入 2F 平面视图，依次选择"建筑"选项卡→"楼梯坡道"面板→"栏杆扶手"→"绘制路径"。

（13）从属性栏类型选择器中选择"栏杆扶手 楼层"，设置"底部标高"为"2F"。选择"直线"绘制命令，以 4 轴和 D 轴上墙段的交点为起点，垂直向下移动至 B 轴上墙面边界单击结束，如图 6-185 所示，单击绿色的"完成编辑"按钮。完成后的三维图如图 6-186 所示。

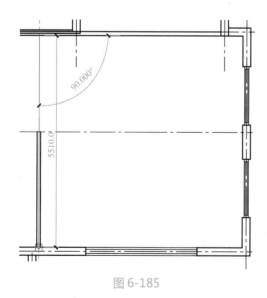

图 6-185

图 6-186

（14）切换到 3F 楼层平面视图，依次选择"建筑"选项卡→"楼梯坡道"面板→"栏杆扶手"命令→"绘制路径"，从"属性"框中的类型选择器中选择"栏杆扶手：中式扶手顶层"，设置"底部标高"为"3F"，在如图 6-187 所示位置绘制直线（途中粉红色线段）。完成后的结果如图 6-188 所示。

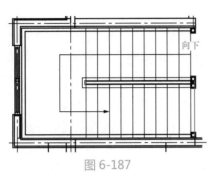

图 6-187　　　　　　　　　　　　图 6-188

## 6.9.4　绘制洞口

绘制洞口时，除了部分构件，如墙、楼板可"编辑边界"绘出洞口，还可使用"洞口"工具在墙、楼板、天花板、屋顶、结构梁、支撑和结构柱上剪切洞口。

单击"建筑"选项卡→"洞口"面板，均是洞口绘制的命令，包括："按面"、"竖井"、"墙"、"垂直"和"老虎窗"。

1. 按面、垂直、竖井

主要用于创建一个垂直于屋顶、楼板或天花板选定面的洞口，均为水平构件。按面是针对某个平面，需在楼板、天花板或屋顶中选择一个面；垂直是针对选择整个图元；竖井则是在某个平面的垂直距离上均可被剪切。

对于用"竖井"命令，可通过"拉伸柄"拉伸竖井的剪切长度，如图 6-189 所示。

2. 墙

主要用于创建墙洞口。选中绘制的"墙洞口"，可通过"拉伸柄"控制洞口的大小，如图 6-190 所示。

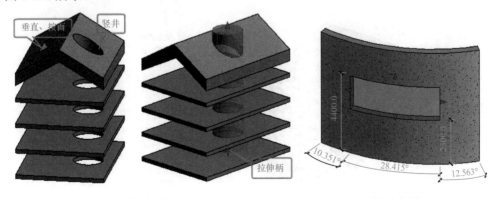

图 6-189　　　　　　　　　　　　图 6-190

**3. 老虎窗**

可以用于剪切屋顶，主要用于生成老虎窗。

## 6.9.5　入口台阶与坡道

Revit 中没有专用的"台阶"命令，可以采用创建在位族、外部构件族、楼板边缘、甚至楼梯等方式创建各种台阶模型。本节讲述用"楼板边缘"命令创建台阶的方法。

**1. 绘制入口台阶**

单击"建筑"选项卡→"构建"面板→"楼板"下拉列表→"楼板边"命令。直接拾取绘制好的板边界即可生成"台阶"。可通过"载入族"的方式载入所需的"楼板边缘族"，如图 6-191 所示。

**2. 绘制坡道**

通过前几节的学习，可以知道绘制带有坡度的楼板。此节将讲述使用与绘制楼梯所用的相同工具和程序来绘制坡道。可以在平面视图或三维视图绘制一段坡道或绘制边界线和踢面线来创建坡道。与楼梯类似，可以定义直梯段、L 形梯段、U 形坡道和螺旋坡道。还可以通过修改草图来更改坡道的外边界。

单击"建筑"选项卡→"楼梯坡道"面板→"坡道"命令，则在弹出的"修改 | 创建坡道草图"上下文选项卡中，可和楼梯一样，通过"梯段"、"边界"和"踢面"三种方式来创建坡道。

（1）实例属性。在"属性"对话框中，可设置坡道的"底部/顶部标高与偏移"以及坡道的宽度，如图 6-192 所示。"顶部标高"和"顶部偏移"属性的默认设置可能会使坡道太长。建议将"顶部标高"和"基准标高"都设置为当前标高，并将"顶部偏移"设置为较低的值。

图 6-191　　　　　　　　　　图 6-192

（2）类型属性。单击"属性"框中"编辑类型"按钮，弹出"类型属性"对话框，如图 6-193 所示。

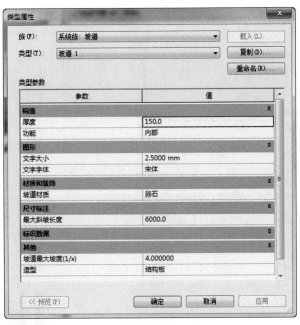

图 6-193

1）厚度：厚度只有在"造型"为"结构板"时才会亮显设置，如果为实体，则灰显。

2）最大斜坡长度：指定要求平台前坡道中连续踢面高度的最大数量。

3）坡道最大坡度：（1/X）：设置坡道的最大坡度。

## 6.9.6　案例操作

建模思路：绘制楼板→进入到楼层平面→"建筑"选项卡→"洞口"面板→选择洞口绘制方式，绘制洞口→利用楼板边，绘制楼梯台阶→利用"楼梯坡道"面板中的"坡道"命令绘制坡道。

创建过程：

"竖井"命令是创建楼梯洞口最常用的方法，本节以绘制案例中的二、三层楼板的洞口为例，详细介绍楼梯洞口的创建方法。

（1）接上节练习，在项目浏览器中双击"楼层平面"项下的"1F"，打开首层平面视图，找到楼梯间（即上述绘制楼梯的位置）。

（2）单击"建筑"选项卡→"洞口"面板→"竖井"命令，进入竖井边界绘制模式。如图 6-194 所示，在"属性"中设置竖井的"无连接高度"为 7000（这个高度只需达到三层板的高度，但不要超出三层屋顶的高即可），底部限制条件为 1F。绘制如图 6-195所示的边界。

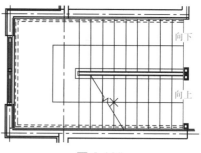

图 6-194                          图 6-195

（3）单击"完成编辑"命令，切换到三维视图，在"属性"中的"范围"选项中，勾选"剖面框"，如图 6-196 所示，小别墅视图窗口出现如图 6-197 所示的线框，单击选中线框，拖动两个相对的三角形可以调整剖面框的范围，可以看到内部的楼梯，如图 6-198 所示。

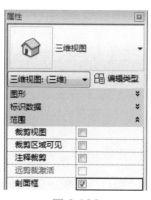

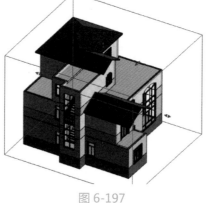

图 6-196                    图 6-197                      图 6-198

（4）在项目浏览器中双击"楼层平面"项下的"0F"，打开"楼层平面：0F"平面视图。首先绘制北面主入口处的室外楼板。单击"建筑"→"构建"→"楼板"命令，在"属性"栏中，选择楼板类型为"常规－450mm"，"自标高的高度偏移"设置为 450，用"直线"命令绘制如图 6-199 所示楼板的轮廓，楼板左边界与墙外边界平齐，右边界与 4 号轴线平齐，宽度为 1000mm。单击"完成编辑"，完成室外楼板。

（5）添加台阶。单击"建筑"选项卡"楼板"命令下拉菜单"楼板：楼板边"命令，从类型选择器中选择"楼板边缘－台阶"类型。

（6）移动光标到上述所绘制楼板的水平下边缘处，边线高亮显示时单击鼠标放置楼板边缘。用"楼板边缘"命令生成的台阶如图 6-200 所示。

【提示】如果楼板边的线段在角部相遇，它们会相互拼接。

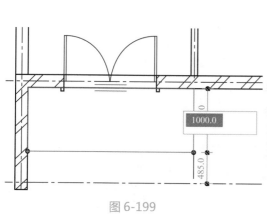

图 6-199                            图 6-200

（7）类似地，创建北面的入口台阶。先绘制楼板，楼板的长宽边界参照与之紧密相邻的墙的外边界，如图 6-201 所示，完成绘制后，采用同样的命令"楼板边缘"放置台阶，结果如图 6-202 所示。

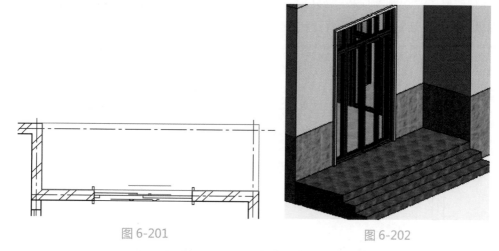

图 6-201                            图 6-202

（8）接上节练习，在项目浏览器中双击"楼层平面"项下的"0F"，打开"楼层平面：0F"平面视图。

（9）单击"建筑"选项卡→"楼梯坡道"面板→"坡道"命令，进入绘制模式。 在"属性"框中，设置参数"底部标高"为"0F"，"顶部标高"为"1F"、"底部偏移"和"顶部偏移"均为"0"、"宽度"为"900"，如图 6-203 所示。

（10）单击"编辑类型"按钮，打开坡道"类型属性"对话框，设置参数"最大斜坡长度"为"6000"、"坡道最大坡度（1/$X$）"为"10"、"造型"为"实体"，如图 6-204 所示。设置完成后单击"确定"关闭对话框。

（11）单击"工具"面板"栏杆扶手"命令，弹出如图 6-205 所示的"栏杆扶手"对话框，在下拉菜单中选择"1100mm"，单击"确定"。

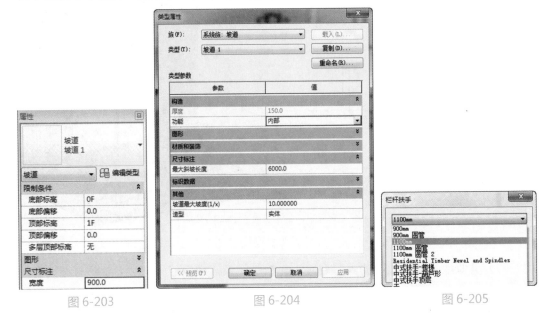

图 6-203　　　　　　　　图 6-204　　　　　　　　图 6-205

（12）单击"绘制"面板"梯段"命令，选项栏选择"直线"工具 ⟋，移动光标到绘图区域中，从右向左拖曳光标绘制坡道梯段，如图 6-206 所示（框选所有草图线，将其移动到图示位置）。单击"完成坡道"命令，创建的坡道如图 6-207 所示。

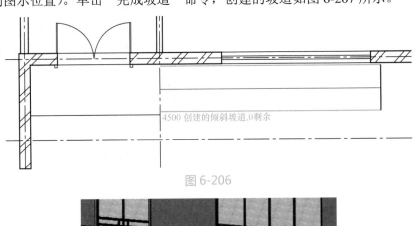

图 6-206

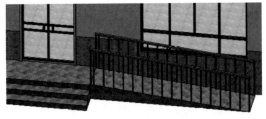

图 6-207

（13）在项目浏览器中双击"0F"进入"楼层平面：0F"平面视图，在"建筑"选项卡→"构建"面板→单击"墙"下拉列表→"墙：建筑"，在"属性"框中选择"基本墙：

挡土墙","无连接高度"设置为"4000",如图 6-208 所示,并绘制如图 6-209 所示的挡土墙。

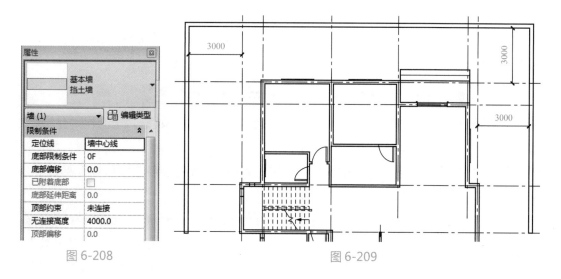

图 6-208　　　　　　　　　　　　　　　　图 6-209

### 6.9.7　小结

本节学习了扶手、楼梯、台阶和坡道的绘制,楼梯和坡道的绘制方式类似,均可通过绘制梯段方式生成楼梯或坡道图元。台阶主要通过楼板边缘工具实现,扶手的绘制相对简单,但是扶手族包含很多学习内容。

至此,已初步学习了 Revit 构件的创建方法,对于每个构件都需有所了解,才能深入学习该软件。下一节将学习柱、梁的创建。

## 6.10　柱、梁的创建

本章节主要讲述如何创建和编辑建筑柱,结构柱,以及梁、梁系统、结构支架等。使读者了解建筑柱和结构柱的应用方法和区别。根据项目需要,某些时候需要创建结构梁系统和结构支架,比如对楼层净高产生影响的大梁等。大多数时候可以在剖面上通过二维填充命令来绘制梁剖面,示意即可。

### 6.10.1　创建柱

柱分为建筑柱与结构柱,建筑柱主要是用于砖混结构中的墙垛、墙上突出结构,不用于承重。

单击"建筑"选项卡→"构建"面板→"柱"下拉列表→"建筑柱"/"结构柱"命令,或者直接在"结构"选项卡→"结构"面板→"柱"命令。

在"属性"框的"类型选择器"中选择适合尺寸规格的柱子类型，如果没有相应的柱类型，可通过"编辑类型"→"复制"功能创建新的柱，并在"类型属性"框中修改柱的尺寸规格。如果没有柱族，则需通过"载入族"功能载入柱子族。

放置柱前，需在"选项栏"中设置柱子的高度，勾选"放置后旋转"则放置柱子后，可对放置柱子直接旋转。

特别对于"结构柱"，在弹出的"修改 | 放置 结构柱"上下文选项卡会比"建筑柱"多出"放置"、"多个"以及"标记"面板，如图 6-210 所示。

【提示】对于结构柱，一般选择"垂直柱"，软件会跳至"斜柱"，"斜柱"需要点击两下确定上下两点的位置。

绘制多个结构柱：在结构柱中，能在轴网的交点处以及在建筑中创建结构柱。进入到"结构柱"绘制界面后，选择"垂直柱"放置，单击"多个"面板中的"在轴网处"，在"属性"对话框中的"类型选择器"中选择需放置的柱类型，从右下向左上框选或交叉框选轴网，如图 6-211 所示。则框选中的轴网交点自动放置结构柱，单击"完成"则在轴网中放置多个同类型的结构柱，如图 6-212 所示。

除此以外，还可在建筑柱中放置结构柱，单击"多个"面板中的"在柱处"，在"属性"对话框中的"类型选择器"中选择需放置的柱类型，按住 Ctrl 键可选中多根建筑柱，单击"完成"，则完成在多根建筑柱中放置结构柱。

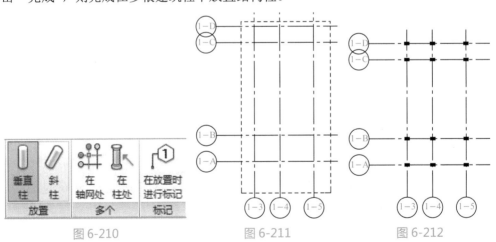

图 6-210　　　　　图 6-211　　　　　图 6-212

## 6.10.2　创建梁

单击"结构"选项卡→"结构"面板→"梁"命令，则进入到梁的绘制界面中，如果没有梁族，则需通过"载入族"方式从族库中载入。一般梁的绘制可参照 CAD 底图，新建不同的尺寸，单击并捕捉起点和终点来绘制梁。

在选项栏中可选择梁的放置平面，还可从"结构用途"下拉箭头中选择梁的结构用途或让其处于自动状态，结构用途参数可以包括在结构框架明细表中，这样便可以计算大梁、托梁、檩条和水平支撑的数量，如图 6-213 所示。

图 6-213

【提示】放置平面如果是在三维中，可选择各轴网所在的平面；平面中只可选择各标高所在的平面。

勾选"三维捕捉"选项，通过捕捉任何视图中的其他结构图元，可以创建新梁。这表示可以在当前工作平面之外绘制梁和支撑。例如，在启用了三维捕捉之后，不论高程如何，屋顶梁都将捕捉到柱的顶部。勾选"链"后，可绘制多段连接的梁。

也可使用"多个"面板中的"轴网"命令，拾取轴网线或框选、交叉框选轴网线，点"完成"，系统自动在柱、结构墙和其他梁之间放置梁。

## 6.10.3　案例操作

建模思路："建筑"或"结构"选项卡→选择"建筑柱"或"结构柱"→定义柱参数→放置柱→编辑柱。

创建过程如下：

（1）打开上节保存的文件，在项目浏览器中双击"楼层平面"项下的"0F"，打开"楼层平面：0F"平面视图。

（2）单击"建筑"选项卡→"构建"面板→"柱"命令下拉菜单→选择"柱：建筑柱"，在类型选择器中选择柱类型"矩形柱 - 顶部扩宽 350×350"，如图 6-214 所示，在 A 轴与 2、3 号轴的交点处单击放置柱（可先放置柱，然后编辑临时尺寸调整其位置）。

（3）选择上述放置的建筑柱，在属性栏中依次调整各参数："顶部标高"、"顶部偏移"、"中部扩宽厚度"、"中部扩宽底部偏移量"，"中部扩宽"为 2F、1300、100、800、50。

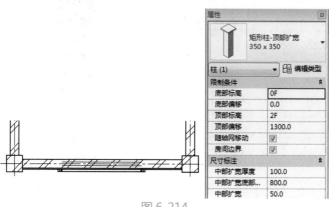

图 6-214

（4）同样方法，选择"矩形柱 250×250mm"类型，在上述位置处依次单击放置两根建筑柱，如图 6-215 所示，在属性栏调整"底部标高"、"底部偏移"、"顶部标高"为 2F、1300、3F，结果如图 6-215 所示。

（5）按住 Ctrl 键，选择上述刚绘制的两根建筑柱"矩形柱 250×250mm"，在"修改柱"面板中选择"附着顶部 / 底部"命令，在选项栏中"附着柱"设置为"顶"，"附着对正"设置为"最大相交"，附着柱：⊙ 顶 ○ 底　附着样式：剪切柱 ▾　附着对正：最大相交 ，最后效果如图 6-216 所示。

图 6-215　　　　　　　　　　　　图 6-216

（6）添加正面入口台阶处的建筑柱，选择"柱"→"柱 : 建筑"命令，仍然选择"矩形柱 - 顶部扩宽 350×350"类型，在入口台阶的两边单击放置柱，使柱的角点和台阶的角点重合，如图 6-217 所示。在属性栏中，修改柱的各个参数值（顶部标高、顶部偏移等）如图 6-218 所示。

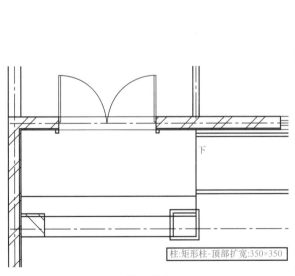
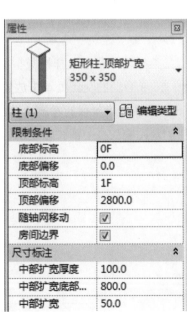

图 6-217　　　　　　　　　　　　图 6-218

（7）选择建筑柱类型为"矩形柱 250×250mm"，在上述绘制的两根建筑柱中心分别单击进行放置（光标移到附近时会有相应提示），之后在属性栏统一修改柱的参数，具体参数设置如图 6-219 所示。结果如图 6-220 所示。

图 6-219　　　　　　　　　　　　　图 6-220

（8）切换到 2F 楼层平面视图，选择同样类型的建筑柱，设置属性栏参数如图 6-221 所示。将鼠标移到 C7 左边附近，至出现如图 6-222 所示的横向和纵向虚线，即"延伸和最近点"提示时，单击放置柱。同理，在 C7 的右边"延伸和最近点"位置放置柱。

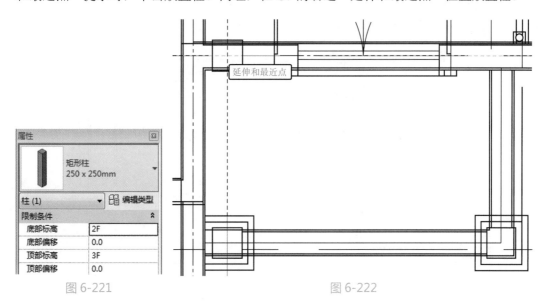

图 6-221　　　　　　　　　　　　　图 6-222

（9）同理，在 C7 的右边"延伸和最近点"位置，如图 6-223 所示，放置柱。

（10）选择绘制的建筑柱，单击"对齐"命令，使柱的上边界和墙的内边界对齐，如图 6-224 所示。

（11）切换到 3F 楼层平面，同样选择建筑柱类型为"矩形柱 250×250mm"，属性栏参数设置如图 6-225 所示。分别在 3 轴与 C 轴的交点、4 轴与 C 轴的交点单击放置柱，并如图 6-226 所示调整对齐位置。

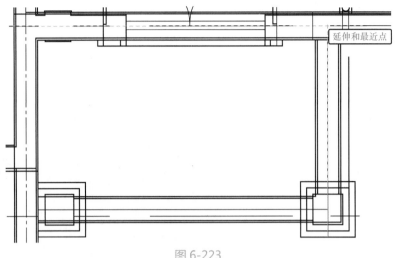

图 6-223

（12）添加正面三层阳台的建筑柱。从项目浏览器中双击"3F"进入三层平面视图，同上操作方法，选择"矩形柱—顶部扩宽 500×500"类型，先在 7 轴与 B 轴的交点附近单击放置柱，再采用修改面板"移动"命令调整位置，使柱的右下角点同 7 轴与 B 轴的交点重合，如图 6-227 所示。按照图 6-228 所示在属性栏中修改柱的各个参数值，注意取消勾选"中部扩展可见性"。

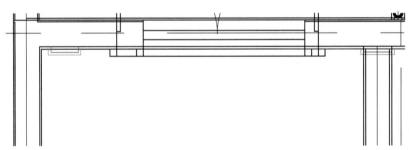

图 6-224

图 6-225

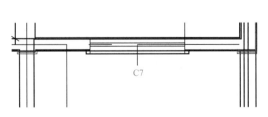

图 6-226

选择放置完成的柱，单击"修改"面板的"复制" 按钮，单击柱的中心点作为复制基点，向上移动光标，输入值"5000"单击鼠标放置柱；再重新选择原来的柱，同样以柱的中心为复制基点，水平向左移动光标，输入值"5300"，单击鼠标放置柱。

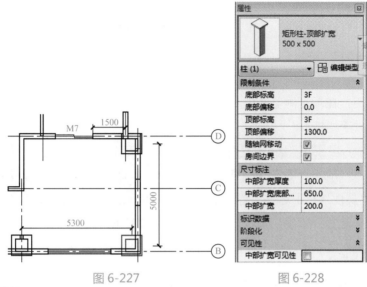

图 6-227                              图 6-228

背面建筑柱

接上节练习，在项目浏览器中双击"楼层平面"项下的"0F"，创建背面建筑柱。

（13）添加背面入口处的建筑柱。同上操作，选择"矩形柱—顶部扩宽 350×350"类型，在入口台阶处单击放置柱，调整柱的位置，使柱的角点同台阶的角点重合，如图 6-229 所示。按照如图 6-230 所示，在属性栏中修改柱的各个参数值。

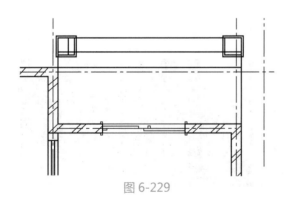

图 6-229

（14）添加背面三层阳台的建筑柱。选择"矩形柱—顶部扩宽 500×500"类型，在 1 轴和 E 轴的交点处单击放置柱，调整柱的位置，使柱的左上角点同墙的外边界交点重合，如图 6-231 所示。参照正面三层阳台建筑柱的参数，在属性栏中设置此

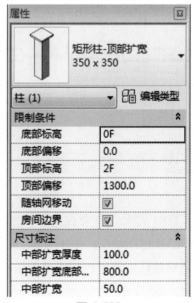

图 6-230

柱的参数，同样注意取消勾选"中部扩展可见性"。

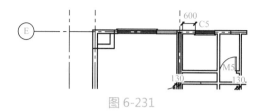

图 6-231

阳台扶手栏杆

接上节练习，在项目浏览器中双击"楼层平面"项下的"2F"，打开二层平面视图，创建二层阳台扶手栏杆。

（15）添加二层正面阳台的栏杆扶手。单击"建筑"选项卡→"楼梯坡道"面板→"栏杆扶手"命令下拉菜单→选择"绘制路径"命令，进入绘制草图模式。

（16）在"属性"栏中选择"栏杆扶手中式扶手—葫芦形"，设置底部标高为"2F"。在"绘制"面板选择"直线"命令，先绘制如图 6-232 所示的路径，单击完成命令，栏杆扶手变为蓝色双线显示，点击双箭头，可以"翻转栏杆扶手方向"。

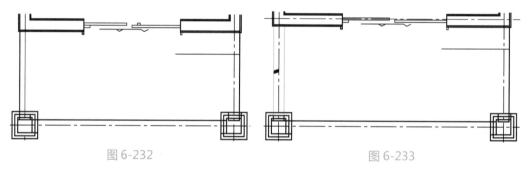

图 6-232                    图 6-233

（17）同样操作，依次绘制另外两处的栏杆扶手，平面图和三维图如图 6-234 所示。

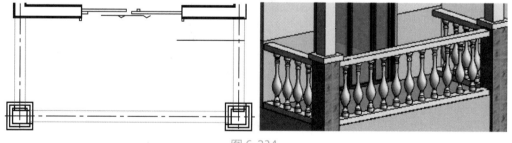

图 6-234

（18）添加二层背面阳台的栏杆扶手。同上操作，进入栏杆扶手绘制模式后，依次绘制三条栏杆路径，并分别单击"完成"命令，再采用"修改"面板的"对齐"命令分别调整栏杆位置使栏杆边界和楼板外边界对齐，如图 6-235 所示。最后结果如图 6-236所示。

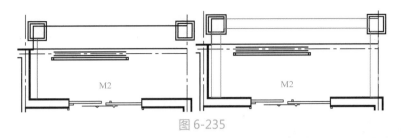

图 6-235

（19）在"项目浏览器"中双击"楼层平面"项下的"3F"，打开"三层平面"视图，创建三层阳台的扶手栏杆。同上述绘制栏杆扶手步骤，采用同样的栏杆扶手类型，依次先绘制出一条栏杆路径，如图 6-237 所示，再绘制另外两条栏杆路径，如图 6-238 所示，最后成果如图 6-239 所示。

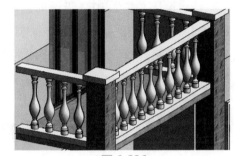

图 6-236

图 6-237　　　　　　图 6-238

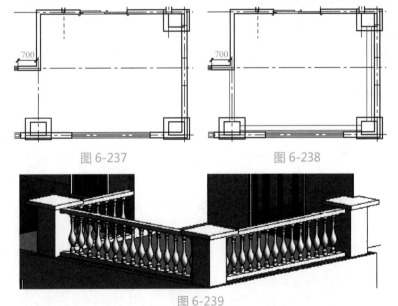

图 6-239

（20）采用同样的方法完成背面阳台的栏杆扶手的绘制，结果如图 6-240 所示。保存为文件"阳台栏杆扶手 .rvt"。

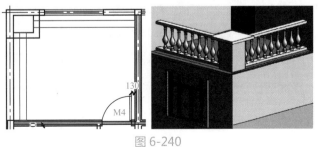

图 6-240

### 6.10.4　小结

Revit2013 版将建筑、结构、机电合并成一个软件，梁、柱等构件属于结构设计部分。本节主要通过介绍柱、梁等构件的创建方式，掌握布置结构构件的方法和步骤。

结构设计是作为 BIM 设计的重要组成部分。目前绝大多数建筑设计师在设计时主要考虑结构柱定位，通过 Revit 可实现与结构工程师的结构模型相互参照，协同作业。当前实际项目建模过程中主要采用的链接结构或其他模型形成完整的 BIM 模型，实现跨专业协同作业。

# 6.11　入口顶棚和内建模型的创建

对于一些零散构件，如雨篷、装饰构件等可通过内建模型创建，内建模型是新建族，但建的族只能用于该项目中，不能和"可载入族"一样直接载入到其他项目中。如果将在多个项目中使用的图元，建议将该图元创建为可载入族。

### 6.11.1　设置工作平面

Revit 中的每个视图都是与工作平面相关联。在某些视图（如平面视图、三维视图和绘图视图）以及族编辑器的视图中，工作平面是自动设置的。在其他视图（如立面视图和剖面视图）中，则必须设置工作平面。执行某些绘制操作（如创建拉伸屋顶）以及在特殊视图中启用某些工具（如在三维视图中启用"旋转"和"镜像"）时，必须使用工作平面。

在视图中设置工作平面后，则工作平面与该视图一起保存。可以根据需要修改工作平面。

【提示】在三维中绘制时，有个默认的工作平面，绘制时自动捕捉工作平面网格上，但不能在工作平面网格外进行对齐或尺寸标注，只能在工作平面中进行标注。

1. 设置参照平面

单击"建筑"选项卡→"工作平面"面板，有"设置"、"显示"、"参照平面"与"查看器"命令，单击"显示"命令可显示当前的工作平面网格，如图 6-241 所示。通过"工作平面"面板的"设置"命令可修改当前视图的工作平面，可选中任意墙面、链接 Revit 模型中的面、拉伸面、标高、网格和参照平面，如图 6-242 所示。

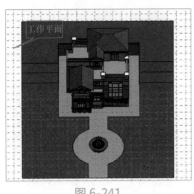
图 6-241

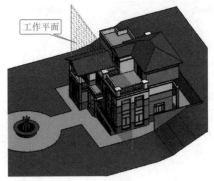
图 6-242

【提示】选中工作平面，可在"属性"框或"选项栏"中设置"工作平面网格间距"。

绘图过程中，常是在平面视图中绘制，一般平面图中的默认工作平面为该楼层标高所在平面。可通过在平面图中设置斜工作平面，绘制倾斜构件，如绘制斜梁。

2. 参照平面的使用

参照平面顾名思义可理解为起参照作用的工作平面，以用作设计准则，如绘制楼梯常用参照平面定位，同时在创建族时参照平面也是一个非常重要的部分。在各自视图中绘制的参照平面，在该平面中看到的仅是一根直线，但其实是一个平面，也可将参照平面设置成工作平面。

图 6-243

对于绘制的各参照平面，可在"属性"框中，输入参照平面的名称。若要在视图中隐藏参照平面，可在"视图"选项卡"图形"面板的"可见性/图形"命令中，在"注释类别"中不勾选"参照平面"。

## 6.11.2　创建内建模型

单击"建筑"选项卡→"构建"面板→"构件"下拉列表→"内建模型"命令，在弹

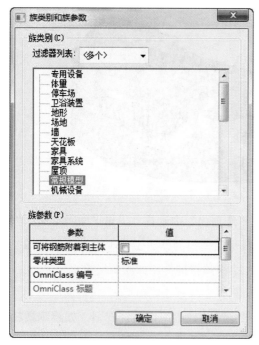

图 6-244

出的"族类别与族参数"对话框中，如图 6-244 所示。选择图元的类别，然后单击"确定"，软件会自动打开族编辑器，如图 6-245 所示。

【提示】对于选定某一族类别后，内建模型的族将在项目浏览器的该类别下显示，同时也会统计到该类别的明细表中，还可在该类别中控制该族的可见性。

进入到"族编辑器"界面后，与项目界面不同。在"创建"选项卡→"属性"面板中，可编辑族的"族类别和族参数"与"族类型"。

在"族编辑器"界面中，还可通过单击按钮，弹出"族类别和族参数"对话框，修改内建模型的族类别，如"常规模型"可修改为"屋顶"。选择不同的族类别，族参数也会不同。

图 6-245

单击"族类型"按钮，弹出"族类型"对话框，如图 6-246 所示。可通过参数"添加"按钮，添加该族所需的参数，如柱的高度、宽度等，具体详见第 7 章。

图 6-246

在"内建模型"中可通过可以使用拉伸、融合、旋转、放样、放样融合与空心形状等方法在 Revit 项目空间中创建造型。

1. 拉伸

定义：单击"形状"面板中的"拉伸"，弹出"修改 | 拉伸 > 编辑拉伸"上下文选项卡，进入模型的草图绘制模式。可选择不同的绘制方式，绘制不同的拉伸轮廓，且轮廓必须闭合，如图 6-247 所示。

图 6-247

在"拉伸"的"属性"框可设置拉伸的起点和终点，或者直接选中模型拉伸默认生成实心，可在"属性"框中将"实心"改为"空心"，生成空心形状。

2. 融合

定义：融合是将两个不同轮廓融合在一起，拉伸是将轮廓沿着一个方向拉伸，而融合可将两个轮廓融合成一个整体。

单击"形状"面板中的"融合"，在自动弹出的"修改 | 创建融合底部边界"上下文选项卡的"绘制"面板中选择矩形工具，光标移动至绘图区域绘制矩形，绘制完成后使用临时尺寸标注工具将矩形四边长均调整为"8000"，如图 6-248 所示，此为融合模型的底部轮廓。

单击"模式"面板中的"编辑顶部"命令，绘制的矩形轮廓灰显，绘制第二个轮廓。选择"绘制"面板下"拾取线"工具，回到绘图区域，依次单击刚刚绘制的底部轮廓矩形的四个边，拾取创建新的轮廓，拾取完成后按 Esc 键完成拾取。

在绘图区域框选所有拾取的矩形轮廓，单击"修改"面板下"旋转"命令，回到绘图区域，出现旋转中心，光标在中心正上方单击确定旋转起点，光标向右移动，键盘输入"45"按 Enter 键，完成 45°的旋转，完成顶部轮廓的绘制，如图 6-249 所示。勾选"完成绘制"，生成扭曲的融合模型。

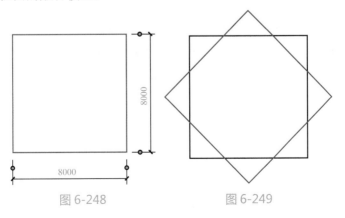

图 6-248　　　　　　　　　图 6-249

选中生成的模型，在"属性"框中可设置融合的顶部和底部两个端点的高度，如图 6-250 所示。并可将生成模型的修改为实心 / 空心，如图 6-251 所示。

3. 旋转

定义：通过一根轴线，将模型轮廓

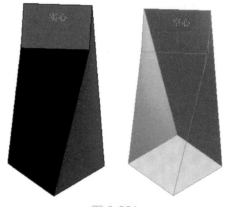

| 限制条件 | | |
|---|---|---|
| 第二端点 | 20000.0 | |
| 第一端点 | 0.0 | |

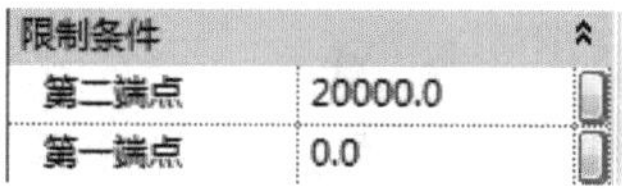

图 6-250

图 6-251

线绕着该轴线旋转。

单击"旋转"命令后，在弹出的"修改 | 创建旋转"上下文选项卡中，单击"边界线"，选择轮廓线的绘制方式绘制一个边长为 1000mm 的矩形；单击"轴线"，在距矩形的最右边 500mm 处绘制一根直线，如图 6-252 所示。

在"属性"框中设置旋转的"初始角度"和"结束角度"，如图 6-253 所示。360° 为一个圆，180° 则为一个半圆，勾选"完成旋转"，单击"完成模型"命令，则生成一个空心圆 / 半圆，如图 6-254 所示。

| 限制条件 | |
|---|---|
| 结束角度 | 180.000° |
| 起始角度 | 0.000° |

图 6-252　　　　图 6-253　　　　图 6-254

【提示】轴的长度对体量的旋转没有任何影响。

4. 放样

定义：放样是用于创建需要绘制或应用轮廓（形状）并沿路径拉伸此轮廓的工具，创建思路为先绘制路径，再绘制轮廓，轮廓按照绘制的路径进行拉伸，最先绘制的路径会出现红十字，则轮廓的绘制平面默认是垂直于该线路径。

对于放样工作平面的选择，放样有两步骤，分别是绘制路径与轮廓，但常常会弄混应该如何来绘制，例如窗框，是在立面图中绘制路径，在平面图中绘制轮廓；但是抽屉把手是在平面图中绘制路径，在立面图中绘制轮廓，如图 6-255 所示即为抽屉把手。

图 6-255

因此总结放样时，如果构件是垂直放置的，如窗框，则选择在立面放样，水平面绘制轮廓；如果是水平放置的，则相反，如抽屉把手。

在平面上绘制路径，路径绘制时绘制的第一条线会出现红点，则轮廓的绘制平面默认是垂直于该线路径。

以在水平面上绘制放样路径为例，如果首先画的是竖线，则轮廓绘制平面在前、后立面。但是如果画的先是横线，则轮廓绘制工作平面在左右视图。同理在立面上绘制放样路径。如图 6-256 和图 6-257 所示。

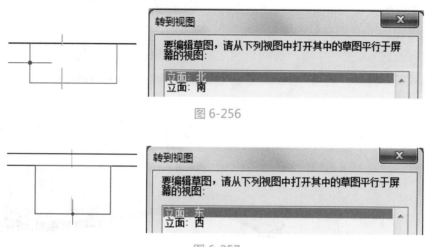

图 6-256

图 6-257

注意，绘制的轮廓大小不要超过路径的一半，并直接在红点上方开始绘制，否则系统会报错。如图 6-258 所示红色为放样路径，绿色矩形中的右边线为轮廓的最大值，如果绘制的轮廓超过最右侧绿线则系统会报错。

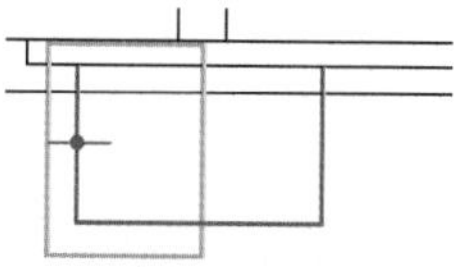

图 6-258

**5. 放样融合**

定义：可以创建具有 2 个不同轮廓，然后沿路径对 2 个轮廓进行放样的融合体。放样融合的形状是由绘制或拾取的二维路径以及由绘制或载入的 2 个轮廓确定的。与放样不同的是多了将两个轮廓融合。

单击"放样融合"命令→单击"模式"面板→"绘制路径"命令，选择"绘制"面板中的"样条曲线"工具，光标移动到绘图区域，单击确定样条曲线端点，光标向右上方移动并在适当位置单击，确定第一个拐点的位置，光标向右下方移动，在适当位置单击，确定第二个拐点的位置，光标向右上方移动，并在合适位置单击，确定终点位置，按 Esc 键，单击"完成路径"命令，完成样条曲线的绘制，如图 6-259 所示。

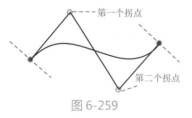

图 6-259

对于已绘制的样条曲线的拐点位置可通过按住并拖曳拐角处圆圈的图标做适当调整。

【提示】融合放样工具的路径只能是一条单独的样条曲线、线或圆弧，而不能有多条线共同连接组成，而"放样"可以由多条连接的线段组成路径。

"放样融合"面板→单击"选择轮廓 1"→"编辑轮廓"命令，在弹出的"进入视图"对话框中选择"立面：东立面"作为绘制的视图，单击"打开视图"按钮。选择"绘制"面板下"圆心 - 端点弧"工具，在东立面视图绘制半径为 300mm 的半圆，并使用"线"工具连接半圆两端点，使轮廓 1 闭合。如图 6-260 所示，单击"完成轮廓"。

【提示】轮廓也可以在三维视图绘制。

"放样融合"面板→单击"选择轮廓 2"→"编辑轮廓"命令，自动进入到轮廓 2 参照平面视图，选择"矩形"工具，在参照平面内绘制边长为 300mm 的矩形，位置如图 6-261 所示，单击"完成轮廓"。

勾选"完成放样融合"，单击"完成模型"命令，完成融合放样，如图 6-262 所示。

图 6-260　　　图 6-261　　　　　　　　图 6-262

空心形状：实心几何形体上剪切一个放样形状，空心形状的工具与实心形状完全相同，同样包含：拉伸、融合、旋转、放样、放样融合 5 种工具。其创建也可通过上述几种工具，直接在"属性"框中将"实心 / 空心"修改为空心即可。

## 6.11.3　编辑内建图元

以放样融合为例，对于利用上述工具已创建完成的模型，在"修改 | 常规模型"上下文选项卡中，选择"模型"面板，单击"在位编辑"，则软件自动跳到"内建模型"草图绘制模式。再次选中内建模型，单击"修改 | 放样融合"上下文选项卡→"模式"面板→"编辑放样融合"命令，则可再次进入"融合放样"草图绘制模式。

## 6.11.4　案例操作

（1）打开上节保存的"阳台栏杆扶手 .rvt"文件，在项目浏览器中双击"楼层平面"项下的"2F"，打开"楼层平面：2F"平面视图。

（2）选择"墙"→"墙：建筑"命令，在类型选择器中选择"基本墙 外墙 - 奶白色石漆饰面 150"，并参照图 6-263 所示在属性栏中修改参数。

（3）以正面入口处"矩形柱 250×250mm"建筑柱的左边线中点为起点，水平向右拖动至另外一个"矩形柱 250×250mm"建筑柱的边界单击结束。再以此建筑柱的上边线的中点为起点，向上拖动至与墙边界相交单击结束。选择绘制的墙，单击墙附近出现的双向箭头修改墙的方向，结果如图 6-264 所示。

（4）在类型选择器中选择"基本墙 外墙 - 米黄色石漆饰面"，并参照图 6-265 所示在属性栏中修改各参数。

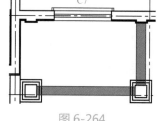

图 6-263　　　　　　　　　　　　　　　　　图 6-264

（5）以入口处左面墙的外边界（光标置于附近时拾取中点）为起点，水平向右拖动至另外一个"矩形柱 250×250mm"建筑柱的中心，单击鼠标，再向上拖动至与墙边界相交单击结束，如图 6-265 所示。选择绘制的墙，单击墙附近出现的双向箭头修改墙的方向，结果如图 6-266 所示。

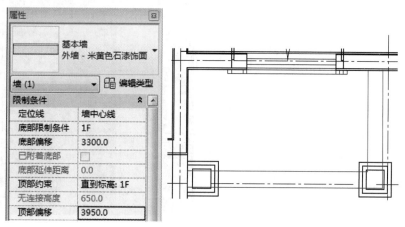

图 6-265

（6）添加顶棚的楼板。单击"楼板"→"楼板：建筑"命令，在属性栏中选择"楼板 常规 -100mm"，绘制如图 6-267 所示的顶棚楼板轮廓，单击完成命令。

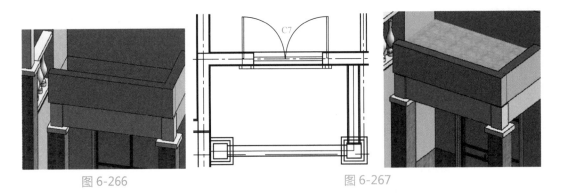

图 6-266                    图 6-267

（7）编辑顶棚墙体。在项目浏览器中双击"立面（建筑立面）"项下的"南"，打开"立面：南"视图。选中正前方的"基本墙 外墙 - 奶白色石漆饰面 150"墙体，单击"模式"面板的"编辑轮廓"命令，进入编辑模式。选择"绘制"面板的"起点 - 终点 - 半径弧"命令，单击拾取墙的左下、右下端点后，再向墙体中央上方移动鼠标到合适位置单击，则绘制一段弧线，最后删除下方原有的水平轮廓线，如图 6-268 所示。单击完成命令，结果如图 6-269 所示。

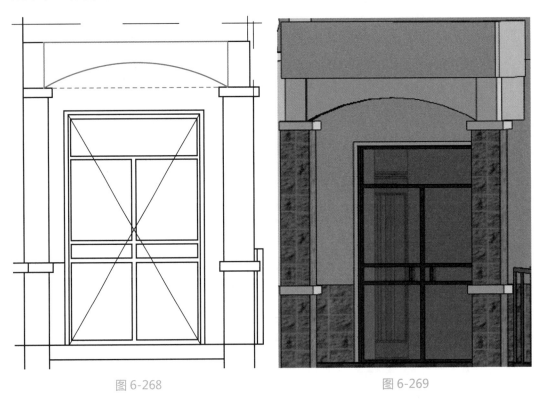

图 6-268                    图 6-269

小别墅的入口顶棚处，有一个形状不规则类似于拱形的装饰物，这里采用"内建模型"创建。

（8）单击"建筑"选项卡→"构建"面板→"构件"下拉菜单→"内建模型"命

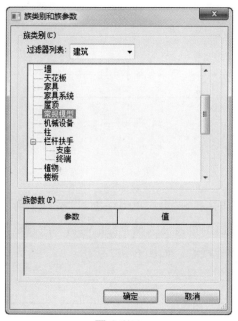

图 6-270

令，在"族类别和族参数"对话框中选择适当的族类别，选择"常规模型"，出现"名称"对话框，这里可直接单击"确定"，进入族编辑器模式。

（9）切换到 2F 楼层平面视图，单击"形状"面板→"放样"命令，如图 6-271 所示。再单击"放样"面板→"绘制路径"命令，在入口顶棚弧形墙的边界中点上拾取一点，垂直向下绘制长度为 40mm 的路径，单击绿色的完成编辑命令，出现中心有红点的十字形标志。

（10）单击"放样面板"的"编辑轮廓"命令，弹出"转到视图"对话框，如图 6-272 所示。选择"立面：南"，单击"打开视图"，进入南立面视图。

（11）在南立面视图，同样可以看到中心有红色圆点的十字形标识。选择"绘制"面板的"起点 - 终点 - 半径弧"命令，沿顶棚的弧形墙边界绘制如图 6-273 所示的圆弧。

（12）在上述弧形轮廓的上方 40mm 处绘制一段同样的轮廓，并将两段弧形轮廓对应的两端分别连接，构成封闭形状，如图 6-274 所示。

（13）在绘制的弧形轮廓的中部，绘制如图 6-275 所示的梯形轮廓，梯形上底宽 120mm，下底宽 180mm，高为 250mm。

（14）选择"修改"面板的"拆分图元"命令，单击位于梯形轮廓中的两条弧形线和位于弧形轮廓线中的梯形斜边线，拆分弧形线和梯形斜边线，单击的位置会出现蓝色的拆分点。再多次利用"修剪"命令，

图 6-271

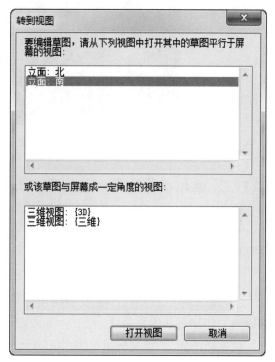

图 6-272

修剪多余的线段，完成后的轮廓如图 6-276 所示。

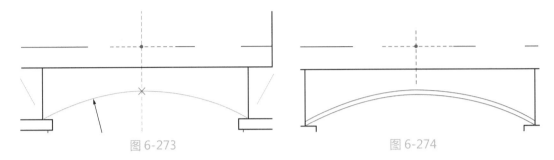

图 6-273                    图 6-274

（15）单击绿色的"完成编辑"命令，完成轮廓的编辑。再次单击绿色的"完成编辑"命令后，在属性栏中的"材质"项中单击，打开材质浏览器，选择"白色涂料"后确定。最后，单击绿色的"完成模型"命令，完成整个内建模型，如图 6-277 所示。

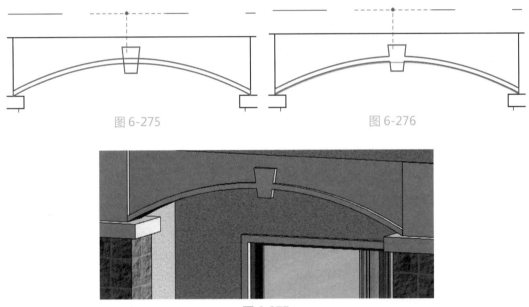

图 6-275                    图 6-276

图 6-277

## 6.11.5  案例操作补充——编辑正面一层阳台

这里启动的是正面二层阳台的编辑工作，主要是巩固学习墙体的编辑知识，这些工作也可以在前面建模工作中进行。

（1）在三维视图中选中如图 6-278 所示的墙体，单击"修改墙"面板的"分离顶部 / 底部"命令，再单击其上方的屋顶，使墙体和屋顶分离（否则在接下来的墙体轮廓编辑工作中容易出现错误）。

（2）切换到 2F 楼层平面视图，拖动上述所选墙的下端点，至与 A 轴线相交。

（3）编辑墙轮廓：单击"模式"面板的"编辑轮廓"命令，在弹出的"转到视图"对话框中选择"立面：西"，打开视图，如图 6-279 所示。选择"绘制"面板的"直线"命令，鼠标在轮廓线的右上角点短暂停留出现端点符号提示后，垂直向下移动 600mm 的距离，再水平向左移动，垂直向下移动光标至与下轮廓线相交单击。利用"修剪"命令，得到最后如图 6-280 所示的轮廓，单击完成编辑命令。

（4）切换到三维视图，选择上述新编辑的墙体，单击"修改墙"面板的"附着顶部／底部"命令，再单击"屋顶"，将墙体重新附着到屋顶。

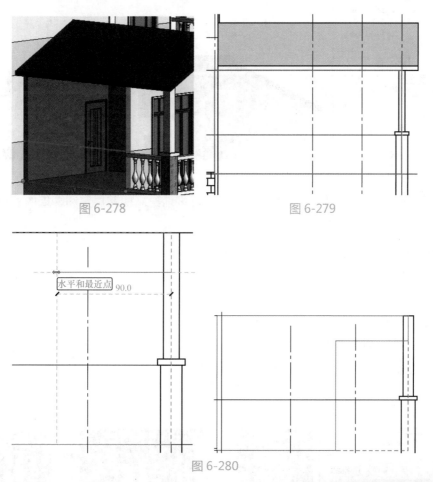

图 6-278

图 6-279

图 6-280

（5）采用类似的方法，编辑右侧墙体，结果如图 6-281 所示。

（6）绘制一层阳台正面墙体。单击"建筑"选项卡→"墙"命令→"基本墙 外墙 - 米黄色石漆饰面"，在属性栏中设置参数，如图 6-282 所示。切换到 3F 楼层平面视图，捕捉 A 轴线和 2 轴线的交点为起点，水平向右拖动至 A 轴

图 6-281

线与 3 轴线的交点为终点。选中新绘制的墙体，单击"附着顶部 / 底部"命令，再单击屋顶，完成附着，结果如图 6-283 所示。

（7）采用之前内建模型的"放样"方法，为上述绘制的正面墙体添加装饰物。装饰物南立面轮廓由一个圆同两个矩形相切组成，圆半径为 300mm，矩形长 600mm，宽 40mm，装饰物实体的厚度为 40mm。效果如图 6-284 所示。

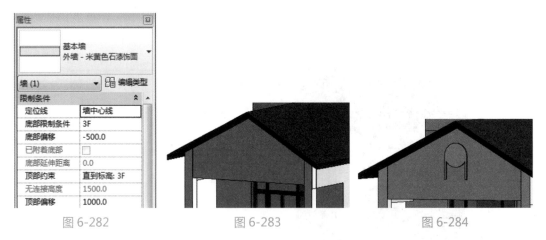

图 6-282　　　　　　　　图 6-283　　　　　　　　图 6-284

（8）同样地，可以利用内建模型的方法，沿之前绘制的跨层窗和幕墙的外轮廓添加窗框饰条，这里不再赘述。

（9）添加墙饰条：切换到三维视图中，单击"建筑"选项卡→"墙"下拉列表→"墙：饰条"命令，选择"墙饰条 - 单排"墙饰条类型。

（10）在别墅正面的玻璃推拉窗下墙体上单击放置第一段墙饰条，在属性栏中调整参数，如图 6-285 所示。

（11）在与上述绘制墙饰条墙面相邻的墙面上捕捉单击放置墙饰条，围绕别墅墙面一周，依次单击放置墙饰条，结果如图 6-286 所示。

图 6-285　　　　　　　　　　　　　　图 6-286

（12）选择"墙饰条 - 双排间距 300"的墙饰条类型，为正面一层阳台栏杆下的三面墙体添加墙饰条（具体标高为相对 0F 偏移 3450mm），再为入口顶棚上的墙体添加墙饰条（具体标高为相对 1F 偏移 3300mm）。结果如图 6-287 所示。

图 6-287

（13）同样的方法，选择"墙饰条 - 双排间距 300"、"墙饰条 - 单排"的墙饰条类型，在合适的标高为其他楼层高度的墙面添加墙饰条。其中最高处的墙饰条为"墙饰条 - 双排间距 560"（具体标高为相对 3F 偏移 2400mm）。完成后的模型如图 6-288 所示。

最后将模型保存为文件"内建模 .rvt"。

图 6-288

## 6.11.6　小结

本节主要介绍了工作平面和内建模型，工作平面是三维建模过程中需要清楚理解的概念，在二维平面中设计，则只有一个工作平面，但三维中，有无数个平面，只有事先确认好工作平面，才能准确将模型建立。软件在不同视图中有默认工作平面，无需设置，但读者需清楚。

内建模型作为该项目独有的图元，需掌握内建模型的创建方式，对拉伸、融合、旋转、放样和放样融合几种创建方式要学会灵活应用。至此，模型构建已基本完成，读者可以自行设计、修改三维建筑模型。在下一节中，将学习添加场地、地坪等构件。

## 6.12 场地

概述：场地作为房屋的地下基础，要通过模型表达出建筑与实际地坪间的关系，以及建筑的周边道路情况。通过本章节的学习，将了解场地的相关设置与地形表面、场地构件的创建与编辑的基本方法和相关应用技巧。

### 6.12.1 设置场地

单击"体量与场地"选项卡→"场地建模"面板→ ◥ 按钮。在弹出的"场地设置"对话框中，可设置等高线间隔值、经过高程、添加自定义的等高线、剖面填充样式、基础土层高程、角度显示等项目全局场地设置，如图 6-289 所示。

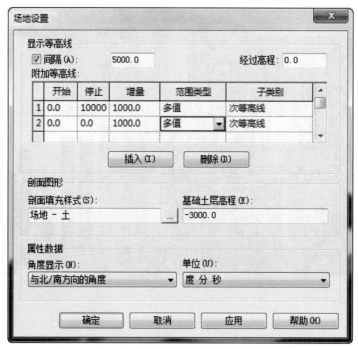

图 6-289

### 6.12.2 创建地形表面、子面域与建筑地坪

1. 地形表面

地形表面是建筑场地地形或地块地形的图形表示。默认情况下，楼层平面视图不显示地形表面，可以在三维视图或在专用的"场地"视图中创建。

单击打开"场地"平面视图→"体量与场地"选项栏→"场地建模"面板→"地形表面"命令，进入地形表面的绘制模式。

单击"工具"面板下"放置点"命令，在"选项栏" 高程 0.0 绝对高程 ▼ 中输入高程值，在视图中单击鼠标放置点，修改高程值，放置其他点，连续放置则生成等高线。

单击地形"属性"框设置材质，完成地形表面设置。

2. 子面域与建筑地坪

"子面域"工具是在现有地形表面中绘制的区域，不会剪切现有的地形表面。例如，可以使用子面域在地形表面绘制道路或绘制停车场区域。"子面域"工具和"建筑地坪"不同，"建筑地坪"工具会创建出单独的水平表面，并剪切地形，而创建子面域不会生成单独的地平面，而是在地形表面上圈定了某块可以定义不同属性集（例如材质）的表面区域，如图6-290所示。

（1）子面域。单击"体量与场地"选项卡→"修改场地"面板→"子面域"命令，进入绘制模式。用"线"绘制工具，绘制子面域边界轮廓线。单击子面域"属性"中的"材质"，设置子面域材质，完成子面域的绘制。

（2）建筑地坪。单击"体量与场地"选项卡→"场地建模"面板→"建筑地坪"命令，进入绘制模式。用"线"绘制工具，绘制建筑地坪边界轮廓线。在建筑地坪"属性"框中，设置该地坪的标高以及偏移值，在"类型属性"中设置建筑地坪的材质。结果如图6-290所示。

图6-290

【提示】退出"建筑地坪"的编辑模式后，要选中建筑地坪才能再次进入编辑边界，常常会选中到地形表面而认为选中了建筑地坪。

### 6.12.3 编辑地形表面

1. 编辑地形表面

选中绘制好的地形表面，单击"修改 | 地形"上下文选项卡→"表面"面板→"编辑表面"命令，在弹出的"修改 | 编辑表面"上下文选项卡的"工具"面板中，如图6-291所示，可通过"放置点"、"通过导入创建"以及"简化表面"三种方式修改地形表面高程点。

（1）放置点：增加高程点的放置。

（2）通过导入创建：通过导入外部文件创建地形表面。

（3）简化表面：减少地形表面中的点数。

2. 修改场地

打开"场地"平面视图或三维视图，在"体量与场地"选项卡的"修改场地"面板中，包含多个对场地修改的命令。

图6-291

（1）拆分表面：单击"体量与场地"选项卡→"修改场地"面板→"拆分表面"命令，选择要拆分的地形表面进入绘制模式。用"线"绘制工具，绘制表面边界轮廓线。在表面"属性"框的"材质"中设置新表面材质，完成绘制。

（2）合并表面："体量与场地"选项卡"修改场地"面板下"合并表面"命令，勾选"选项栏"。 ☑ 删除公共边上的点 选择要合并的主表面，再选择次表面，两个表面合二为一。

【提示】合并后的表面材质，同先前选择的主表面相同。

（3）建筑红线：创建建筑红线可通过两种方式，如图 6-292 所示。

方法一：单击"体量与场地"选项卡→"修改场地"面板→"建筑红线"命令，选择"通过绘制方式创建"进入绘制模式。用"线"绘制工具，绘制封闭的建筑红线轮廓线，完成绘制。

【提示】要将绘制的建筑红线转换为基于表格的建筑红线，选择绘制的建筑红线并单击"编辑表格"。

方法二：单击"体量与场地"选项卡→"修改场地"面板→"建筑红线"命令，选择"通过方向和距离创建建筑红线"，如图 6-293 所示。

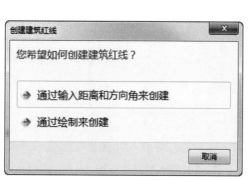

图 6-292

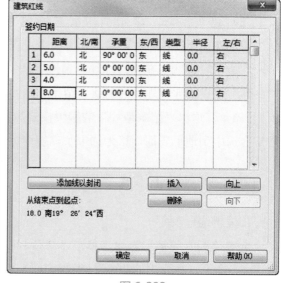

图 6-293

单击"插入"添加测量数据，并设置直线、弧线边界的距离、方向、半径等参数。调整顺序，如果边界没有闭合，点"添加线以封闭"。确定后，选择红线移动到所需位置。

【提示】可以利用"明细表／数量"命令创建建筑红线、建筑红线线段明细表。

## 6.12.4　放置场地构件

进入到"场地"平面视图后，单击"体量与场地"选项卡→"场地建模"面板

→ "场地构建"命令，从下拉列表中选择所需的构件，如树木、RPC 人物等，单击鼠标放置构件。

打开"场地"平面，单击"体量与场地"选项卡"场地建模"面板下"停车场构件"命令。从下拉列表中选择所需不同类型的停车场构件，单击鼠标放置构件。可以用复制、阵列命令放置多个停车场构件。 选择所有停车场构件，单击"主体"面板下的"设置主体"命令，选择地形表面。停车场构件将附着到表面上。

如列表中没有需要的构件，则需从族库中载入。

### ▌6.12.5　案例操作

（1）打开"内建模 .rvt"文件，在项目浏览器中展开"楼层平面"项，双击视图名称"场地"，进入场地平面视图。

（2）根据绘制地形的需要，绘制四条参照平面。单击"建筑"选项卡→"工作平面"面板→"参照平面"命令，移动光标到图中横向轴线左侧单击，沿垂直方向上下移动单击，绘制一条垂直参照平面，再绘制另外三条参照平面，大致位置如图 6-294 所示，使参照平面包围住整个模型。

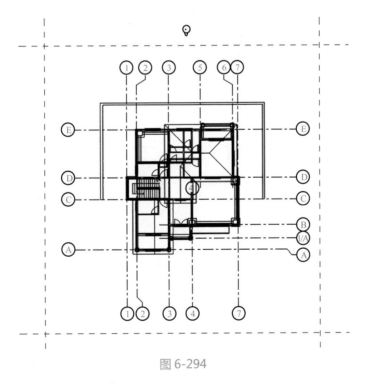

图 6-294

（3）单击"体量和场地"选项卡→"场地建模"面板→"地形表面"命令，进入编辑地形表面模式。

（4）单击"放置点"命令，选项栏显示"高程"选项， <img_1 label> 高程 0.0  绝对高程 ∨
输入新的高程"2800"，在参照平面上单击放置四个高程点，如图 6-295 所示的上方四个
黑色方形点。

（5）将选项栏中的高程改为"0"，在参照平面上单击放置两个高程点，如图 6-295
所示的中部两个黑色方形点。

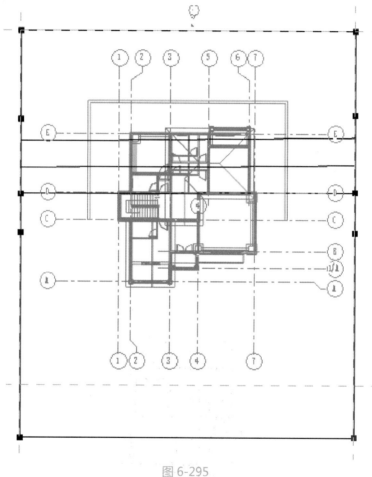

图 6-295

（6）将选项栏中的高程改为"－450"，在参照平面上单击放置四个高程点，如
图 6-295 所示的下方四个黑色方形点。单击完成编辑按钮，切换到三维图，如图 6-296
所示。

通过上一节的学习，创建了一个带有简单坡度的地形表面，而建筑的首层地面是水
平的，本节将学习建筑地坪的创建。"建筑地坪"工具适用于快速创建水平地面、停车场、
水平道路等。

图 6-296

（7）接上节练习，在项目浏览器中展开"楼层平面"项，双击视图名称"0F"，进入 0F 平面视图。

（8）单击"场地建模"面板→"建筑地坪"命令，进入建筑地坪的草图绘制模式。

（9）在属性栏中，设置参数"标高"为"0F"。单击"绘制"面板"直线"命令，沿挡土墙内边界顺时针方向绘制建筑地坪轮廓，如图 6-297 所示，保证轮廓线闭合。

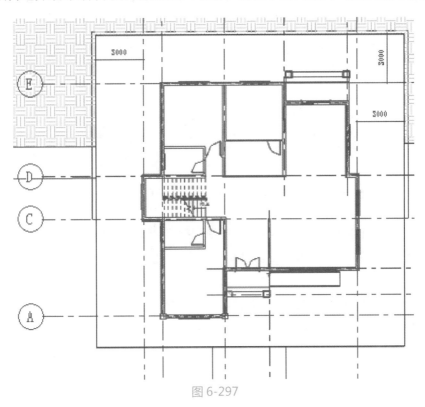

图 6-297

（10）单击"编辑类型"，打开"类型属性"对话框，单击"结构"后的"编辑"按钮，打开"编辑部件"对话框，单击"结构"后"编辑材质"按钮，打开"材质浏览器"对话框，选择"大理石抛光"，多次确定退出对话框。单击"完成编辑"命令，创建建筑地坪。

（11）地形子面域（道路）：接上节练习，从项目浏览器中，双击楼层平面视图名称"场地"，进入场地平面视图。

（12）单击"体量和场地"选项卡"修改场地"面板"子面域"命令，进入草图绘制模式。

（13）利用"绘制"面板的"直线"、"圆形"工具和"修改"面板的"修剪"工具，绘制如图 6-298 所示的子面域轮廓，其中圆弧半径为 4500mm。

（14）在属性栏中，单击"材质"后的矩形图标，打开"材质"对话框，在左侧材质中选择"大理石抛光"，确定。单击"完成编辑"命令，完成子面域道路的绘制。

有了地形表面和道路，再配上生动的花草、树木、车等场地构件，可以使整个场景更加丰富。场地构件的绘制同样在默认的"场地"视图中完成。

（15）场地构件：接上节练习，在项目浏览器中双击视图名称"OF"，进入场地平面视图。

（16）选择"构件"→"放置构件"命令，在属性栏中选中"喷泉"，单击"放置"面板 -"放置在工作平面上"，在上述绘制的子面域圆形区域的中心单击放置构件，如图 6-299 所示。

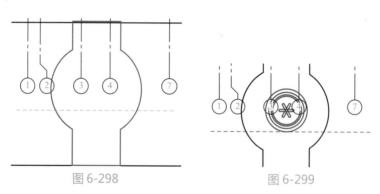

图 6-298　　　　　图 6-299

（17）单击"体量和场地"选项卡"场地建模"面板"场地构件"命令，在类型选择器中选择需要的构件。也可以单击"模式"面板的"载入族"按钮，打开"载入族"对话框。

（18）定位到"植物"文件夹并双击，在"植物"→"3D"文件夹中双击"乔木"文件夹，单击选择"白杨 3D.rfa"，单击"打开"载入到项目中。

（19）在"场地"平面图中可以根据自己的需要在道路及别墅周围添加各种类型的场地构件。如图 6-300 所示为模型的效果展示图。

完成后保存为文件"场地 .rvt"。

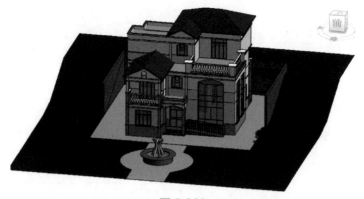

图 6-300

## 6.12.6　小结

通过本节的学习，需掌握地形表面、建筑地坪、子面域、场地构件等功能的使用。利用地形表面和场地修改工具，以不同的方式生成场地地形表面；建筑地坪可剪切地形表面；子面域是在地形表面上划分场地功能；场地构件则可为场地添加树、人等构件，丰富场地的表现。

至此，整个小别墅的模型设计工作已完成。作为 Revit 设计的基础，三维模型的创建是设计师首先需掌握的能力。下一节将利用已完成的模型进行渲染、漫游和出图等设计工作。

# 6.13　渲染与漫游

在 Revit 中，可使用不同的效果和内容（如照明、植物、贴花和人物）来渲染三维模型，通过视图展现模型真实的材质和纹理，还可以创建效果图和漫游动画，全方位展示建筑师的创意和设计成果。如此，在一个软件环境中，即可完成从施工图设计到可视化设计的所有工作，改善了以往在几个软件中操作所带来的重复劳动、数据流失等弊端，提高了设计效率。

在 Revit 中可生成三维视图，也可导出到 3ds Max 软件中渲染。本章将重点讲解设计表现内容，包括材质设置，给构件赋材质，创建室内外相机视图，室内外渲染场景设置及渲染，以及项目漫游的创建与编辑方法。

## 6.13.1　设置构件材质

在渲染之前，需要先给构件设置材质。材质用于定义建筑模型中图元的外观，Revit 提供了许多可以直接使用的材质，也可以自己创建材质。

1. 新建材质

打开"场地 .rvt"文件，单击"管理"选项卡→"设置"面板→"材质"命令，打开"材质浏览器"对话框。右击"5"选择"复制"命令，并将新建材质重命名为"外部叠层墙"。单击右下方的"打开 / 关闭材质编辑器"按钮。在"材质编辑器"对话框中，单击"图形特性"栏下"着色"中的"颜色"图标，不勾选"使用渲染外观"，如图 6-301 所示，可打开"颜色"对话框，选择着色状态下的构件颜色。单击选择倒数第三个浅灰色矩形，如图 6-302 所示，单击"确定"。

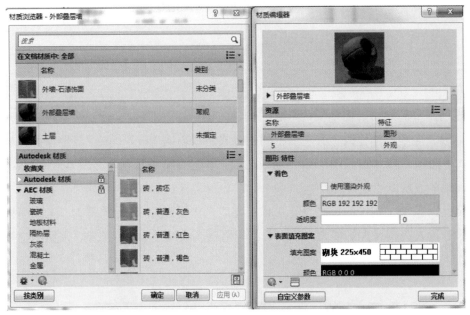

图 6-301

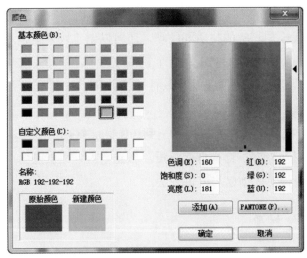

图 6-302

【提示】不勾选"使用渲染外观"表示该颜色与渲染后的颜色无关，只表现着色状态下构件的颜色。

单击"材质编辑器"中的"表面填充图案"下的"填充图案"，弹出"填充样式"对话框，如图 6-303 所示。在下方"填充图案类型"中选择"模型"，在填充图案样式列表中选择"砌块 225×450"，单击"确定"回到"材质编辑器"对话框。

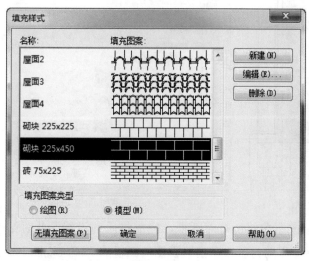

图 6-303

【提示】"表面填充图案"指在 Revit 绘图空间中模型的表面填充样式，在三维视图和各立面都可以显示，但与渲染无关。

单击"截面填充图案"下的"填充图案"，同样弹出"填充样式"对话框，单击左下角"无填充图案"，关闭"填充样式"对话框。

【提示】"截面填充图案"指构件在剖面图中被剖切到时，显示的截面填充图案。

单击"材质编辑器"左下方的"打开 / 关闭资源浏览器"按钮，打开"资源浏览器"对话框，双击"挡土墙 - 顺砌"，添加了"挡土墙 - 顺砌"的外观，在"材质浏览器"对话框中单击"确定"，完成材质"外部叠层墙"的创建，保存文件。

2. 应用材质

在项目浏览器中展开"楼层平面"项，双击视图名称"1F"进入 1F 平面视图。选择 6 与 D、E 轴线处的一面"外墙—米黄色石漆饰面"外墙，如图 6-304 所示。

单击"编辑类型"按钮，打开"类型属性"对话框。单击"结构"参数后的"编辑"按钮，打开"编辑部件"对话框。

单击选择"面层1[4]"的材质"米黄色石漆"，再单击后面的矩形"浏览"图标，打开"材质浏览器"对话框，如图 6-305 所示。在材质列表中下拉找到上一节中创建的材质"外墙叠层墙"。因材质列表内材质很多，无法快速找到所需材质，可在"输入搜索词"的位置单击输入关键字"外部"，即可快速找到。

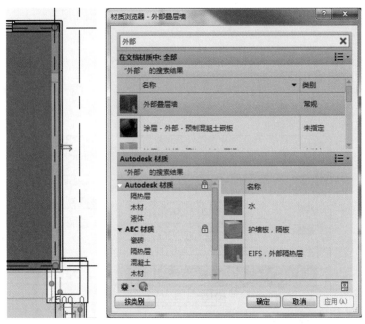

图 6-304                              图 6-305

单击"确定"按钮关闭所有对话框，完成材质的设置。此时给 3F 的外墙的外层，设置了"外墙叠层墙"的材质。单击"视图"面板的"三维视图"命令，打开三维视图查看效果，如图 6-306 所示。

图 6-306

已经在前面的章节中给各构件添加了样板自带的材质，因此已有的材质无需一一替换为新材质。

## 6.13.2　创建相机视图

在完成对构件赋予材质之后，渲染之前，一般需先创建相机透视图，生成渲染场景。

1. 创建水平相机视图

在"项目浏览器"双击视图名称"1F"进入 1F 平面视图。单击"视图"选项卡→"三维视图"下拉菜单→选择"相机"命令，勾选选项栏的"透视图"选项，如果取消勾选则创建的相机视图为没有透视的正交三维视图，偏移量 1750，表示创建的相机视图是从相机位置从 1F 层高处偏移 1750mm 拍摄的，如图 6-307 所示。

图 6-307

移动光标至绘图区域 1F 视图中，在 1F 外部喷泉上方单击放置相机。将光标向上移动，超过建筑最上端，单击放置相机视点，如图 6-308 所示。此时一张新创建的三维视图自动弹出，在项目浏览器"三维视图"项下，增加了相机视图"三维视图 1"。

在"视图控制栏"将"视觉样式"替换显示为"着色"，选中三维视图的视口，视口各边中点出现四个蓝色控制点，单击上边控制点，单击并按住向上拖曳，直至超过屋顶，松开鼠标。单击拖曳左右两边控制点，向外拖曳，超过建筑后放开鼠标，视口被放大，如图 6-309 所示，至此就创建了一个正面相机透视图。

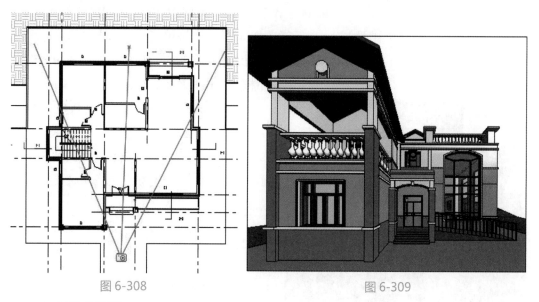

图 6-308　　　　　　　　　　　　　　图 6-309

2. 创建鸟瞰图

在"项目浏览器"双击视图名称"1F"进入 1F 平面视图。单击"视图"选项卡→"三维视图"下拉菜单→选择"相机"命令，移动光标至绘图区域 1F 视图中，在 1F 视图中右下角单击放置相机，光标向左上角移动，超过建筑最上端，单击放置视点，创建的视线从右下到左上，此时一张新创建的"三维视图 2"自动弹出，在"视图控制栏"中将"视觉样式"替换显示为"着色"，选中三维视图的视口，单击各边控制点，并按住向外拖曳，使视口足够显示整个建筑模型时放开鼠标，如图 6-310 所示。

单击选中并拖动三维视图上的蓝色标头栏，以放大该视图。单击"视图"选项卡→"窗口"面板→"关闭隐藏对象"命令，关闭不需要的视图，当前只有"三维视图 2"处于打开状态。双击项目浏览器中"立面（建筑立面）"中的"南"，进入南立面视图，如图 6-311 所示。

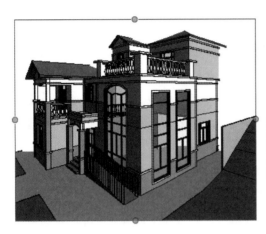

图 6-310

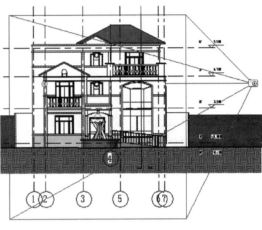

图 6-311

单击"窗口"面板"平铺"（快捷键 WT）命令，此时绘图区域同时打开三维视图 2 和南立面视图，在两个视图中分别在任意位置右键，在快捷菜单中单击"缩放匹配"，使两视图放大到合适视口的大小。选择三维视图 2 的矩形视口，观察南立面视图中出现相机、视线和视点。

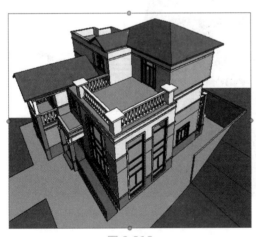

图 6-312

单击南立面图中的相机，按住鼠标向上拖曳，观察三维视图 2，随着相机的升高，三维视图 2 变为俯视图，如图 6-312 所示。至此创建了一个别墅的鸟瞰透视图，保存文件。

### 6.13.3　渲染

Revit 的渲染设置非常容易操作，只需要设置真实的地点、日期、时间和灯光即可渲染三维及相机透视图。单击视图控制栏中的"显示渲染对话框"命令，弹出"渲染"对话框，如图 6-313 所示。

按照"渲染"对话框设置渲染样式，单击"渲染"按钮，开始渲染并弹出"渲染进度"工具条，显示渲染进度，如图 6-314 所示。

【提示】渲染过程中，可按"取消"或 Esc 键取消渲染。

完成渲染后的图形如图 6-315 所示。单击"导出 ..."将渲染存为图片格式。关闭渲染对话框后，图形恢复到未渲染，如图 6-316 所示。

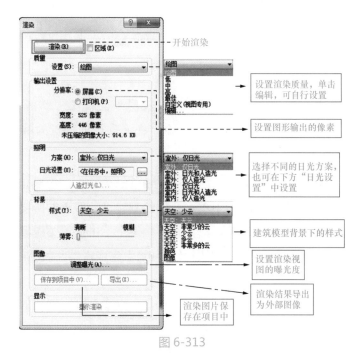

图 6-313

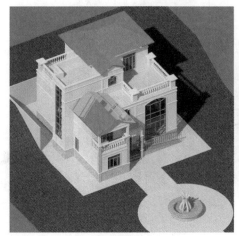

图 6-314

图 6-315

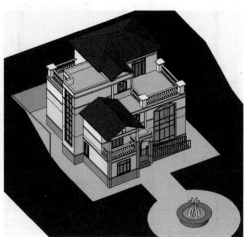

图 6-316

### 6.13.4　漫游

上节已讲述相机的使用，通过设置各个相机路径，即可创建漫游动画，动态查看与展示项目设计。

1. 创建漫游

在项目浏览器中双击视图名称"1F"进入首层平面视图。单击"视图"选项卡→"三维视图"下拉菜单→选择"漫游"命令。在选项栏处相机的默认"偏移量"为1750，也可自行修改。

光标移至绘图区域，在平面视图中单击开始绘制路径，即漫游所要经过的路线。光标每单击一个点，即创建一个关键帧，沿别墅外围逐个单击放置关键帧，路径围绕别墅一周后，鼠标单击选项栏"完成"或按快捷键"Esc"完成漫游路径的绘制，如图 6-317 所示。

完成路径后，项目浏览器中出现"漫游"项，可以看到刚刚创建的漫游名称是"漫游 1"，双击"漫游 1"打开漫游视图。单击"窗口"面板"关闭隐藏对象"命令，双击项目浏览器中"楼层平面"下的"1F"，打开一层平面图，单击"窗口"面板"平铺"命令，此时绘图区域同时显示平面图和漫游视图。

在"视图控制栏"中将"视觉样式"替换显示为"着色"，选择渲染视口边界，单击视口四边上的控制点，按住向外拖曳，放大视口，如图 6-318 所示。

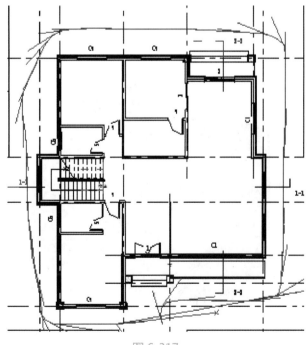

图 6-317　　　　　　　　　　　　　　　图 6-318

2. 编辑漫游

在完成漫游路径的绘制后，可在"漫游 1"视图中选择外边框，从而选中绘制的漫游路径，在弹出的"修改 | 相机"上下文选项卡中，单击"漫游"面板中的"编辑漫游"命令。

在"选项栏"中的"控制"可选择"活动相机"、"路径"、"添加关键帧"和"删除关键帧"四个选项。

选择"活动相机后"，则平面视图中出现由多个关键帧围成的红色相机路径，对相机所在的各个关键帧位置，可调节相机的可视范围，完成一个位置的设置后，单击"编辑漫游"上下文选项卡→"漫游"面板→"下一关键帧"命令，如图 6-319 所示。设置各关键帧的相机视角，使每帧的视线方向和关键帧位置合适，得到完美的漫游，如图 6-320 所示。

图 6-319

选择"路径"后，则平面视图中出现由多个蓝点组成的漫游路径，拖动各个蓝点可调节路径，如图 6-321 所示。

选择"添加关键帧"和"删除关键帧"后可添加 / 删除路径上的关键帧。

【提示】为使漫游更顺畅，Revit 在两个关键帧之间创建了很多非关键帧。

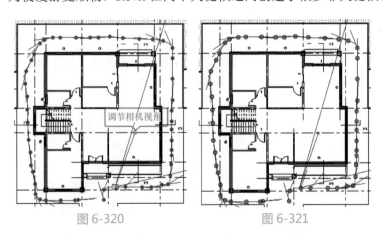

图 6-320　　　　　　　　　　图 6-321

编辑完成后可按选项栏的"播放"键，播放刚刚完成的漫游。

【常见问题剖析】如需创建上楼的漫游，如从 1F 到 2F，那该如何设置才能实现呢？

答：有两种方法：

（1）可从 1F 开始绘制漫游路径，沿楼梯平面向前绘制，当路径走过楼梯后，可将"选项栏"中的"自"设置为"2F",路径即从 1F 向上至 2F,同时可以配合选项栏的"偏移值",每向前几个台阶,将偏移值增高,可以绘制较流畅的上楼漫游。

(2)在编辑漫游时,打开楼梯剖面图,将选项栏"控制"设置为"路径",在剖面上修改每一帧位置,创建上下楼的漫游。

漫游创建完成后可单击应用程序菜单"导出"→"图像和动画"→"漫游"命令,弹出"长度 / 格式"对话框,如图 6-322 所示。

其中"帧 / 秒"项设置导出后漫游的速度为每秒多少帧,默认为 15 帧,播放速度会比较快,将设置改为 3 帧,速度将比较合适,按"确定"后弹出"导出漫游"对话框,输入文件名,选择"文件类型"与路径,单击"保存"按钮,弹出"视频压缩"对话框,默认为"全帧(非压缩的)",产生的文件会非常大,建议在下拉列表中选择压缩模式为"Microsoft Video 1",此模式为大部分系统可以读取的模式,同时可以减小文件大小,单击"确定"将漫游文件导出为外部 AVI 文件。

至此完成漫游的创建和导出,保存文件为"小别墅 .rvt"。

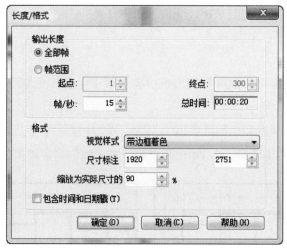

图 6-322

### 6.13.5 小结

本节介绍了如何为构件赋予材质,如何创建相机和漫游动画,学习进行渲染设置等内容。通过本节的学习对于建筑师进行方案设计很有意义,需熟练掌握各功能的使用技巧与方法,灵活运用将提高设计阶段方案的设计,读者可自行尝试。

# 6.14 明细表统计

快速生成明细表作为 Revit 依靠强大数据库功能的一大优势,被广泛接受使用,通过明细表视图可以统计出项目的各类图元对象，生成相应的明细表，如统计模型图元数量、图形柱明细表、材质数量、图纸列表、注释块和视图列表。在施工图设计过程中，最常用的统计表格是门窗统计表和图纸列表。

## 6.14.1　创建明细表

对于不同的图元可统计出其不同类别的信息，如门、窗图元的高度、宽度、数量、合计和面积等。下面结合小别墅案例来创建所需的门、窗明细表视图，学习明细表统计的一般方法。

单击"视图"选项卡→"创建"面板→"明细表"下拉列表→"明细表/数量"，在弹出的"新建明细表"对话框中，如图 6-323 所示。在"类别"列表中选择"门"对象类型，即本明细表将统计项目中门对象类别的图元信息；默认的明细表名称为"门明细表"，确认为"建筑构件明细表"，其他参数默认，单击"确定"按钮，弹出"明细表属性"对话框。如图 6-324 所示。

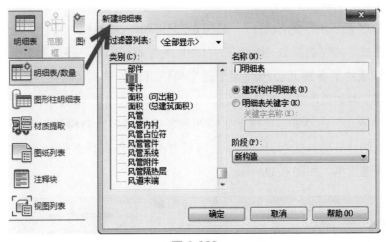

图 6-323

【提示】通过"过滤器列表"可以选择"建筑"、"结构"、"机械"、"电气"和"管道"五种不同的类别，勾选所需的类别，可快速选择不同类别下的构件。如"建筑"类别下的"门"。

在"明细表属性"对话框的"字段"选项卡中，"可用的字段"列表中包括门在明细表中统计的实例参数和类型参数，选择"门明细表"所需的字段，单击"添加"按钮到"明细表字段"，如：类型、宽度、高度、注释、合计和框架类型。如需调整字段顺序，则选中所需调整的字段，单击"上移"或"下移"按钮来调整顺序。明细表字段从上至下的顺序对应于明细表从左至右各列的显示顺序。

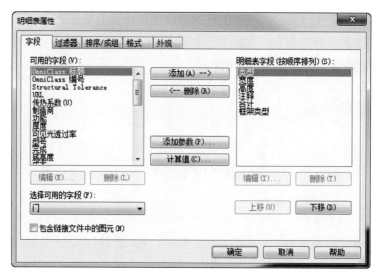

图 6-324

【提示】并非所有的图元实例参数和类型参数都可作为可用字段，在族创建时，仅限共享参数才能在明细表中显示。

完成"明细表字段"的添加后，如图 6-325 所示。切换至"排序 / 成组"选项卡，设置"排序方式"为"类型"，排序顺序为"升序"；取消勾选"逐项列举每个实例"，否则生成的明细表中的各图元会按照类型逐个列举出来。单击"确定"后，"门明细表"中将按"类型"参数值汇总所选名字段。

切换至"格式"选项卡，可设置生成明细表的标题方向和样式，单击"条件格式"按钮，在弹出的"条件格式"对话框中，可根据不同条件选择不同字段，对符合字段要求可修改其背景颜色，如图 6-326 所示。

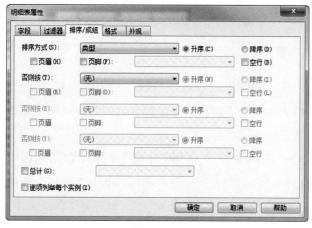

图 6-325

图 6-326

切换至"外观"选项卡。确认勾选"网格线"选项，设置网格线为"细线"；勾选"轮廓"选项，设置"轮廓"样式为"中粗线"，取消勾选"数据前的空行"；其他选项参照图 6-327

设置，单击"确定"按钮，完成明细表属性设置。

　　Revit 会自动弹至"门明细表"视图，同时弹出"修改明细表 / 数量"上下文选项卡，以及自动在"项目浏览器"的"明细表 / 数量"中生成"门明细表"。

　　切换至"过滤器"选项卡，设置过滤条件，如图 6-328 所示，"宽度"等于"800"；"高度"大于"2400"的门类别，单击"确定"按钮，返回明细表视图，则没有符合要求的门。其他过滤条件读者可自行尝试。

图 6-327

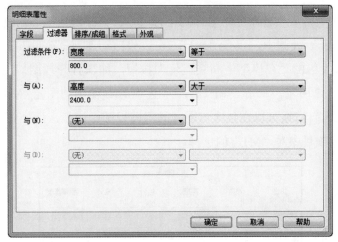

图 6-328

## 6.14.2　编辑明细表

　　完成明细表的生成后，如果要修改明细表各参数的顺序或表格的样式，还可继续编辑明细表。单击"项目浏览器"中的"门明细表"视图后，在"属性"框中的"其他"中，如图 6-329 所示，单击所需修改的明细表属性，可继续修改定义的属性。

　　通过"修改明细表 / 数量"上下文选项卡，可进一步编辑明细表外观样式。按住并拖动鼠标左键选择"宽度"和"高度"列页眉，单击"明细表"面板中的"成组"工具，如图 6-330 所示，合并生成新表头单元格。

单击"成组"生成新表头单元格，进入文字输入状态，输入"尺寸"作为新页眉行名称，如图 6-331 所示。

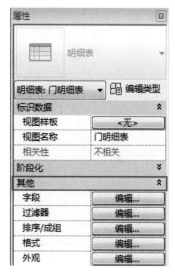

图 6-329

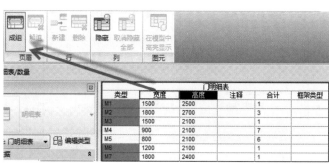

图 6-330

【提示】明细表的表头各单元格名称均可修改，但修改后也不会修改图元参数名称。

在"门明细表"视图中，单击"M1"，在"修改明细表 / 数量"上下文选项卡中，单击"图元"面板中的"在模型中高亮显示"按钮，如未打开视图，则会弹出"Revit"对话框，如图 6-332 所示，单击"确定"后，弹出"显示视图中的图元"对话框，如图 6-333 所示，单击"显示"按钮可以在包含该图元的不同视图中切换，切换到某一视图，单击"关闭"则会完成项目中对"M1"的选择。

| 门明细表 | | | | | |
|---|---|---|---|---|---|
| 类型 | 尺寸 | | 注释 | 合计 | 框架类型 |
| | 宽度 | 高度 | | | |
| M1 | 1500 | 2500 | | 1 | |
| M2 | 1800 | 2700 | | 3 | |
| M3 | 1500 | 2100 | | 1 | |
| M4 | 900 | 2100 | | 7 | |
| M5 | 800 | 2100 | | 6 | |
| M6 | 1200 | 2100 | | 1 | |
| M7 | 1800 | 2400 | | 1 | |

图 6-331

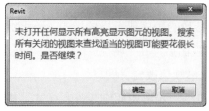

图 6-332

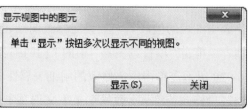

图 6-333

切换至"门明细表"视图中，将 M1 的"注释"单元格内容修改为"单扇平开"，如图 6-334 所示。修改后对应的 M1 的实例参数中的"注释"也对应修改，即明细表和对象参数是关联的。

新增明细表计算字段：打开"明细表属性"对话框并切换至"字段"选项卡，单击"计算值"按钮，弹出"计算值"对话框，如图 6-335 所示。输入名称为"洞口面积"，修改"类型"为"面积"，单击"公式"后的"..."按钮，打开"字段"对话框，选择"宽度"及"高度"字段，修改为"宽度 * 高度"公式，单击"确定"按钮，返回明细表视图。

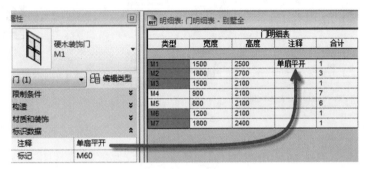

图 6-334

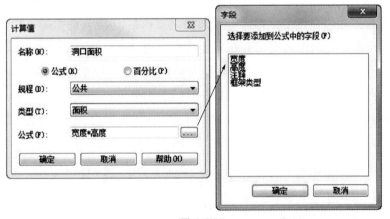

图 6-335

如图 6-336 所示，根据当前明细表中的门宽度和高度值计算洞口面积，并按项目设置的面积单位显示洞口面积。

| 门明细表 | | | | | | |
|---|---|---|---|---|---|---|
| 类型 | 宽度 | 高度 | 注释 | 合计 | 框架类型 | 洞口面积 |
| M1 | 1500 | 2500 | 单扇平开 | 1 | | 4 m² |
| M2 | 1800 | 2700 | | 3 | | 5 m² |
| M3 | 1500 | 2100 | | 1 | | 3 m² |
| M4 | 900 | 2100 | | 7 | | 2 m² |
| M5 | 800 | 2100 | | 6 | | 2 m² |
| M6 | 1200 | 2100 | | 1 | | 3 m² |
| M7 | 1800 | 2400 | | 1 | | 4 m² |

图 6-336

单击"应用程序按钮"→"另存为"按钮→"库"→"视图",可将任何视图保存为单独的 Rvt 文件,用于与其他项目共享视图设置,如图 6-337 所示。在弹出的"保存视图"视图对话框中,将视图修改为"显示所有视图和图纸",选择"楼层平面 2F"和"明细表:门明细表",单击"确定"按钮即可将所选视图另存为独立的 Rvt 文件。

图 6-337

### 6.14.3 创建材料统计

材料的数量作为项目施工采购或概预算的重要依据,Revit 提供的"材质提取"明细表工具,用于统计项目中各类对象材质生成材质统计明细表。"材质提取"明细表使用方式类似于"明细表 / 数量"。下面使用"材质提取"统计小别墅项目中的墙材质。

单击"视图"选项卡→"创建"面板→"明细表"下拉列表→"材质提取"工具,弹出"新建材质提取"对话框,如图 6-338 所示。在"类别"列表中选择"墙"类别,单击"确定"按钮,打开"材质提取属性"对话框。

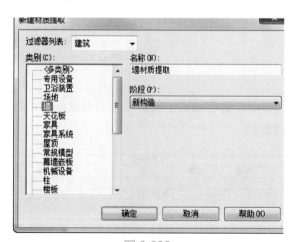

图 6-338

依次添加"材质:名称"和"材质:体积"至明细表字段列表中,然后切换至"排

序 / 成组"选项卡，设置排序方式为"材质：名称"，不勾选"逐项列举每个实例"选项，单击"确定"按钮，完成明细表属性设置，生成"墙材质提取"明细表，如图 6-339 所示。

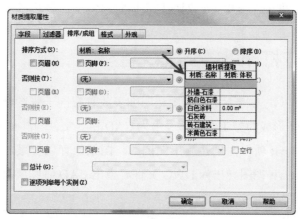

图 6-339

此时的"材质：体积"框单元格内容为 0。需要对"材质：体积"字段进行编辑。打开"材质提取属性"对话→单击"格式"选项卡→在"字段"列表中选择"材质：体积"字段，勾选"计算总数"选项。单击"确定"按钮后，返回明细表视图，"材质：体积"一栏中显示各类材质的汇总体积，如图 6-340 所示。

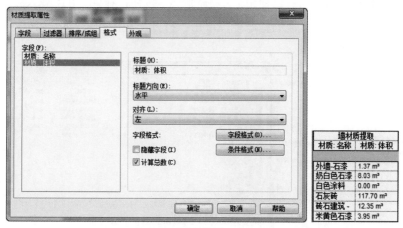

图 6-340

单击"应用程序菜单"→"导出"→"报告"→"明细表"选项，可以将所有类型的明细表导成文本文件，支持 Microsoft Excel、记事本等电子表格应用软件，作为通用的数据源。

## 6.14.4　小结

明细表功能强大，不仅可以统计项目中各类图元对象的数量、材质、视图列表等信息，还可利用"计算值"功能在明细表中进行计算。明细表与模型的数据实时关联，是 BIM 数据综合利用的体现，因此在 Revit 设计阶段，需要制定和规划各类信息的命名规则，前期工作的扎实推进才能保证后期项目不同阶段实现信息共享与统计。

# 6.15　布图与打印

在 Revit 中，可以快速将不同的视图和明细表放置在同一张图纸中，从而形成施工图。除此以外，Revit 形成的施工图能够导出为 CAD 格式文件与其他软件实现信息交换。本节主要讲解：在 Revit 项目内创建施工图图纸、图纸修订以及版本控制、布置视图及视图设置，以及将 Revit 视图导出为 DWG 文件、导出 CAD 时图层设置等。

## ▌6.15.1　创建图纸

在完成模型的创建后，如何才能将所有的模型利用，打印出所需的图纸。此时需要新建施工图图纸，指定图纸使用的标题栏族，以及将所需的视图布置在相应标题栏的图纸中，最终生成项目的施工图纸。

单击"视图"选项卡→"图纸组合"面板→"图纸"工具，弹出的"新建图纸"对话框。如果此时项目中没有标题栏可供使用，单击"载入"按钮，在弹出的"载入族"对话框中，查找到系统族库中，选择所需的标题栏，单击"打开"载入到项目中，如图 6-341 所示。

图 6-341

单击选择"A1 公制"，单击"确定"按钮，此时绘图区域打开一张新创建的 A1 图纸，如图 6-342 所示，完成图纸创建后，在项目浏览器"图纸"项下自动添加了图纸"A101-未命名"。

单击"视图"选项卡→"图纸组合"面板→"视图"工具，弹出"视图"对话框，在视图列表中列出当前项目中所有可用的视图，选择"楼层平面 1F"，单击"在图纸中添加视图"按钮，如图 6-343 所示。确认选项栏"在图纸上旋转"选项为"无"，当显示视图范围完全位于标题范围内时，放置该视图。

在图纸中放置的视图称为"视口"，Revit 自动在视图底部添加视口标题，默认将以该视图的视图名称来命名该视口，如图 6-344 所示。

图 6-342

图 6-343

图 6-344

## 6.15.2　编辑图纸

新建了图纸后，图纸上很多的标签、图号、图名等信息以及图纸的样式均需要人工修改，施工图纸需要二次修订等，所以面对这些情况均需要对图纸进行编辑。但对于一家企业而言，可事先定制好本单位的图纸，方便后期快速添加使用，提高工作效率。

1. 属性设置

在添加完图纸后，如果发现图纸尺寸不合要求，可通过选择该图纸，在"属性"框的下拉列表中可以修改成其他标题栏。如 A1 可替换为 A2。

在"属性"框中修改"图纸名称"为"一层平面图"，则图纸中的"图纸名称"一栏中自动添加"一层平面图"。其他的参数，如"审核者"、"设计者"与"审图员"等，修改了参数后会自动在图纸中修改。

选中放置于图纸中的视图，"属性"框中修改为"视口 有线条的标题"。修改"图纸上的标题"为"一层平面图"，则图纸视图中视口标题名称同时修改为"一层平面图"，如图 6-345 所示。

2. 图纸修订与版本控制

在项目设计阶段，难免会出现图纸修订的情况。通过 Revit 可记录和追踪各修订的位置、时间、修订执行者等信息，并将所修订的信息发布到图纸上。

单击"视图"选项卡→"图纸组合"面板→"修订"工具，在弹出的"图纸发布 / 修订"对话框中，如图 6-346 所示。单击右侧的"添加"按钮，可以添加一个新的修订信息。勾选序号 1 为已发布。

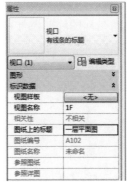

图 6-345

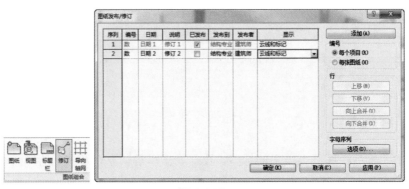

图 6-346

编号选择"每个项目"，则在项目中添加的"修订编号"是唯一的。而按"每张图纸"则编号会根据当前图纸上的修订顺序自动编号，完成后单击"确定"按钮。

打开"F1"楼层平面视图，单击"注释"选项卡→"详图"面板→"云线"工具，切换到"修改|创建云线批注草图"上下文选项卡，使用"绘制线"工具按图 6-347 所示绘制云线批注框选问题范围，完成后勾选"完成编辑"完成云线批注。

选中绘制的云线批注，在如图 6-348 所示的"选项栏"中只能选择"序列 2- 修订 2"，因为"序列 1- 修订 1"已勾选已发布，Revit 是不允许用户向已发布的修订中添加或删除云线标注。在"属性"框中，可以查看到"修订编号"为 2。

图 6-347　　　　　　　　图 6-348

在"项目浏览器"中打开图纸"A101- 未命名",则在一层平面图中绘制的云线标注同样添加在"A101- 未命名"图纸上。

打开"图纸发布 / 修订"对话框,通过调整"显示"属性可以指定各阶段修订是否显示云线或者标记等修订痕迹。在"显示"属性中选择"云线和标记",则绘制了云线后,会在平面图中显示。

### 6.15.3　图纸导出与打印

图纸布置完成后,目的是用于出图打印,可直接打印图纸视图,或将制定的视图或图纸导出成 CAD 格式,用于成果交换。

1. 打印

单击"应用程序菜单"按钮,在列表中选择"打印"选项,打开"打印"对话框,如图 6-349 所示。在"打印机"列表中选择打印所需的打印机名称。

在"打印范围"栏中可以设置要打印的视口或图纸,如果希望一次性打印多个视图和图纸,选择"所选视图 / 图纸"选项,单击下方的"选择"按钮,在弹出的"视图 / 图纸集"中,勾选所需打印的图纸或视图即可,如图 6-350 所示。单击确定,回到"打印"对话框。

在"选项"栏中进行打印设置后,即可单击"确定"开始打印。

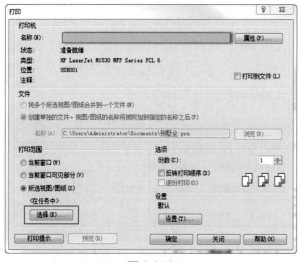
图 6-349

图 6-350

2. 导出 CAD 格式

Revit 中所有的平、立、剖面、三维图和图纸视图等都可导出成 DWG、DXF/DGN 等 CAD 格式图形,方便为使用 CAD 等工具的人员提供数据。虽然 Revit 不支持图层的概念,但可以设置各构件对象导出 DWG 时对应的图层,如图层、线型、颜色等均可自行设置。

单击"应用程序菜单"按钮→在列表中选择"导出"→"CAD 格式"→"DWG"。
在弹出的"DWG 导出"对话框中，如图 6-351 所示。

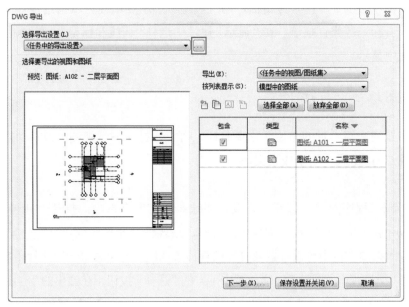

图 6-351

在"选出导出设置"栏中，单击"..."按钮，弹出"修改 DWG/DXF 导出设置"对话框，
如图 6-352 所示。在该对话框中可对导出 CAD 时需设置的图层、线型、填充图案、颜色、
字体、CAD 版本等进行设置。在"层"选项卡中，可指定各类对象类别以及其子类别的
投影、截面图形在 CAD 中显示的图层、颜色 ID。可在"根据标准加载图层"下拉列表
中加载图层映射标准文件。Revit 提供了 4 种国际图层映射标准。

图 6-352

设置完除"层"外的其他选项卡后，单击"确定"完成设置回到"DWG 导出"对话框。单击"下一步"转到"导出 CAD 格式 - 保存到目标文件夹"中，如图 6-353 所示。制定文件保存位置、文件格式和命名，单击"确定"按钮，即可将所选择的图纸导出成DWG 数据格式。如果希望导出的文件采用 AUTOCAD 外部参照模式，勾选"将图纸上的视图和链接作为外部参照导出"，此处不勾选。

外部参照模式，除了将每个图纸视图导出为独立的与图纸视图同名的 DWG 文件外，还可单独导出与图纸视图相关的视口为单独的 DWG 文件，并以外部参照文件的方式链接至图纸视图同名的 DWG 文件中。要打开 DWG 文件，则需打开与图纸视图同名的DWG 文件即可。

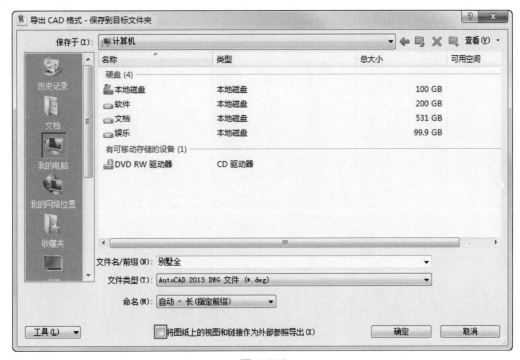

图 6-353

【提示】导出 CAD 的过程中，除了 DWG 格式文件，同步会生成与视图同名的 .pcp 文件。用于记录 DWG 图纸的状态和图层转换情况，可用记事本打开该文件。

除导出为 CAD 格式外，还可以将视图和模型分别导出为 2D 和 3D 的 DWF（Drawing Web Format）文件格式。DWF 是由 Autodesk 开发的一种开放、安全的文件格式，可以将丰富的设计数据高效地分给需要查看、评审或打印这些数据的任何人，相对较为安全、高效。其另外一个优点是：DWF 文件高度压缩，文件小，传递方便，不需安装Autocad 或 Revit 软件，只需安装免费的 Design Review 即可查看 2D 或 3D 的 DWF 文件。

## 6.15.4 小结

本节主要讲述了完成项目建模后，如何布图与打印最终的成果，至此已基本完成了小别墅从建模到生成施工图纸的全部内容，通过整个的 Revit 操作实践过程中，能理解各操作的意义与 Revit 设计理念，为此进一步的理解 Revit 设计的流程和管理模式。读者可自行寻找实际案例作为操作素材，通过具体实践操作提高 Revit 的应用能力。

# 第 7 章　BIM 技能等级考试题型练习

全国 BIM 一级考试考评内容包括工程绘图和 BIM 建模环境设置，BIM 参数化建模，BIM 属性定义与编辑，创建图纸以及模型文件管理，其中 BIM 参数化建模占的比重最大。本章节内容是根据此要求专门设置，分类解析了考试常见题型，其中部分题目源自于历年考试真题。

## 7.1　墙体

### 7.1.1　题型分析

墙体分为：一般墙体、复合墙、叠层墙、异形墙、幕墙。依次如图 7-1～图 7-5 所示。

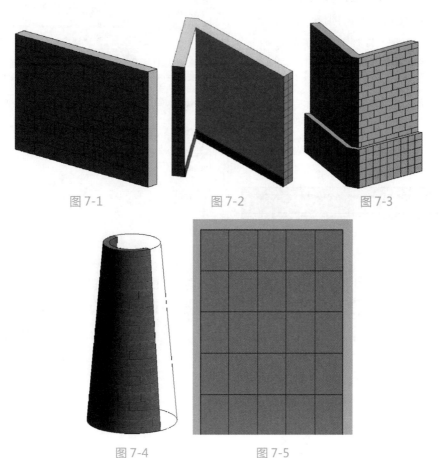

图 7-1　　　　　　　　　图 7-2　　　　　　　　　图 7-3

图 7-4　　　　　　　　图 7-5

　　墙属于系统族，即可以通过给定墙的结构参数生成三维墙体模型，在墙体绘制时需要综合考虑墙体的高度，构造做法，立面显示及墙身大样详图，图纸的粗略、精细程度的显示（各种视图比例的显示），内外墙体区别等。Revit 提供了基本墙、幕墙、叠层墙 3 种不同的墙族。幕墙为墙的一种类型，幕墙嵌板具备可自由定制的特性及嵌板样式同幕墙网格划分之间的自动维持边界约束的特点，使幕墙具有很好的应用拓展。

### 7.1.2　案例分析

　　【例题 1】建"带踢板复合墙"模型，各面层做法如图 7-6 所示，使用现有材质，提供"踢板轮廓"族。设置为包络；墙饰条使用踢板。

　　建模思路：充分提取题中信息，注意各面层厚度、包络设置，以及在"墙饰条"处添加踢板。

　　创建过程：

　　（1）在"建筑"选项卡中，单击"构建"面板下"墙（建筑墙）"按钮，选择"常规 -200mm- 实心"类型的墙，单击"编辑类型"，选中"复制"，重新定义一个"带踢板复合墙"如图 7-7 所示，进入"结

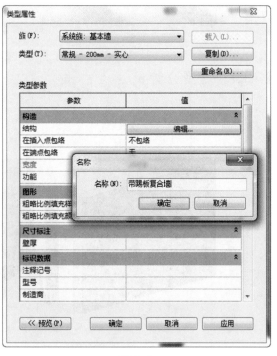

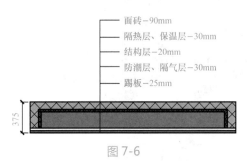

图 7-6　　　　　　　　　　　　图 7-7

构编辑"，插入新的结构层，使用"向上"或者"向下"的命令来确定面层的位置，在"默认包括"面板下面，分别单击"插入点"和"结束点"设置为"外部"包络，如图 7-8 所示。

　　【提示】1）包络：外面层（非核心层）在断开点处包住核心层，包络：▭，不包络：▬。

　　2）核心结构："核心边界"之间的功能层。

　　3）非核心结构："核心边界"之外的功能层。以"砖墙"为例，"砖"结构是墙的核心结构，而"砖"结构层之外的如抹灰、防水、保温等功能层为墙的"非核心结构"。

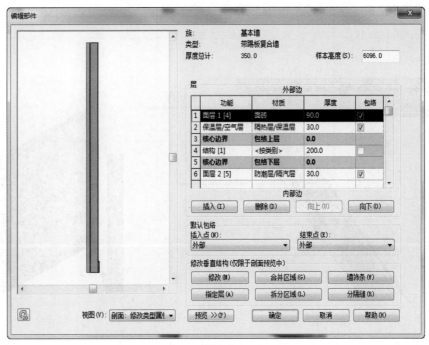

图 7-8

【提示】先载入要添加的"踢板轮廓"族，如图 7-9 所示。

（2）添加踢板：在图 7-8 中有"墙饰条"按钮，单击"载入轮廓"，进入添加"踢板轮廓"族。

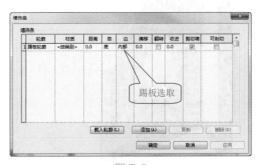

图 7-9

（3）墙转角：墙转角有三种方式，平接、斜接和方接。

选中要修改转角方式的墙体，单击"几何图形"的面板下"墙连接" 命令，在方形框内选中两个要连接的墙体，在选项栏 ⊙平接 ⊙斜接 ⊙方接 中勾选"方接"，结果如图 7-10、图 7-11 所示。

（4）墙体轮廓编辑：在墙体绘制结束之后，还可以对墙体轮廓进行编辑。选中要编辑的墙，然后在"修改"选项卡中选择"编辑轮廓"命令，对墙体轮廓可以自行编辑，完成后如图 7-12、图 7-13 所示。

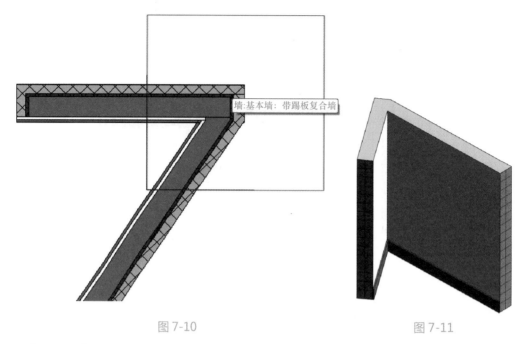

图 7-10                        图 7-11

【例题 2】建一个如图 7-14 所示尺寸的叠层墙模型，上部为"混凝土砌块 225mm"，下部为"带踢板复合墙"（固定高度为 1200mm）。

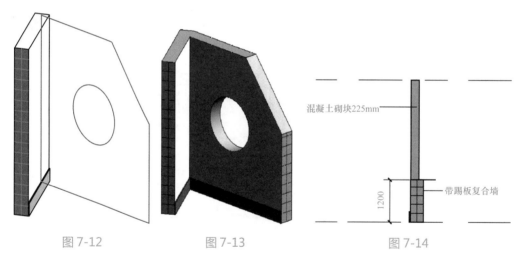

图 7-12                图 7-13                图 7-14

建模思路：叠层墙是一种由若干个子墙（基本墙类型）相互堆叠在一起而组成的主墙，可以沿墙的不同高度定义不同的墙厚、复合层和材质。

创建过程：

选择"建筑"选项卡，单击"构建"面板下的墙按钮，从类型选择器中选择"叠层墙"，单击"编辑类型"，进入"类型属性"对话框，复制后命名为"混凝土砌块叠层墙"，再单击"结构"面板下的"编辑"按钮，进入"编辑部件"对话框，设置上部为"混凝土砌块 225mm"，高度为"可变"，下部"带踢板复合墙"，高度 1200mm，如图 7-15 所示。

【提示】绘制时设置叠层墙内边对齐。

【例题3】根据所给出的幕墙的尺寸，建立一个幕墙模型，最终模型如图7-16所示（提供"幕墙嵌板 - 双开门"族）。

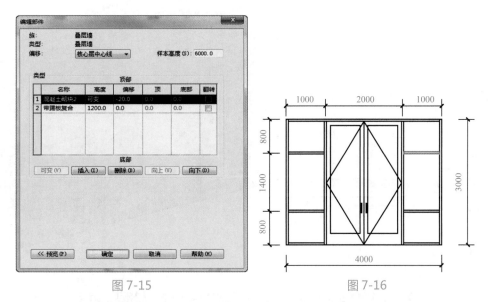

图7-15　　　　　　　　　　　　　图7-16

建模思路：幕墙由幕墙网格、幕墙嵌板、幕墙竖梃3部分组成，幕墙也属于墙的一种，幕墙默认有4种类型：店面、外部玻璃、幕墙和扶手。幕墙的竖梃样式、网格分割形式、嵌板样式及定位关系均可根据需要修改，此题中的双开门使用"幕墙嵌板 - 双开门"替代幕墙嵌板。

创建过程：

（1）选择"建筑"选项卡下"墙"命令，画一道 10m×4m 的基本墙。然后在"属性栏"中选择幕墙，打开"类型属性"对话框，在构造下拉栏中勾选"自动嵌入"如图7-17所示，在基本墙的基础上建立一个尺寸为4m×3m（长 × 高）的幕墙，如图7-18所示。

【提示】1）此处尺寸具体确定需要对临时尺寸进行修改。

2）自动嵌入：幕墙可自动嵌入到基本墙内。

（2）进入"建筑"选项卡，根据原图的尺寸对幕墙进行网格和竖梃的布置，单击"幕墙网格"命令，按照题目所给尺寸建立网格，结果如图7-19所示。

添加幕墙网格：删除中间段网格，将鼠标放置于网格附近，循环单击 Tab 键至选中网格（底部的状态栏会有提示），在屏幕正上方会出现 命令，单击鼠标删除选中删除的网格，完成后如图7-20所示。

添加竖梃：竖梃是添加在网格上，选择"建筑"选项卡下的"竖梃"命令，单击上述绘制的网格即可成功添加竖梃，如图 7-21 所示。

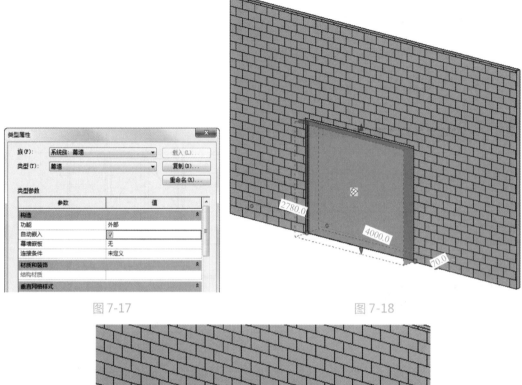

图 7-17　　　　　　　　　　　　　　　　　　　　　　　图 7-18

图 7-19

（3）将幕墙玻璃嵌板替换为门或窗：通过载入外部标准幕墙嵌板门窗族文件（已给定），先载入"幕墙嵌板 - 双开门"族文件，载入后用 Tab 键选中要替换的幕墙嵌板，注意查看左下角状态栏文字变化为 幕墙嵌板：系统嵌板：玻璃 表示选中幕墙嵌板，在"实例属性"中选择刚刚载入的"幕墙嵌板 - 双开门"族文件，如图 7-22 所示。最后的模型如图 7-23 所示。

【提示】将幕墙玻璃嵌板替换为门或窗，门窗必须使用幕墙嵌板门窗族来替换，与常规门窗不同。

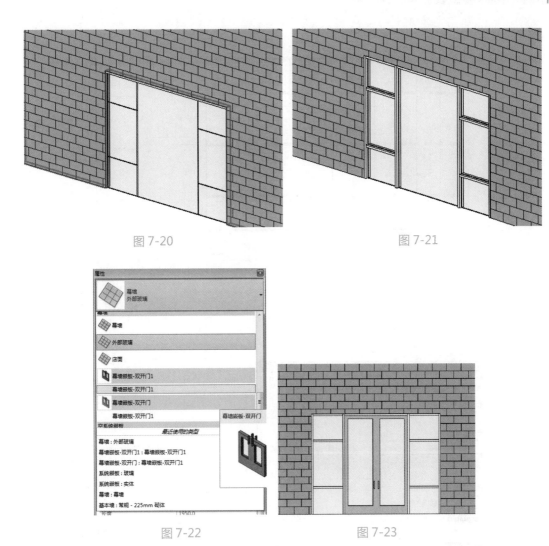

图 7-20　　　　　　　　　　　　　　　图 7-21

图 7-22　　　　　　　　　　图 7-23

【**例题 4**】（2012 年 BIM 第一期考试试题）根据图 7-24 所示给定的北立面和东立面，创建玻璃幕墙及其水平竖梃模型。请将模型文件以"幕墙 .rvt"为文件名保存到考生文件夹中。（20 分）

建模思路：设置幕墙网格绘制幕墙，修改幕墙网格使用"添加 / 删除网格线段"命令，竖梃尺寸为 50mm×150mm，注意正确选择竖梃尺寸。

创建过程：

（1）设置幕墙属性：进入 Revit，新建一个项目，进入默认的 1F 平面视图，单击"建筑"选项卡→"构建"面板→"墙"命令，选择幕墙，单击"编辑类型"设置幕墙属性，如图 7-25 所示（不勾选调整竖梃尺寸）。幕墙属性设置为底部限制条件 1F，无连接高度 8000，如图 7-26 所示，绘制幕墙宽为 10000。

（2）修改幕墙网格间距：选择需要修改间距的水平网格，解锁，单击蓝色的标注出现放大的框，修改尺寸，如图 7-27 所示的水平网格与边线的间距应该为 1600mm。

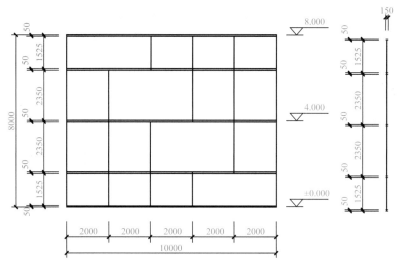

北立面图 1∶100　　　　　　　　东立面图 1∶100

图 7-24

图 7-25　　　　　　　　　　　图 7-26

（3）删除幕墙网格线段：选择需要删除线段的垂直网格线，单击"加 / 删除网格线段"，单击垂直网格上的线段，自动删除，完成后如图 7-28 所示。

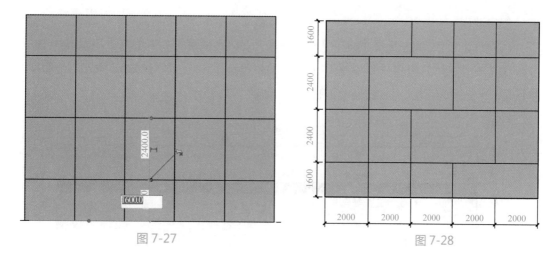

图 7-27　　　　　　　　　　　　　　图 7-28

（4）添加竖梃：单击"构建"面板"竖梃"命令，在"属性栏"中选择"矩形竖梃 50mm×50mm"规格的竖梃，单击横向的边框线及水平竖梃，添加竖梃。完成后标注尺寸，如图 7-29 所示。完成幕墙模型，将模型文件以"幕墙.rvt"为文件名保存到考生文件夹中。

【例题 5】（2013 年 BIM 第三期考试题目）如图 7-30 所示，新建项目文件，创建以下墙类型，并将其命名为"等级考试 - 外墙"。之后，以标高 1 到标高 2 为墙高，创建半径为 5000mm（以墙核心层内侧为基准）的圆形墙体。最终结果以"墙体"为文件名保存在考生文件夹中。（20 分）

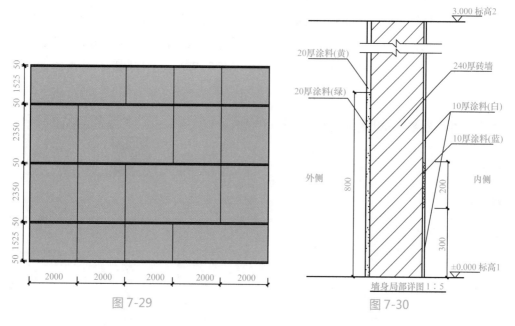

图 7-29　　　　　　　　　　　　　　图 7-30

建模思路：此题考察的是复合墙，通过修改垂直结构的方法将外饰面拆分，并运用"指定层"命令按要求将面层材质指定到拆分的区域，并且要求绘制圆形墙体，需要使用"圆心—端点弧"命令绘制。

创建过程：

（1）新建项目：单击建筑面板下"墙"选项，在"实例属性"下选择"基本墙 常规－240"复制命名为"等级考试—外墙"，单击"编辑类型"→"结构（编辑）"插入四个面层，将结构 [1] 修改为面层，再修改材质和厚度。如图 7-31 所示。

| 层 | | 外部边 | | | |
|---|---|---|---|---|---|
| | 功能 | 材质 | 厚度 | 包络 | 结构材质 |
| 1 | 面层 1 [4] | <按类别> | 0.0 | ☑ | ☐ |
| 2 | 面层 1 [4] | <按类别> | 20.0 | ☑ | ☐ |
| 3 | 核心边界 | 包络上层 | 0.0 | | |
| 4 | 结构 [1] | <按类别> | 240.0 | ☐ | ☑ |
| 5 | 核心边界 | 包络下层 | 0.0 | | |
| 6 | 面层 2 [5] | <按类别> | 10.0 | ☑ | ☐ |
| 7 | 面层 2 [5] | <按类别> | 0.0 | ☑ | ☐ |

图 7-31

（2）修改材质：单击面层 1[4] 的材质，弹出"材质浏览器"对话框，搜索"灰浆"单击灰浆材质库中的灰浆右侧的"将材质添加到文档"按钮 ⬆，则文档材质中出现灰浆，如图 7-32。右击"灰浆"进行复制重命名为"20 厚涂料（绿）"。单击"材质浏览器"右下方的"打开 / 关闭材质编辑器"按钮 ▣。

在弹出的"材质编辑器"对话框中，单击"资源"列表中的"外观"特性，右击"精细 -白色"外观将其复制出"精细 - 白色(1)"。需对其重命名则需在"外观 特性"列表下的"信息"修改其名称为"20 厚涂料（绿）"。同时在"常规"列表中将其颜色修改为绿色，图形修改为"删除图形"。回到"资源"列表中的"图形"特性，勾选"使用渲染外观"，则该材质在着色模式下的显示效果能和渲染模式下一致。设置好的"20 厚涂料（绿）"，如图 7-33 所示。其他三种材质在"20 厚涂料（绿）"基础上进行图形、外观的重命名与颜色修改。

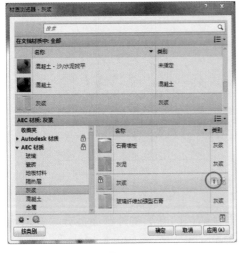

图 7-32

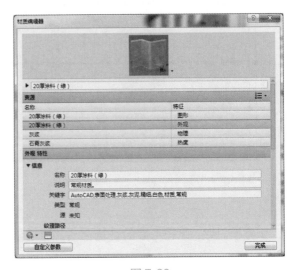

图 7-33

【提示】在新建一种材质后，如从"20 厚涂料（绿）"复制出的"20 厚涂料（黄）"，其继续使用的是"20 厚涂料（绿）"的外观，则需进行"外观"的复制才能实现修改的是"20 厚涂料（黄）"的外观，否则会直接替换"20 厚涂料（绿）"的外观。

对各面层的材质进行修改，完成后如图 7-34 所示。

| | 功能 | 材质 | 厚度 | 包络 | 结构材质 |
|---|---|---|---|---|---|
| 1 | 面层 1 [4] | 20厚涂料（黄） | 0.0 | ☑ | ☐ |
| 2 | 面层 1 [4] | 20厚涂料（绿） | 20.0 | ☑ | ☐ |
| 3 | 核心边界 | 包络上层 | 0.0 | | |
| 4 | 结构 [1] | <按类别> | 240.0 | ☐ | ☑ |
| 5 | 核心边界 | 包络下层 | 0.0 | | |
| 6 | 面层 2 [5] | 10厚涂料（白） | 10.0 | ☑ | ☐ |
| 7 | 面层 2 [5] | 10厚涂料（蓝） | 0.0 | ☑ | ☐ |

图 7-34

（3）拆分区域：单击"编辑"下的"拆分区域"命令在预览选项卡下按要求在面层拆分涂料层。如图 7-35 所示。完成后选择"20 厚涂料（黄）"，单击"指定层"，在剖面预览视图中单击选择 800mm 上方的面层，再单击"修改"命令，则上层面层修改为"20 厚涂料（黄）"。同样方法修改右侧面层。完成后如图 7-36 所示。

（4）绘制墙体：到平面图里按要求绘制 3m 高的圆形墙体，设置高程，完成后如图 7-37 所示，最后将模型以"墙体"为文件名保存在考生文件夹中。

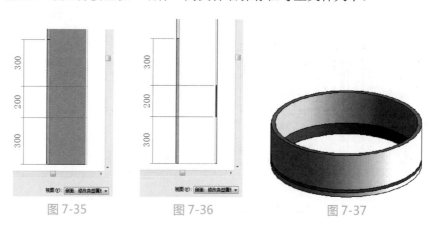

图 7-35　　　　图 7-36　　　　图 7-37

## 7.1.3　小结

本章开始使用 Revit 建立项目模型中最基础的模型——墙，墙是 Revit 最灵活的建筑构件，其结构构造及材质都可以通过直接给定参数生成三维墙体模型。通过完成以上复合墙、叠层墙和幕墙的设计，学习该软件中墙体的绘制、编辑、修改方法。在定义各墙类型时，合理命名各族类型时更好地管理建筑信息模型的前提基础。

➢ 创建叠层墙的时候注意第一层的高度不能超过墙的总高度，否则发生错误。

➢ 墙只能附着在楼板、屋顶上，无法附着在坡道或楼梯边缘。

➢ 绘制弧形幕墙方法是一样的，但是需要想设置幕墙网格才能绘制。

# 7.2 族（门窗、家具）

## 7.2.1 题型分析

Revit 里门窗族按种类分为单开门单开窗、双开门双开窗、推拉门推拉窗、门联窗、转角窗、百叶窗等，初级考试中制作门窗的族一般会伴随绘制小型建筑的综合题目出现。绘制时注意题目所给的标记尺寸，使用系统给的公制门，公制窗族样板文件利用放样、拉伸、融合、放样融合等方法进行绘制。绘制时通常要借助参照平面作为参照。因此理解图形各个方向的尺寸很关键。

常用家具包括柜子、床、凳子、椅子、桌子、橱柜等。使用相应的族样板，与门窗的绘制方法相同。

## 7.2.2 门窗案例分析

【例题 1】创建双开木门，含门框架、门嵌板、玻璃、门把手（直径 30mm）。双开木门具体尺寸如图 7-38 所示。

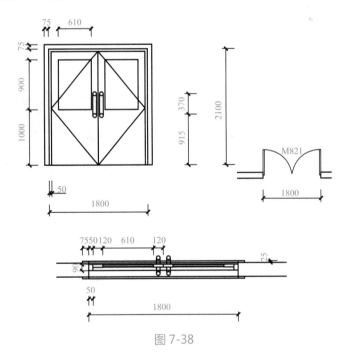

图 7-38

建模思路：门是由门框架、门嵌板、玻璃、门把手等构件组成，一般使用公制门族样板文件进行创建，但此门比较规则，使用放样和拉伸绘制即可，同时注意要绘制门的平立面开启线。

创建过程：

（1）选择族样板：在应用程序菜单中选择"新建"→"族"命令，弹出"新族 - 选择样板文件"对话框，选择"公制门 .rft"文件，如图 7-39 所示，单击"打开"按钮，进入族编辑器模型，如图 7-40 所示。

图 7-39

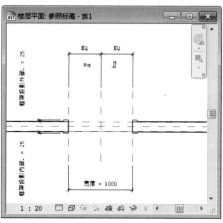

图 7-40

【提示】".rft"：族样板文件，相同类别的多个对象族可以以此为模板进行创建族文件。".rfa"：族文件，为独立格式，可以直接载入项目中。

（2）绘制平、立面开启线：单击"项目浏览器"中的楼层平面视图，分别进入参照标高视图和外部立面视图，然后单击"创建"选项卡下"基准"面板中的"参照平面"按钮，绘制参照平面如图 7-41 和图 7-42 所示。

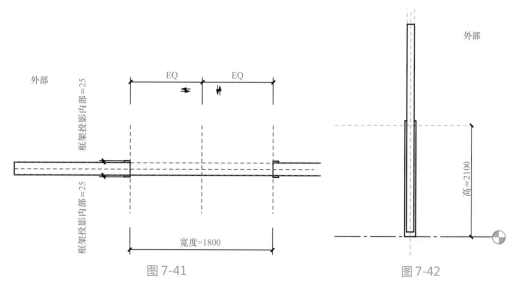

图 7-41

图 7-42

单击"注释"选项卡下"详图"面板中的"符号线"按钮，在子类别面板中选择"平面打开方向 [ 投影 ]"如图 7-43 所示，然后单击"绘制"面板中的 ▭ 按钮和 ⌒ 按钮来绘制门平面开启线的圆弧部分，如图 7-44 所示。用同样方法进入外部立面视图绘制立面开启线，如图 7-45 所示。

图 7-43

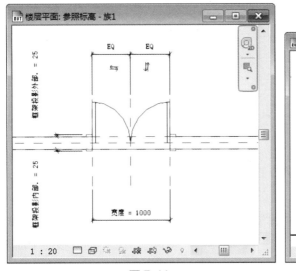

图 7-44

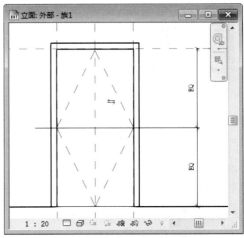

图 7-45

（3）创建实心拉伸：单击项目浏览器中的视图，进入外部立面视图，然后单击"创建"选项卡下"形状"面板中的"拉伸"命令，单击"绘制"面板中的 ▭ 按钮沿下列尺寸绘制大小 2 个矩形框，如图 7-46 所示。完成后单击 ✔ 命令，如图 7-47 所示。

（4）创建门玻璃：单击项目浏览器中的视图，进入外部立面视图，单击"创建"选项卡下"形状"面板中的"拉伸"按钮，绘制如图 7-48 所示的矩形框，然后单击 ✔ 确定，如图 7-49 所示。

（5）为门板和玻璃添加材料参数：选中门板，在界面左边的"属性"对话框中。单击材质，"按类别"，出现关联族参数对话框如图 7-50 所示。

选择"添加参数"为门添加一个名称为"门板材料"的材质参数如图 7-51 所示，单击"确定"完成添加。使用同样的方法为门玻璃添加材质参数。

【提示】1）类型参数：将出现在"类型属性"对话框内，如门窗的宽、高和材质等。

2）实例参数：将出现在"图元属性"对话框内。

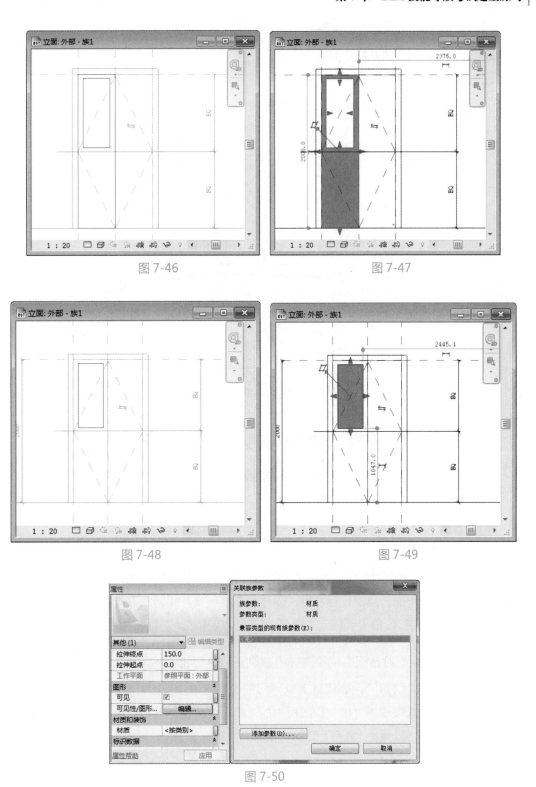

图 7-46　　　　　　　　　　　　图 7-47

图 7-48　　　　　　　　　　　　图 7-49

图 7-50

点击"修改"选项卡下的族类型选项，在"族类型"对话框中点击门板材料对应的值，对话框如图 7-52 所示，在弹出的对话框内选择材质预设门板和玻璃的材质如图 7-53 所示。

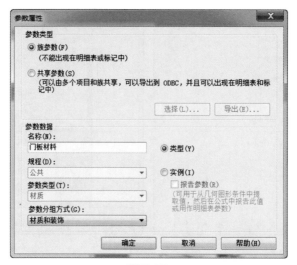

图 7-51

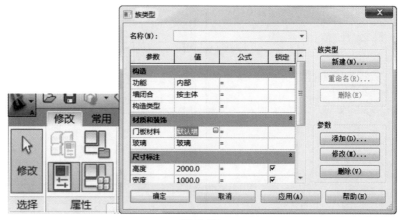

图 7-52

同时，选中左边的门板和玻璃，然后使用"修改"选项卡下的"镜像"命令（MM）选择前后中间参照平面，点击鼠标左键，创建与左扇门属性相同的右扇门如图 7-54 所示。

（6）载入门把手族：单击"插入"选项卡下"从库中载入"面板中的"载入族"命令，即 ，在"载入族"对话框中依次选择"建筑→门→门构件→拉手→立式长拉手 3"如图 7-55 所示，单击"打开"，关闭对话框。门把手的三维示意图，如图 7-56 所示。

选择"创建"选项卡下"模型"面板中的"构件"按钮，其放置位置如图 7-57 所示。

选中拉手，在"属性栏"选择"编辑类型"，将托板厚度改为 40mm，如图 7-58 所示，然后单击确定，拉手创建完成。

如图 7-59 所示为双开木门（分别为无门框、有门框、嵌入墙后的门）三维效果图。了解门窗的构建很重要，请读者自行练习。

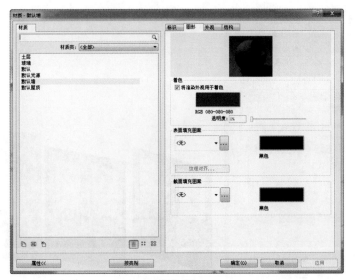

图 7-53

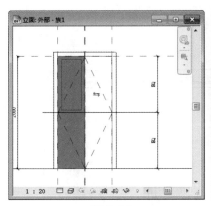

图 7-54

图 7-55

图 7-56

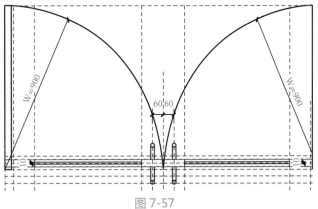

图 7-57

<table>
<tr><td>图 7-58</td><td>图 7-59</td></tr>
</table>

【**例题 2**】创建铝合金双扇推拉窗，窗扇的厚度为 30mm，玻璃厚度为 10mm，具体尺寸如图 7-60 所示。

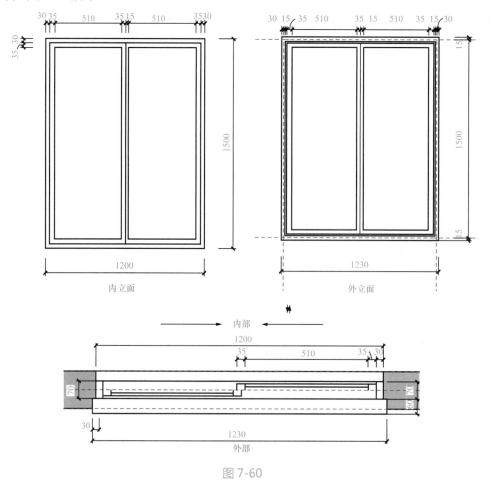

图 7-60

建模思路：双扇推拉窗包括窗框，窗扇以及玻璃，需要注意的是两个窗扇是交叉放置的，在侧面定位是要注意区分，采用放样、拉伸方法进行绘制与门族的创建基本相同。

创建过程：

（1）选择族样板：在应用程序菜单中选择"新建"→"族"命令，弹出"新族 - 选择样板文件"对话框，如图 7-61 所示，选择"公制窗 .rft"文件，单击"打开"按钮，进入族编辑器界面。

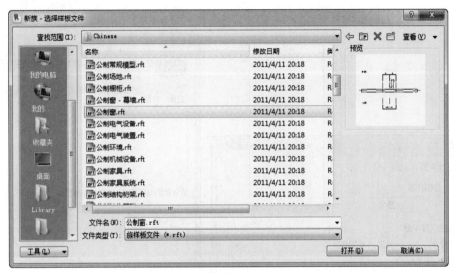

图 7-61

（2）设置工作平面：在此之前，先选择已有的尺寸标注"宽度 =1000"，将洞口宽度改为 1200mm，如图 7-62 所示。除此之外，也可通过"修改"选项卡下"属性"面板中的"族类型"命令将宽度改为 1200mm。

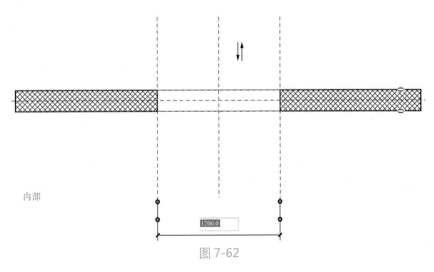

图 7-62

在族编辑器模型中单击选中基本墙，在类型属性中将墙体厚改为 150mm（具体操作流程参见 7.1 节墙体部分，在此不再详述）。

单击"创建"选项卡下"工作平面"面板中的"设置"按钮，在弹出的"工作平面"对话框中选择"拾取一个平面"按钮，如图 7-63 所示，单击"确定"按钮，然后在图中点击墙体边线，在弹出的"转到视图"对话框中选择"立面：内部"，单击"打开视图"按钮进入内部立面视图，如图 7-64 所示。

【提示】除设置工作平面外，亦可直接选择项目浏览器中的视图，进入内部立面视图。

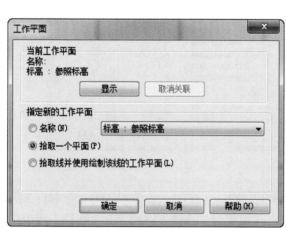

图 7-63             图 7-64

（3）创建实心放样：选择"创建"选项卡下"形状"面板中的"放样"命令，选择"绘制路径"，单击"绘制"面板中的"拾取线" 按钮，并在"选项栏"里"偏移量"设置为 30，绘制下面的矩形框如图 7-65 所示，将窗框三边进行锁定（否则洞口发生尺寸变化时窗框架尺寸不会随之改变）。

绘制结束后单击完成命令 ，在放样栏中选择"编辑轮廓"，在弹出的"转到视图"中打开右立面视图，如图 7-66 所示。

然后绘制长 35mm、宽 35mm 的窗框如图 7-67 所示，单击"完成"命令 ，左侧窗框绘制完成。用相同方法绘制右侧窗框，如图 7-68 所示。完成后如图 7-69 所示。

重复上列"放样"命令，完成对内框架和外框架的绘制，如图 7-70 所示。

（4）创建玻璃：选择项目浏览器中的视图，进入参照标高视图，单击"创建"选项卡下"形状"面板中的"拉伸"按钮，绘制如下图所示两个矩形框，然后单击"完成"

命令 ✔，如图 7-71 所示。

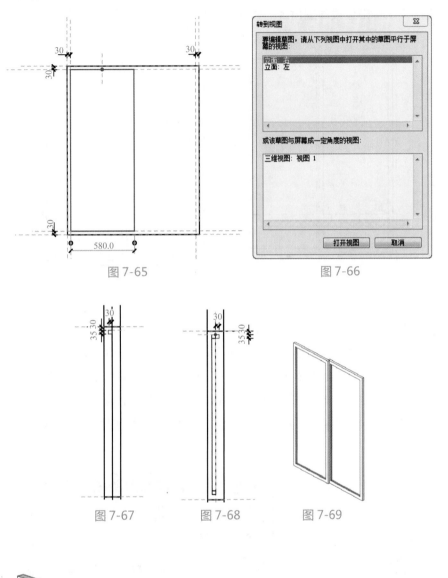

图 7-65　　　　　　　　　　　　图 7-66

图 7-67　　　　　图 7-68　　　　　图 7-69

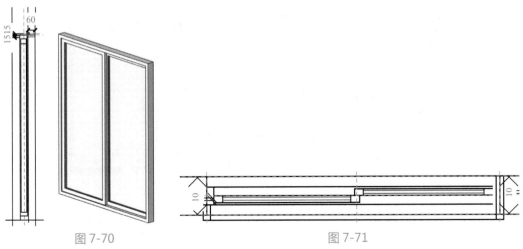

图 7-70　　　　　　　　　　　图 7-71

进入项目浏览器转到立面：内部视图，将上述所绘拉伸的底部和顶部边线拖曳到窗框内边线，依次单击边线周围出现的"锁形"标志，将边线锁定，如图 7-72 所示。

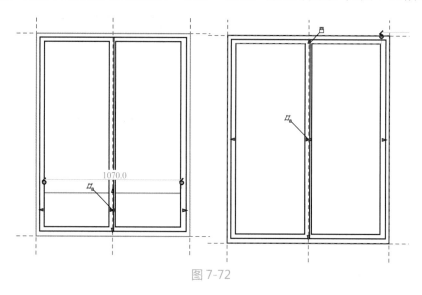

图 7-72

（5）设置窗户材质：在三维视图中选中铝合金窗框结构，单击"属性"里的"材质和装饰"栏最右边的按钮▯按钮如图 7-73 所示，添加关联族参数→铝合金窗框，点击"确定"，如图 7-74 所示。单击"修改"选项卡下"属性"面板中的"族类型"命令，如图 7-75所示，点击铝合金窗框后的按钮▭，打开"材质"对话框，对材质和装饰的值进行更改，分别在"图形"栏中勾选"将渲染外观用于着色"，在"外观"栏中选择材质"铝"，如图 7-76所示。

图 7-73　　　　　　　　　　　　　图 7-74

至此，铝合金双扇推拉窗族创建完成，如图 7-77 所示，读者可多加练习来熟悉窗族的创建。

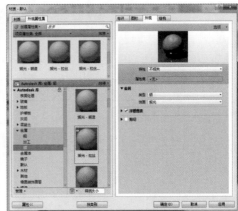

图 7-75　　　　　　　　　　　　　　图 7-76

【例题 3】（2012 年 BIM 第一期考试题目）请用基于墙的公制常规模型族模板，创建符合下列图纸要求的窗族，如图 7-78 所示，各尺寸通过参数控制。该窗窗框断面尺寸为 60mm×60mm，窗扇边框断面尺寸为 40mm×40mm，玻璃厚度为 6mm，墙、窗框、窗扇边框、玻璃全部中心对齐，并创建窗的平、立面表达。请将模型文件以"双扇窗 .rfa"为文件名保存到考生文件夹中。

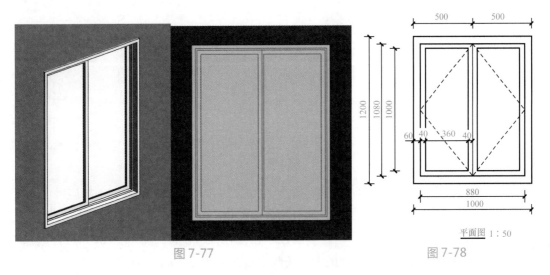

图 7-77　　　　　　　　　　　　　　图 7-78

建模思路：此为双开窗，属于规则对称型的，使用放样和拉伸绘制就可以，并结合"镜像"命令提高效率，同时注意要绘制窗的立面开启线。

创建过程：

（1）选择族样板：在应用程序菜单中选择"新建"→"族"命令，弹出"新族 - 选择样板文件"对话框，选择"公制窗 .rft"，单击"打开"按钮，进入族编辑器模型，如图 7-79 所示。

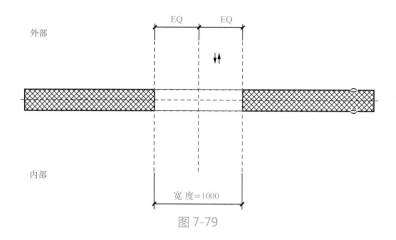

图 7-79

（2）绘制立面开启线：单击"项目浏览器"中的"楼层平面"视图，进入参照标高视图和外部立面视图，绘制参照平面如图 7-80 所示。

单击"注释"选项卡下"详图"面板中的"符号线"按钮，在子类别面板中选择"立面打开方向 [ 投影 ]"，然后绘制窗立面开启线，如图 7-81 所示。

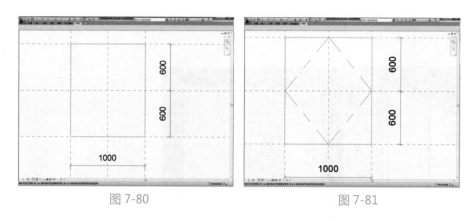

图 7-80                          图 7-81

（3）实心拉伸：单击"项目浏览器"中的"视图"，进入外部立面视图，然后单击"创建"选项卡下"形状"面板中的"拉伸"命令，单击"绘制"面板中的 ▭ 按钮沿下列尺寸绘制矩形框，如图 7-82 所示，在"属性"栏中设置"拉伸终点"为 30"拉伸起点"为－ 30，完成后单击 ✔ 。以同样的方法绘制窗扇框，如图 7-83 所示。

（4）创建窗玻璃：在外部立面视图，单击"拉伸"按钮，绘制矩形框，"属性"栏设置"拉伸起点"为－ 3，"拉伸终点"为 3，单击"材质"边上的按钮，添加透明玻璃，如图 7-84 所示，然后单击 ✔ 确定，如图 7-85 所示。

完成后选择窗框、窗扇及玻璃，单击"镜像"命令选择中线为轴线将左边的窗扇等复制到右边，如图 7-86 所示。完成后将模型文件以"双扇窗 .rfa"为文件名保存到考生文件夹中。

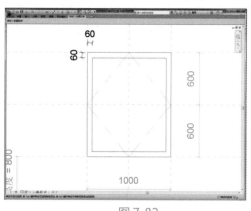

图 7-82

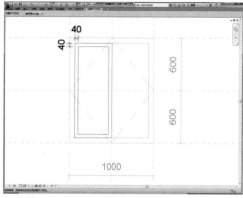

图 7-83

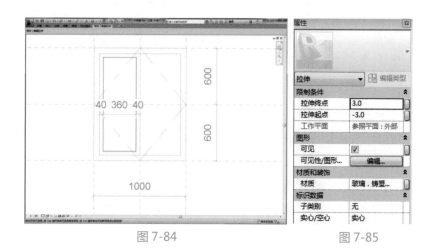

图 7-84

图 7-85

【例题 4】（2013 年 BIM 第二期考试题目）根据给定的尺寸标注建立"百叶窗"构建集。

（1）按图 7-87 所示的尺寸建立模型。（10 分）

（2）所有参数采用图中参数名字命名，设置为类型参数，扇叶个数可以通过参数控制，并对窗框和百叶窗百叶赋予合适材质，请将模型文件以"百叶窗"为文件名保存到考生文件夹中。（8 分）

（3）将完成的"百叶窗"载入项目中，插入任意墙面中示意。（2 分）

建模思路：百叶窗与其他窗在结构上有些不同，窗扇叶比较多，且题目要求对窗扇叶的个数进行控制，以及对尺寸添加参数，需要使用"标签"添加类型参数。

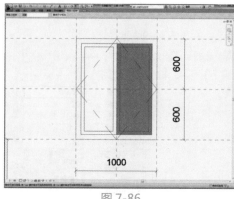

图 7-86

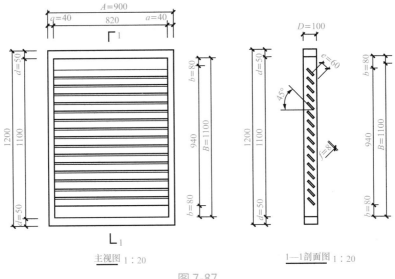

主视图 1：20　　　　　1—1 剖面图 1：20

图 7-87

创建过程：

（1）选择族样板：在"应用程序菜单"中选择"新建"→"族"命令，选择"公制窗 .rft"
文件，单击"打开"按钮，进入族编辑器模型，如图 7-88 所示，此时进入的是默认的参
照平面。

（2）绘制窗框：进入前立面图，在"创建"面板单击"拉伸"命令，在"属性"
栏设置"拉伸终点"为 100，如图 7-89 所示，使用直线绘制如图 7-90 所示尺寸的窗框，
单击 ✔ 完成绘制窗框。

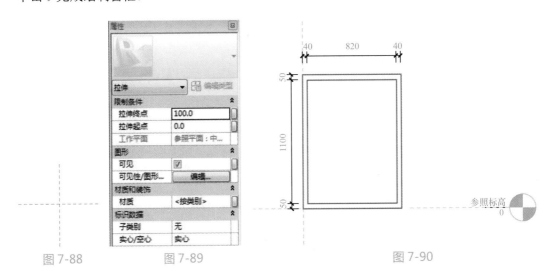

图 7-88　　　　　　图 7-89　　　　　　　　　图 7-90

（3）绘制扇叶：进入右立面图，绘制 45°参照平面，如图 7-91 所示，单击"创建"
面板"拉伸"命令，绘制第一个扇叶如图 7-92 所示，单击完成。"拉伸终点"设置为
820。

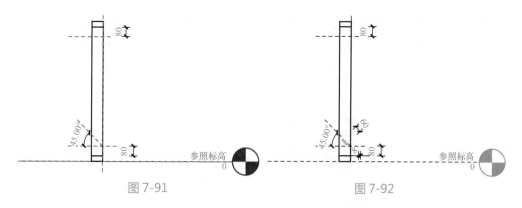

图 7-91　　　　　　　　　　　图 7-92

（4）阵列扇叶：选中创建好的扇叶，单击"阵列"命令，在"选项栏"中设置如图 7-93 所示，项目数为 16，移动到"最后一个"选择第一个扇叶的最右上角的顶点向上移动到参照线单击，则自动创建了 16 个扇叶，如图 7-94 所示。

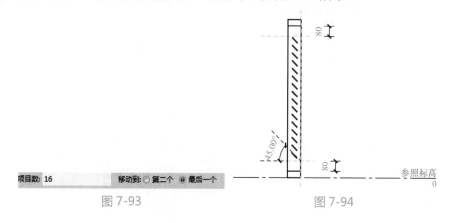

图 7-93　　　　　　　　　　　图 7-94

（5）设置类型参数：单击一个扇叶，边上出现一个注为 16 的标注，单击那根蓝色的线，在"选项栏"中出现标签，单击下拉按钮添加参数命令弹出"参数属性"对话框，如图 7-95 所示，设置名称为"扇叶个数"，点选"类型"，如图 7-96 所示，则当此族载入到项目中时，扇叶个数可以通过参数控制。

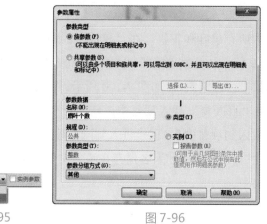

图 7-95　　　　　　　　　　　图 7-96

（6）添加其他类型参数：进入右立面先对每个尺寸进行标注，单击尺寸如窗框厚尺寸，在"选项栏"中单击"添加参数"，在参数属性度化框中设置如图 7-97 所示。其他尺寸方法一样，分别在右立面和前立面建立类型参数，如图 7-98 所示。

图 7-97

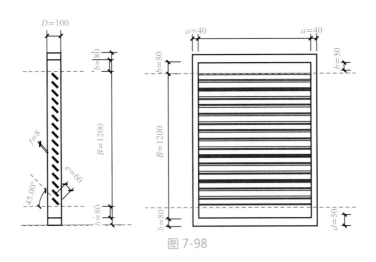

图 7-98

（7）分别选中所有扇叶和窗框，在"属性"栏中单击"材质"中"按类别"边上的按钮，如图 7-99 所示，分别对窗框、扇叶添加材质，弹出材质浏览器和材质编辑器，选择合适的材质如"白色塑料"，如图 7-100 所示。完成后单击两次确定。

（8）演示：将"百叶窗"载入项目中，新建一个项目，绘制一面墙，回到百叶窗族视图中，单击"载入到项目中"，直接进入到刚创建的项目中，放置百叶窗，如图 7-101 所示，最后将模型以"百叶窗 .rft"为名保存在考生文件夹中，演示项目命名为"百叶窗 .rvt"保存到考生文件夹中。

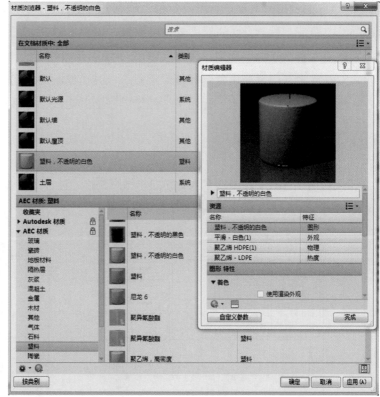

图 7-99　　　　　　　　　　　　　　　图 7-100

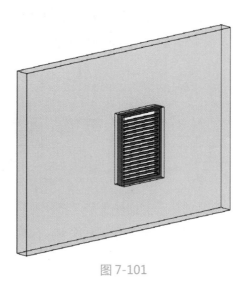

图 7-101

## 7.2.3　门窗小结

门板和窗都是形状比较规则的，都是通过实心拉伸来创建的，值得一提的是，在给窗定位的时候可以利用"设置"里的"拾取一个参照平面"后，再通过"拉伸起点"和

"拉伸终点"的设定来对窗位置准确定位。绘制的时候注意：一方面要锁定高宽以方便以后在项目中调节，另一方面注意不要过度约束，以免出错。

　➤ 多应用参照平面、锁定、等分（EQ）等编辑手段绘制。

　➤ 双开或多开门窗应用复制和镜像手段可以减少绘制的时间。

　➤ 绘制的时候注意在水平面用模型线绘制平面开启线，并添加翻转控件。

## 7.2.4　家具案例分析

【例题 5】根据图 7-102 所示给定的投影尺寸，创建办公桌模型。请将模型文件以"办公桌 .rvt"为文件名保存到考生文件夹中。

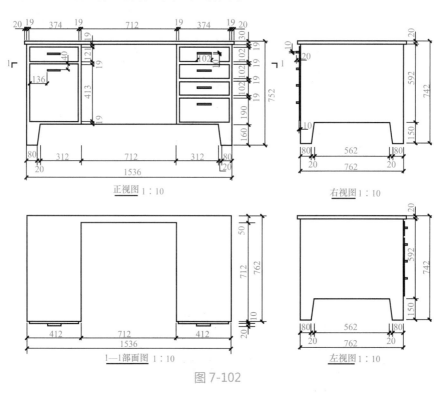

图 7-102

建模思路：相对门窗，家具的构造会比较复杂，充分提取图中信息，特别注意哪些尺寸需要绘制参照平面，以一定的顺序分构件进行绘制，同样使用给定的公制家具族样板文件进行绘制，更多的还是使用拉伸和放样命令。

创建流程：

（1）绘制参照平面：根据题意，桌脚高度 150mm，桌体高度 592mm，桌面厚度 30mm，桌子左右是对称的 2 个箱体宽均为 412mm，相距 712mm。点击左上角应用程序菜单，新建→族，在打开的对话框中选择"公制家具"确定。点击项目浏览器进入右立面，分别绘制桌脚、桌体、桌面的水平面参照平面，在右立面从下往上绘制相距分别为 150mm，592mm，30mm 的参照平面，如图 7-103 所示，以及桌体、抽屉平面的竖向参照平面，进入前立面，从左到右按照尺寸绘制分别相距 412mm，356mm，356mm，412mm 的 5 个参照平面，如图 7-103 所示，绘制中间参照平面是为了对称的部分使用镜像命令的时候方便。进入参照标高平面如图 7-104 所示。

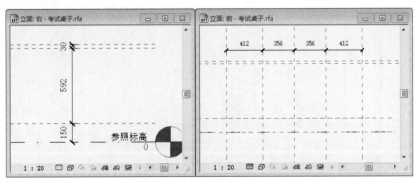

图 7-103

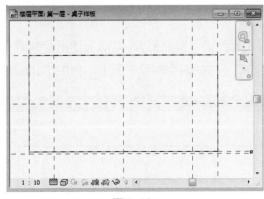

图 7-104

（2）绘制桌脚：进入参照标高平面，使用"创建"选项卡下的"融合"命令，如图 7-105 所示，绘制边为 80mm 的正方形（桌脚底部），如图 7-106 所示，单击"编辑顶部"命令，再绘制边长为 100mm 的正方形（桌脚顶部），点击确认。

【提示】拉伸：在一个平面内绘制形

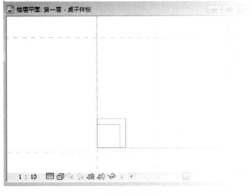

图 7-105　　　　　　　　　　　　图 7-106

状，创建实心形状则沿垂直平面的方向拉伸形成实体。放样：需要绘制路径和轮廓形状，轮廓沿着路径生成实体。融合：需要在两个不同标高的平面内绘制两个不同的形状，两形状融合生成实体。旋转：在同一平面内绘制轴线和形状，形状沿着轴线旋转形成实体，如图 7-107 所示。

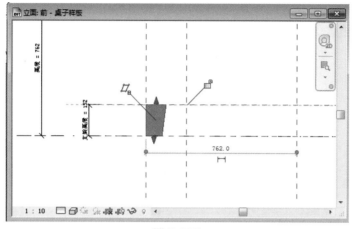

图 7-107

进入任意一个立面（此处进入前立面），拖动上述所绘制融合的顶部和底部，将融合的底部和顶部分别锁定到下方的两个参照平面上，如图 7-108 所示。

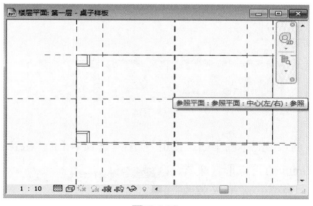

图 7-108

进入参照标高平面选中刚才绘制的融合，用镜像命令（快捷键 MM）借助参照平面将桌子的四个脚绘制出来，如图 7-109 所示。

（3）绘制桌子主体：进入 F1 楼层平面，使用"创建"选项卡下的"拉伸"命令，按照题中剖面图绘制下图轮廓，如图 7-110 所示。

进入前立面，通过单击轮廓线附近的"锁形"标志，将桌子主体的底部与顶部锁定在参照平面上，如图 7-111 所示。

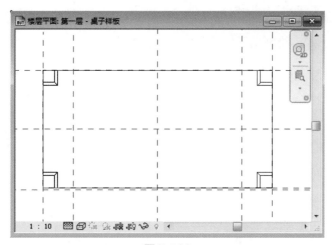

图 7-109

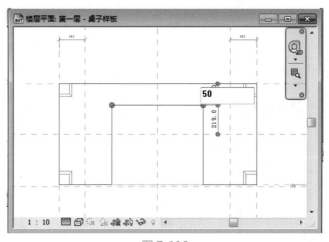

图 7-110

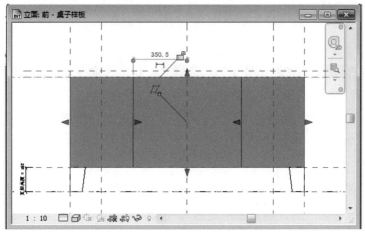

图 7-111

（4）绘制抽屉：进入前立面，选择"拉伸"命令，在"修改 | 创建拉伸"选项卡中单击选择拾取线命令 ，绘制桌子的抽屉如图 7-112 所示。

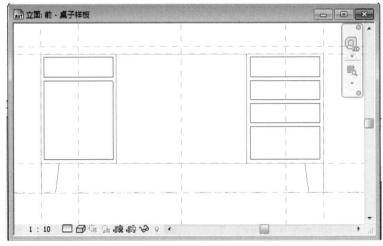

图 7-112

进入右立面，将所绘制的"抽屉拉伸"锁定在参照平面上，如图 7-113 所示。

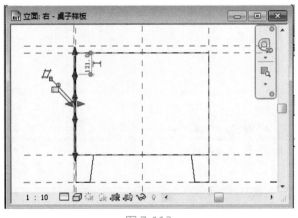

图 7-113

（5）绘制把手：进入参照标高平面，选择"创建"选项卡下的"放样"命令，选择绘制路径，按抽屉把手的形状绘制路径，如图 7-114 所示。

进入前立面，点击"编辑轮廓"绘制把手的放样轮廓，如图 7-115 所示，然后点击绿色勾"√"，完成放样的编辑，如图 7-116 所示。可使用相同的方法绘制桌子另一边的把手。

（6）绘制桌面：进入参照标高平面，先绘制好轮廓，再使用拉伸绘制桌面，如图 7-117 所示，进入立面，将桌面的底部与顶部锁定在参照平面上，如图 7-118 所示，完成桌子的绘制如图 7-119 所示。

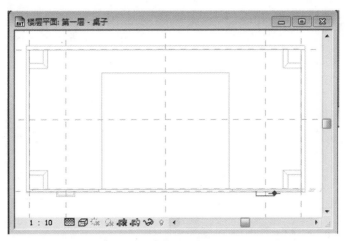

图 7-114

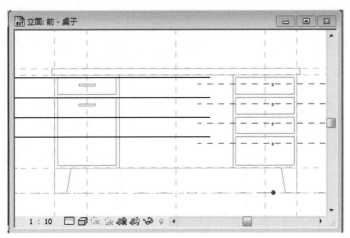

图 7-115

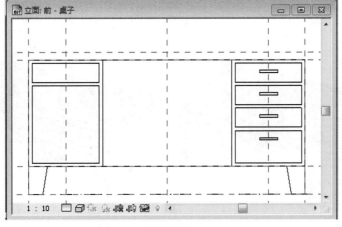

图 7-116

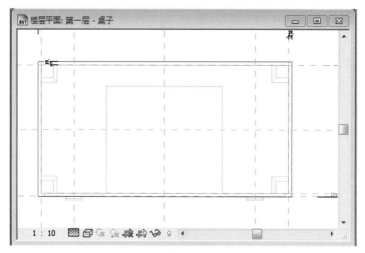

图 7-117

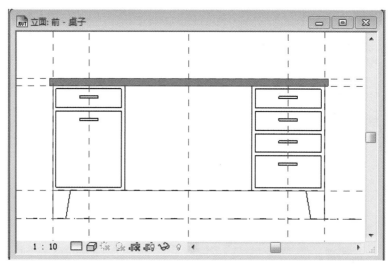

图 7-118

图 7-119

### 7.2.5　家具小结

族是一个包含通用属性（称作参数）集和相关图形表示的图元组。属于一个族的不同图元的部分或全部参数可能有不同的值，但是参数（其名称与含义）的集合是相同的。族中的这些变体称作族类型或类型。

> 多应用参照平面、锁定、等分（EQ）等编辑手段绘制。

> 双开或多开门窗应用复制和镜像手段可以减少绘制的时间。

> 绘制的时候注意在水平面用模型线绘制平面开启线，并添加翻转控件。

> 绘制族的方式和体量很相似，也是靠各个实心图形和空心图形相互组合、切割而成。

> "家具"类别包含可用于创建不同家具（如桌子、椅子和橱柜）的族和族类型。

> 给绘制的族添加参数的时候注意不要过分约束图元，以免发生错误。

> 多利用参照平面，镜像，阵列，多重复制等手段可以提升工作效率。

# 7.3　楼梯

### 7.3.1　题型分析

利用 Revit 中的"楼梯"工具，可以添加项目所要求的各种楼梯。在 Revit 软件中，楼梯包含楼梯和扶手两部分。在绘制楼梯的过程中，系统会沿楼梯自动设置指定类型的扶手。扶手是由"扶栏结构"和"栏杆"两部分组成，用户可以自行指定扶手各部分的族类型和其他参数，创建出符合要求的扶手类型。

Revit 软件可通过定义楼梯梯段或绘制踢面线和边界线，在平面视图中创建楼梯。可以定义直跑梯、双跑楼梯、带平台的 L 形楼梯、U 形楼梯（图 7-120）和螺旋楼梯等。也可以通过"修改草图"来改变楼梯的外边界，踢面和梯段会相应更新。Revit 还可以自动生成楼梯的扶手。在多层建筑物中，可以只设计一组楼梯，然后为其他楼层创建相同的楼梯，在楼梯"属性"中定义最高标高。绘制草图前需要计算楼梯的主要参数，利用

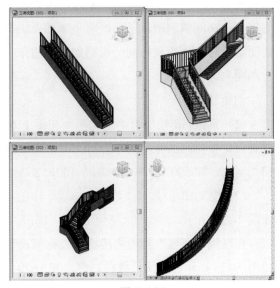

图 7-120

参照平面进行绘制可以节省工作量。

### 7.3.2 案例分析

【**例题 1**】按照给出的双跑楼梯平、立面图,创建楼梯模型,结果以"双跑楼梯.rvt"为文件名保存在考生文件夹中。台阶、扶手、栏杆以及休息平台按图中给出的尺寸建模。其他建模所需尺寸可参考平、立面,如图 7-121 所示。

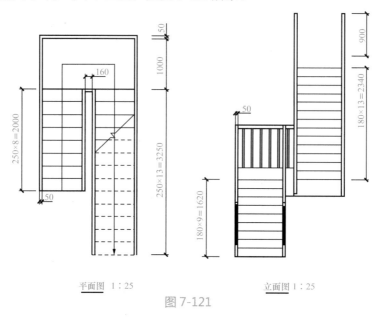

平面图 1：25                                    立面图 1：25

图 7-121

建模思路:根据题意,要求绘制一个踏面宽度为 1000mm,高度为 1620mm + 2340mm。梯井为 160mm,梯边梁厚度及扶手栏杆宽度为 50mm 的 U 字型楼梯。楼梯前缘长度为 0,由平面图与立面图对比可以看出,左边楼梯踏面数量比踢面数量少 1,说明第一级梯面被删除,于是要将"属性"中的"开始于梯面"选项勾选。同理,右边的踢面数量与踏面数量相同,说明题目未将最后一级踏面删除,所以要将属性中的"结束于踢面"选项去掉。

创建过程:

(1)定位:在楼层平面绘制两个相距 1260mm 的参照平面,如图 7-122 所示(提示:此处假定楼梯踏面宽度为 1000mm,参照平面的距离为半个踏面宽 ×2 + 梯边梁 ×2 + 梯井宽度,即 500×2 + 50×2 + 160=1260mm)。

(2)绘制梯段:选择"建筑"选项卡中的"楼梯"下拉三角形中的"楼梯(按草图)",如图 7-123 所示,默认的绘制方式为"梯段",如图 7-124 所示。

在左侧"属性"栏中将楼梯"底部标高"设置为 1F,"顶部偏移"设置为 3960mm,如图 7-125 所示(即两段楼梯高度之和 1620 + 2340=3960mm),"宽度"改成 1000,"所需踢面数"改成 22,单击"编辑类型",勾选"开始于踏面",如图 7-126 所示。

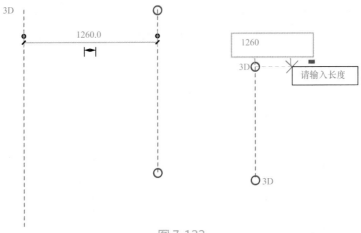

图 7-122

图 7-123

图 7-124

图 7-125　　　　　　　图 7-126

　　然后在上述所绘制的左边参照平面上向上开始绘制第一段踢面数为 9（随着鼠标向上移动，会有相应关于踢面数的提示）的踢面，如图 7-127 所示，水平移动鼠标在右边的参照平面上向下绘制剩下的 13 个踢面，如图 7-128 所示。单击完成命令 ✔ 。

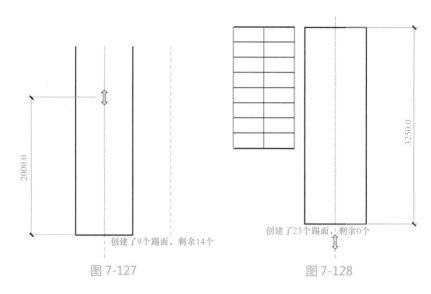

创建了9个踢面，剩余14个

图 7-127

创建了23个踢面，剩余0个

图 7-128

　　（3）修改扶手类型：在楼层平面图或者 3D 视图中选中楼梯扶手，在左侧的"属性"栏，如图 7-129 所示，可以修改楼梯扶手类型。单击"编辑类型"命令，在栏杆结构（非连续）后单击"编辑"命令，栏杆轮廓选择"矩形 50×50mm"如图 7-130 所示，完成楼梯及扶手的绘制。完成楼梯的绘制如图 7-131 所示。

　　【提示】选中扶手后，周围会出现双向箭头 ⇆ 的控制符，单击可翻转楼梯扶手方向。

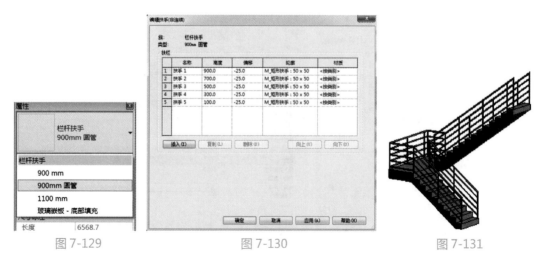

图 7-129　　　　　　　　　　　　图 7-130　　　　　　　　　　　　图 7-131

　　【例题 2】（2012 年 BIM 第一期等级考试题目）按照给出的弧形楼梯平面图和立面图（图 7-132），创建楼梯模型，其中楼梯宽度为 1200mm，所需踢面数为 21，实际踏板深度为 260mm，扶手高度为 1100mm，楼梯高度参考给定标高，其他建模所需尺寸可参考平、立面图自定。结果以"弧形楼梯 .rvt"命名。

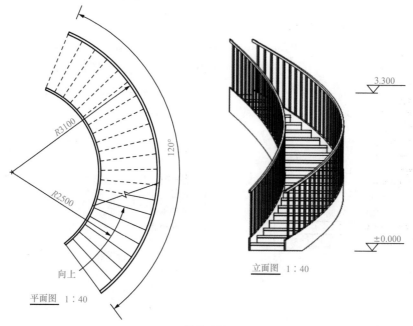

图 7-132

建模思路：弧形楼梯属于异形楼梯，与普通楼梯差不多，只是楼梯边界为弧形的。通常会给定角度，所以需要绘制参照平面来进行定位。

创建过程：

（1）定位：使用参照面绘制一个 120°的角度，如图 7-133 所示。

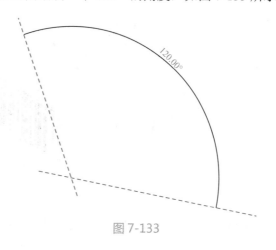

图 7-133

（2）设置楼梯：选择"建筑"选项卡中的"楼梯"下拉三角形中的"楼梯（按草图）"（图 7-134），设置属性，"底部标高"和"顶部标高"为 1F，"底部偏移"为 0，"顶部偏移"为 3300，楼梯"宽度"为 1200mm，"所需踢面数"为 21，"实际踏板深度"为 260mm。

图 7-134

扶手栏杆选择 1100mm, 设置如图 7-135 所示。

（3）绘制楼梯：选择"梯段"中的"圆
心 - 端点弧" 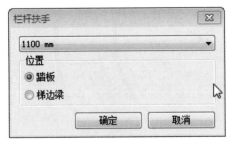，绘制前捕捉两条
参照线交点，沿着水平参照线绘制。输入半径
2500，自动绘制好一段楼梯，如图 7-136 所示，
点击中心线拖动圆点添加剃面，直至 120° 绘
制完，如图 7-137 所示。单击完成命令 ✔，完

图 7-135

成弧形楼梯的绘制。

（4）进入三维视图，弧形楼梯如图 7-138 所示。最后将模型以"楼梯 .rvt"保存到
考生文件夹中。

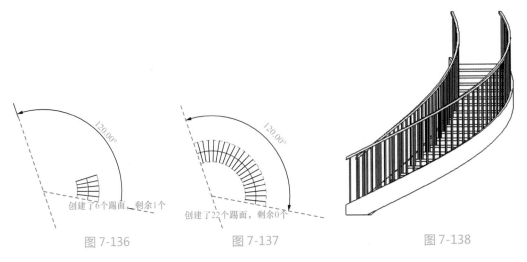

图 7-136　　　　　图 7-137　　　　　　图 7-138

【例题 3】（2012 年 BIM 第二期等级考试题目）按照图 7-139 所示给出的楼梯平、
剖面图创建楼梯模型，并参照题中平面图在所示位置建立楼梯剖面模型，栏杆高度为
1100mm，栏杆样式不限。结果以"楼梯"为文件名保存在考生文件夹中。其他建模所
需尺寸可参考给定的平、剖面图自定。（10 分）

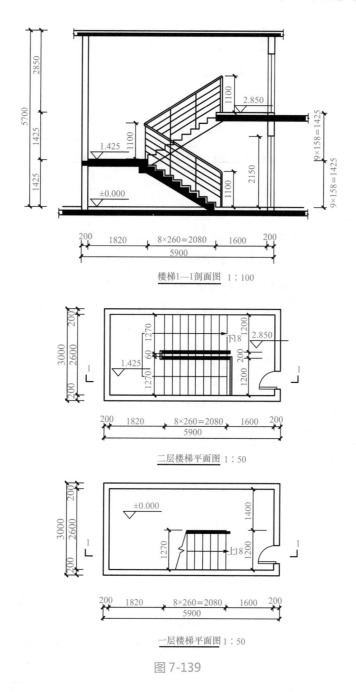

楼梯1—1剖面图  1∶100

二层楼梯平面图  1∶50

一层楼梯平面图  1∶50

图 7-139

创建过程：

（1）绘制参照物及参照平面：绘制四面高为 5700mm 的墙体并且放置门，绘制参照平面尺寸，如图 7-140 所示，并且绘制标高为 2850mm，厚度为 150mm 的楼板，其轮廓线如图 7-141 所示。

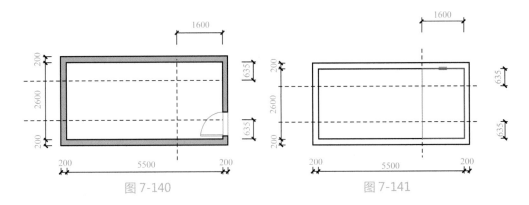

图 7-140　　　　　　　　　　　　　　　图 7-141

（2）设置楼梯：单击"楼梯"下拉列表中的"楼梯（按草图）"，分别在"属性"栏和"类型属性"中设置楼梯属性，如图 7-142 所示。

（3）绘制楼梯：绘制楼梯形状如图 7-143 所示，单击 ✔ 完成绘制。

（4）修改扶手栏杆：选中扶手栏杆，在"属性"栏中选择栏杆扶手"1100mm"，偏移"70mm"，则栏杆间距为 200mm。完成后如图 7-144 所示。

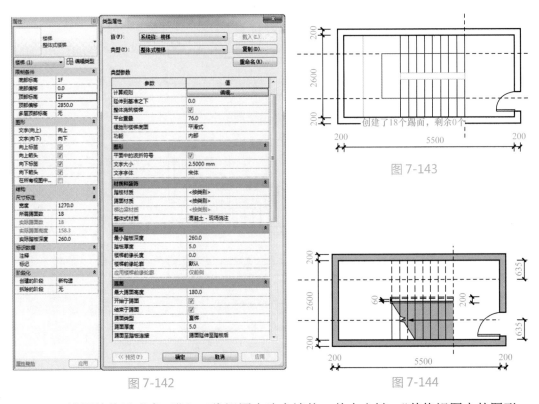

图 7-142　　　　　　　　　　　　　　　图 7-144

（5）设置墙体透明度：进入三维视图中选中墙体，单击右键，"替换视图中的图形—按图元"，弹出对话框如图 7-145 所示，设置"曲面透明度"为 80%，如图 7-146 所示。在三维视图里面可以看到空间中的楼梯结构如图 7-147 所示。

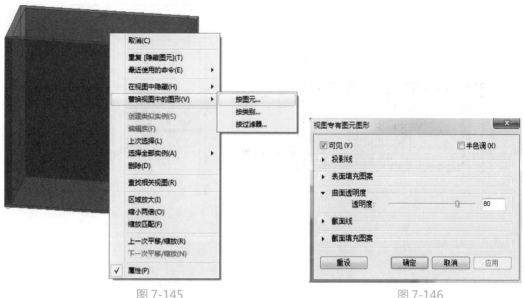

图 7-145                    图 7-146

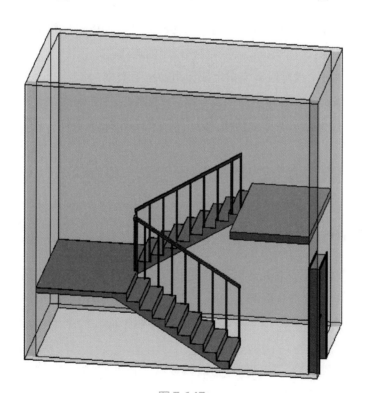

图 7-147

（6）创建剖面：进入平面视图，单击"视图"→"平面视图"，在楼梯中间创建剖面，如图 7-148 所示，在项目浏览器中"详图视图"中找到"详图 0"就是该剖面视图，双击就可进入剖面视图，标注尺寸如图 7-149 所示。

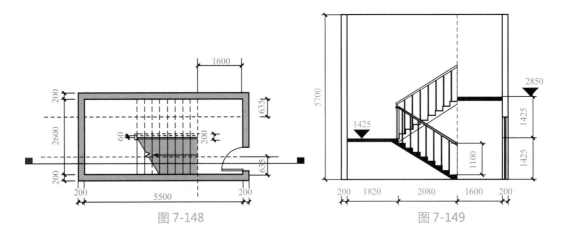

图 7-148                                                     图 7-149

### 7.3.3  小结

本题较全面的考察了大家对 Revit 中楼梯各属性的了解程度，在观察题目给的平立面图时有很多楼梯构造方面的小细节需要注意。

➤ 一个楼梯梯段的踏板数是基于层高与楼梯属性定义的最大踢面高度之间的距离确定。绘图区域中将显示一个矩形，表示楼梯梯段的迹线。

➤ 创建新楼梯时，也可以事先指定要使用的扶手类型。

➤ 可以为楼梯及其参数制定明细表，这些参数包括所需踢面数、实际踢面数、梯段和宽度。还可以用楼梯标记族标记楼梯。楼梯标记放置在 Revit 族库中的"注释"文件夹中。

# 7.4  体量

### 7.4.1  题型分析

Revit 提供了体量工具，用于项目前期概念设计阶段快速的建立概念模型，以及统计概念体量模型的建筑楼层面积、占地面积、外表面积等设计数据，在初级考试中要求考生建立一个简单的体量，一般步骤为设置参照平面，绘制形状，创建形状，计算体积。

完成概念体量模型后，可以通过拾取体量模型的表面生成墙、幕墙系统、屋顶、楼板等建筑构件将概念体量模型转换为建筑设计模型，实现由概念设计阶段转换成建筑设计模型。这正是近几年 BIM 等级考试中体量考试的题型。

### 7.4.2  案例分析

【例题 1】按图 7-150 所示中给定的投影尺寸，创建形体体量模型，通过软件自动计算该模型体积。请将模型文件以"体量 .rvt"文件名保存到考生文件夹中。

建模思路：根据题目，需要绘制一个高为 100m 的不规则六面体的体量，计算此体量的体积则可以直接选中已创建好的体量，查看左侧的"属性"栏即可，亦可通过使用明细表的统计功能来实现。

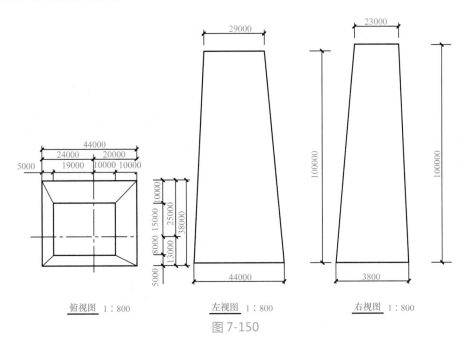

图 7-150

创建过程：

（1）固定高度：通过选择"项目浏览器"中对应的视图，进入东立面，选择"建筑"选项卡下"工作平面"面板中的"参照平面"命令，绘制一个与 1F 相距 100000mm（注意标高的单位）的水平参照平面，如图 7-151 所示。

（2）绘制参考平面：进入 1F 楼层平面，同上述选择"参照平面"命令，按照如图 7-152 所示的尺寸绘制参照平面。

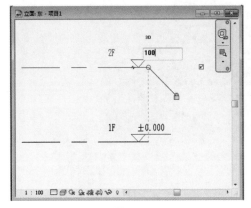

图 7-151

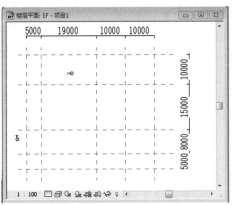

图 7-152

（3）绘制主体体量：点击"体量和场地"选项卡下的"内建体量"命令，如图 7-153 所示，程序会自动弹出"体量 - 显示体量已启用"的提示框，直接点击"关闭确定"，出现体量名称的对话框，可以自行定义名称，也可使用系统默认，点击"确定"。

图 7-153

此时自动进入到"修改 | 放置线"选项卡，单击"绘制"面板中的"拾取线"命令，拾取最外一圈参照平面，并利用"修改"面板中修剪命令 ，依次单击每个交点处的两条线最终得到一个矩形（也可以直接单击"绘制"面板中的矩形命令 ，选择参照平面的四个角点而快速绘制矩形），如图 7-154 所示。

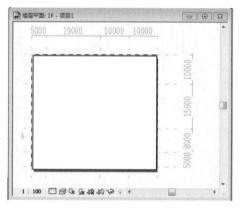

图 7-154

通过项目浏览器进入到 2F 楼层平面，同上述方法绘制内部的矩形。切换到 3D 视图中，按住"ctrl"键选择所绘制的两个矩形，如图 7-155 所示，选择"创建形状"下拉单中的"实心形状"命令，生成一个实心台柱，如图 7-156 所示。

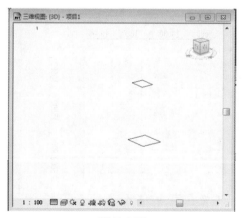

图 7-155

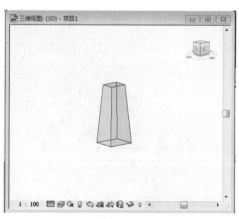

图 7-156

（4）计算体积：完成体量绘制后，退出体量绘制模型，可通过两种方式查看体量体积。

方法一：选中生成的台柱体量，通过查看右侧的"属性"栏，可以在"尺寸标注"栏，如图 7-157 所示中查看总体积、总表面积等信息。

方法二：点击"视图"选项卡"创建"面板中的"明细表"命令，选择"明细表/数量"，如图 7-158 所示，在新建明细表对话框中选择体量后确定，如图 7-159 所示，打开明细表属性对话框，选择总体积后单击"添加"按钮，如图 7-160 所示，单击确定，可得到体积的统计结果，如图 7-161 所示。

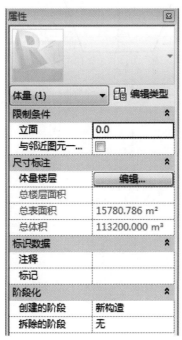

图 7-157

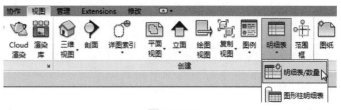

图 7-158

图 7-159

图 7-160

图 7-161

【例题 2】（2012 年 BIM 第一期考试题目）根据图 7-162 所示给定的投影尺寸，创建形体体量模型，通过软件自动计算该体量模型体积，该体量模型体积体积为（　　）m³，请将模型文件以"体量 .rvt"为文件名保存到考生文件夹中。（10 分）

建模思路：根据题目，上下分别为一个圆形和一个椭圆，通过创建实心形状生成，计算此体量的体积，则可以直接选中已创建好的体量，查看左侧的"属性"栏即可，亦可通过使用明细表的统计功能来实现。

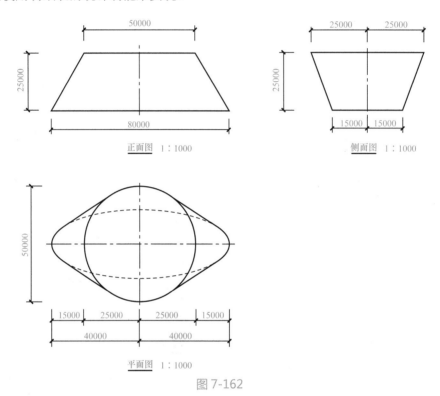

图 7-162

创建过程：

（1）绘制参照平面：进入 Revit，新建一个项目，进入东立面设置 2F 的标高为 25.000m，并在 1F 平面内绘制两个垂直的参照平面。

（2）绘制主体体量：在"体量和场地"选项卡的"概念体量"面板中单击"内建体量"工具，在弹出的对话框中输入"体量"作为名称，进入体量编辑状态。在 1F 平面绘制半径 $A$=40000mm，$B$=15000mm 的椭圆，如图 7-163 所示，切换至标 2F 平面，绘制半径为 25000mm 的圆，如图 7-164 所示。

（3）计算体积：进入三维视图，框选两个图形，单击"形状"面板中"创建形状"下拉按钮"实心形状"，创建形状，单击完成体量 ✔，得到体量如图 7-165 所示。选中体量从属性中可以看到体量体积为 50069.169m³，如图 7-166 所示。最后将模型以"体量 .rvt"为名保存到考生文件夹中。

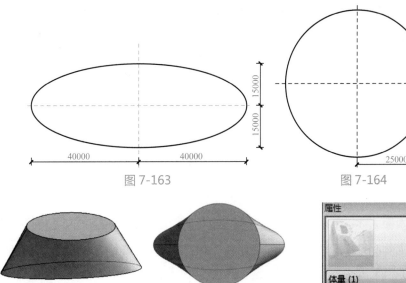

图 7-163　　　　　　　　　　　　图 7-164

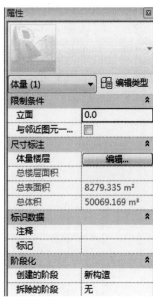

图 7-165

图 7-166

**【例题 3】**（2012 年 BIM 第二期考试题目）请用体量面墙建立如图 7-167 所示 200mm 厚斜墙，并按图中尺寸在墙面开一圆形洞口，并计算开洞后墙体的体积和面积。请将模型文件以"斜墙"为文件名保存到考生文件夹中。（10 分）

建模思路：通过创建实心拉伸和空心拉伸创建图示体量，注意空心圆柱边与斜墙边是平行的。完成概念体量模型后，可以通过拾取体量模型的表面生成墙，将概念体量模型转换为建筑设计模型。

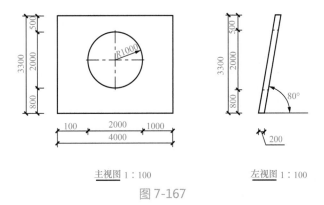

主视图 1：100　　　　　　左视图 1：100

图 7-167

创建过程：

（1）绘制参考平面：新建一个项目，绘制参考平面。分别进入东立面和南立面，选择"参照平面"命令，分别按照下图尺寸绘制参照平面，如图 7-168 和图 7-169 所示。

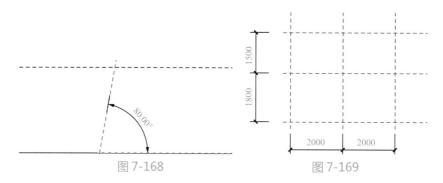

图 7-168                           图 7-169

（2）绘制体量主体：在东立面点击"体量和场地"选项卡下的"内建体量"命令，单击"设置"命令，单击"拾取一个平面"，拾取绘制的斜参照面，进入到南立面，绘制如图 7-170 所示的矩形。

进入三维视图，选中矩形，单击创建形状，创建如图 7-171 所示的形状。

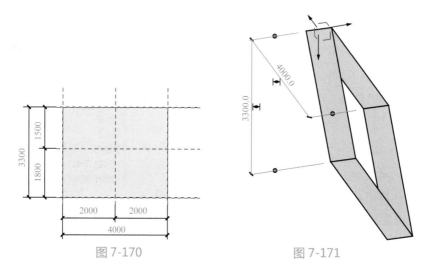

图 7-170                           图 7-171

分别进入到南立面和北立面，单击"创建"命令，在体量中间绘制半径 1000mm 的圆，如图 7-172 所示，进入三维视图，选中两个圆形，单击"创建形状"中的"空心形状"命令，单击"完成体量"如图 7-173 所示。

（3）将体量模型转换为建筑设计模型：在建筑功能区单击"墙"→"面墙"命令，选择"通用砖 200"的墙体，在体量中选择前平面，则前平面被附上了 200mm 厚的墙，按"Esc"退出，选中体量并按"Delete"删除，则开洞的斜墙创建完成，如图 7-174 所示。最后将模型以"体量 .rvt"保存到考生文件夹中。

【例题 4】（2013 年 BIM 第三期考试试题）根据图 7-175 所示中给定的投影尺寸，创建形体体量模型，基础底标高为－2.1m，设置该模型材质为混凝土。请将模型体积用"模型体积"为文件名以文本格式保存在考生文件夹中，模型文件以"杯形基础"为文件名保存到考生文件夹中。

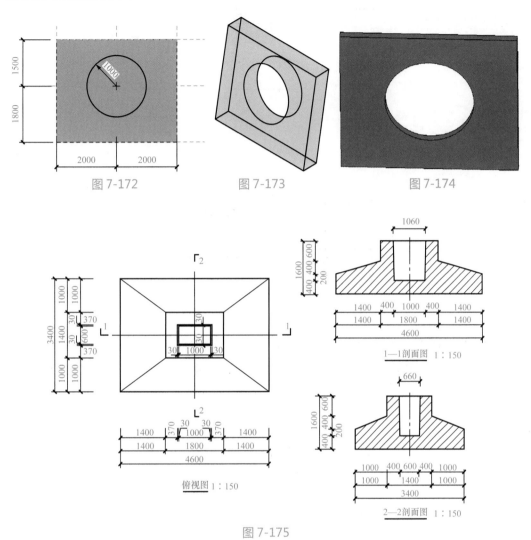

图 7-172　　　　　图 7-173　　　　　图 7-174

图 7-175

**建模思路：**

此体量为杯形基础。先从南北立面绘制形状进行拉伸，再到东西立面进行空心拉伸，将多余的部分剪切，再通过空心融合绘制中间的洞口。绘制时注意绘参照平面和拾取相应的工作平面，修改材质即可完成体量创建。

**创建过程：**

（1）绘制标高：进入东立面创建标高如图 7-176 所示，单击"体量和场地"→"内建体量"。

（2）绘制参照平面：进入 -1F 平面绘制长度方向和宽度方向的参照平面如图 7-177 所示，进入任一立面图绘制高度方向的参照平面如图 7-178 所示。

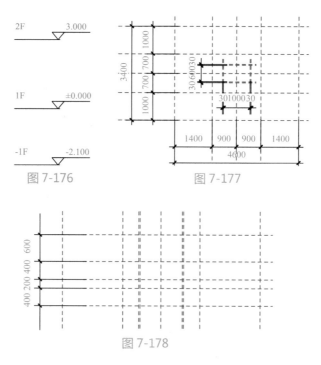

图 7-176　　　　　　　　　　图 7-177

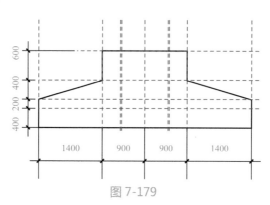

图 7-178

（3）绘制拉伸形状：在"创建"选项卡中点击"设置"，选择"拾取一个工作平面"，拾取最南边的水平线，然后在弹出的对话框中选择"南"，进入南立面视图进行绘制轮廓，如图 7-179 所示。

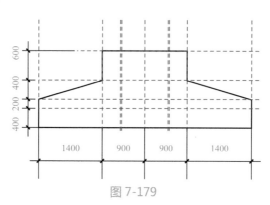

图 7-179

选中绘制的轮廓，单击"创建形状"→"实心形状"命令，创建拉伸形状，进入东立面拖动右边的绿色箭头至最右边的竖线。如图 7-180 所示。

（4）创建空心拉伸：进入 -1F 平面，单击"设置"拾取一个平面，拾取最右边的竖线，进入东立面，绘制形状如图 7-181 所示。选中形状单击"创建形状 - 空心形状"命令，进入三维视图，拖动红色箭头，将空心拖动至切过体量如图 7-182 所示。

单击"剪切"命令，先后单击实心体量和空心体量，剪切后进入 -1F，通过过滤器将空心体量选中，并镜像到另外一边，完成后如图 7-183 所示。

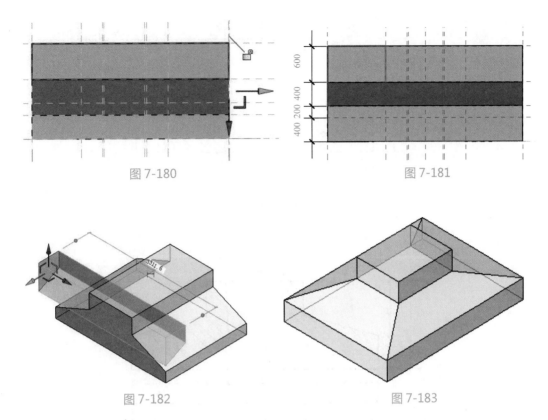

图 7-180

图 7-181

图 7-182

图 7-183

（5）创建空心融合：进入任一立面，单击"工作平面"面板中的"设置"命令，选择"拾取一个平面"。拾取标高方向的第二个平面即高出 -1F 平面 400 的平面，进入 1F 平面视图，在体量中间根据参照平面绘制一个 600×1000 的矩形。同样的设置立面中最上面的参照平面为工作平面，完成后在 1F 平面中绘制 660×1060 矩形，完成后转到三维中查看绘制的两个矩形如图 7-184 所示。选中两个矩形，单击"创建形状—空心形状"完成，选中生成的体量的一个面，在"属性"框中将材质修改为"混凝土"，完成后如图 7-185 所示。

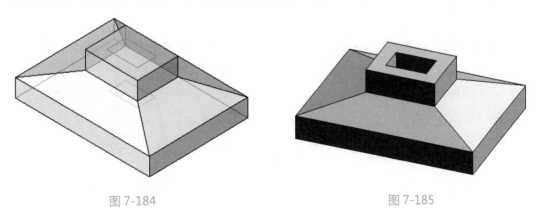

图 7-184

图 7-185

（6）标注尺寸：分别为剖面、平面标注尺寸，如图 7-186 和图 7-187 所示。

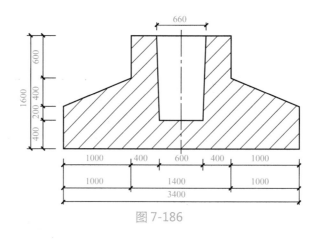

图 7-186

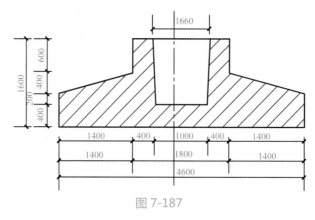

图 7-187

（7）计算体积：选中体量从"属性"中可以查看体量体积。最后将模型体积用"模型体积"为文件名，在新建的文本中，以文本格式保存在考生文件夹中，模型文件以"杯形基础"为文件名保存到考生文件夹中。

## 7.4.3　小结

体量的创建过程与族的创建过程十分相似，也可以为体量模型添加参数，以方便在调用时可以通过参数调节体量形状，添加参数的过程与添加族参数的过程一样。

➢ 要切割一个体量，需要在一个实心体量在位编辑的情况下绘制一个空心体量，单独绘制空心体量会提示没有切割的图元而无法完成。

➢ 对于形状不太规则的体量可以分开来绘制然后使用"连接几何形状"的命令进行连接。

➢ 在"建筑"选项卡的"构建"面板中，一些命令的下拉按钮，单击如"面墙"、"面屋顶"和"面楼板"等选项，再拾取体量也可生成墙、屋面和楼板等。

## 7.5 屋顶

### 7.5.1 题型分析

Revit 中屋顶创建方式可分为面屋顶、迹线屋顶和拉伸屋顶几种创建方式，其中迹线屋顶的创建跟楼板的创建很相似，区别是迹线屋顶可以为每个边添加所需定义的坡度。

### 7.5.2 案例分析

【例题 1】根据图 7-188 所示给定的投影尺寸，屋顶板厚度取 200mm，请将模型文件以"屋顶 .rvt"文件名保存到考生文件夹中。

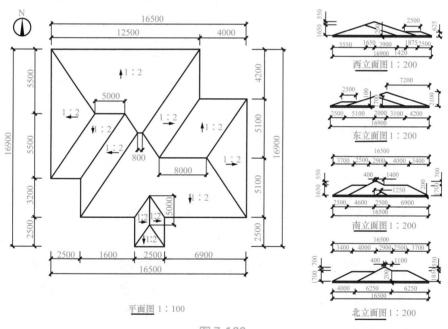

图 7-188

建模思路：本题要求绘制一个多面的斜坡屋顶，屋顶各边长度及坡度已知，横向的屋顶坡度均为 1:3，纵向的屋顶坡度均为 1:2。

创建过程：

（1）在项目浏览器中：点击展开"视图—楼层平面"，双击"2F"，进入 2F 楼层平面，选择"建筑"选项卡下的"屋顶"下拉三角形中的"迹线屋顶"如图 7-189 所示，按照题目给的尺寸绘制屋顶轨迹，结果如图 7-190 所示。

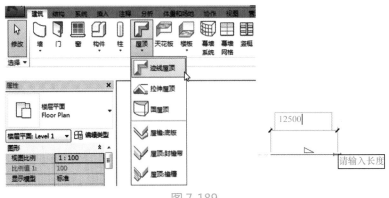

图 7-189

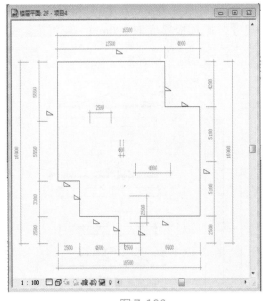

图 7-190

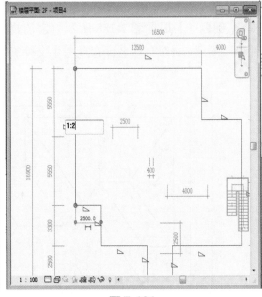

图 7-191

（2）设置坡度：按照题目所示意的坡度给每条边添加坡度。选中一条屋顶迹线，会有对应坡度的显示（状态栏中默认勾选"定义坡度"），点击数值做出相应修改，横向为 1:3，竖向则为 1:2，如图 7-191 所示。点击"完成"命令 ✔，退出编辑模式，三维效果如图 7-192 所示。

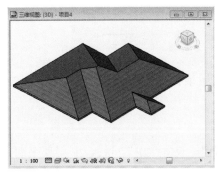

图 7-192

（3）添加尺寸标注：转到屋顶的平面视图即 2F 楼层平面，选择"注释"选项卡下"尺寸标注"面板中的"对齐"命令，选择屋顶轮廓线，拖动鼠标将尺寸标记放置到合适位置。在"注释"选项卡下选择"高程点坡度"，在屋顶坡面上单击放置标记。完成后如图 7-193 所示。

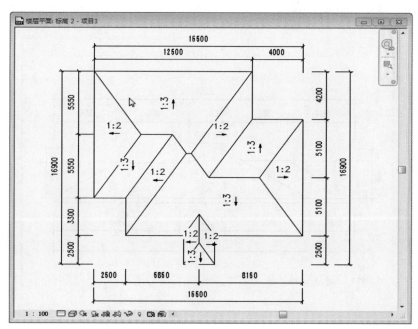

图 7-193

【提示】系统默认坡度的单位为度"°"，可单击"管理"选项卡→"项目单位"，打开"项目单位"对话框，如图 7-194 所示，单击坡度后的示例数值，进入格式对话框，依次将"单位"、"舍入"、"单位符号"分别改为"1:比"、"0 个小数位"、"1:"，如图 7-195 所示。

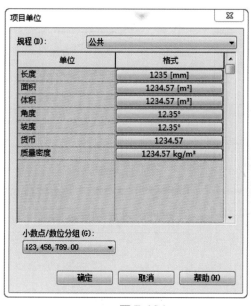

图 7-194

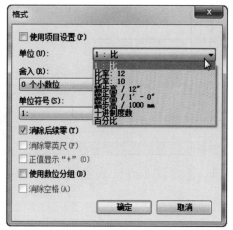

图 7-195

（4）检验作图的准确性：点击进入立面视图可以和题中对应的立面视图进行对照，检验作图的准确性，如图 7-196 所示。

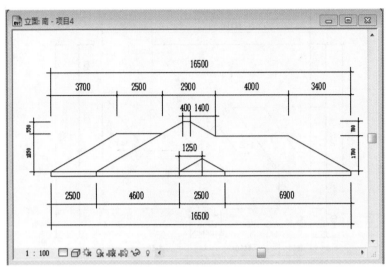

图 7-196

【例题 2】（2013 年 BIM 第二期考试试题）按照图 7-197 所示平、立面图绘制屋顶，屋顶板厚均为 400mm，其他建模所需尺寸可参考平、立面图自定。结果以"屋顶"为文件名保存在考生文件夹中。（20 分）

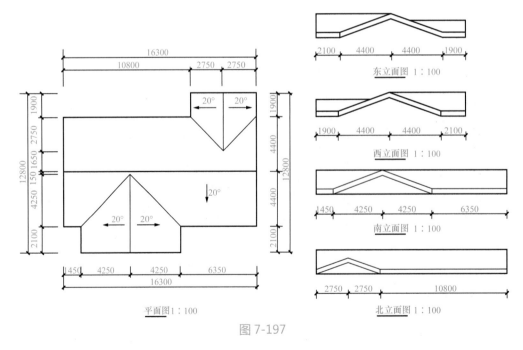

图 7-197

建模思路：本题为多坡屋顶，同样使用"迹线屋顶"绘制，方法与上一题相同。坡度可以用角度输入。

创建过程：

（1）绘制屋顶迹线：进入平面视图，单击"屋顶"→"迹线屋顶"命令，按照平面图所示尺寸绘制屋顶迹线，如图 7-198 所示。

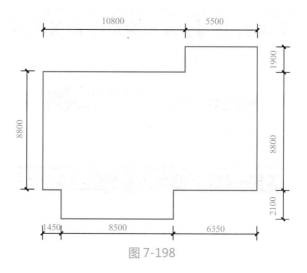

图 7-198

（2）定义坡度：在从上往下第二根横线的延长线上绘制参照平面与最右边的竖线相交，在交点处打断，单击所有需要定义坡度的线段，在"选项栏"勾选"定义坡度" ☑定义坡度，修改坡度为"20°"如图 7-199 所示。完成后，单击✅完成屋顶绘制，如图 7-200 所示。

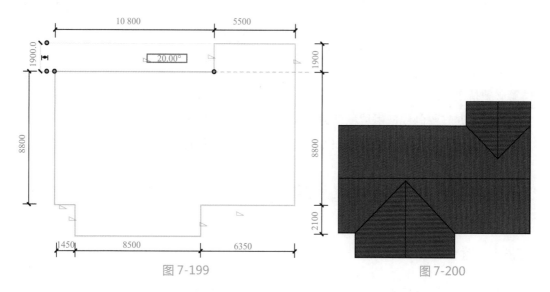

图 7-199　　　　　　　　　　　　　　图 7-200

（3）标注尺寸：分别进入东、南、西、北立面图添加尺寸，与题目对照检验是否正确，如图 7-201 所示，最后将结果以"屋顶"为文件名保存在考生文件夹中。

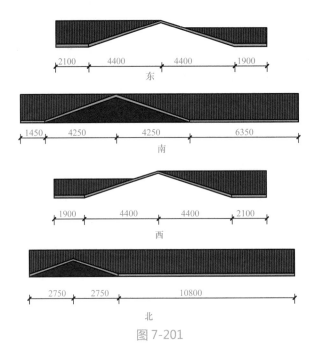

东

南

西

北

图 7-201

### 7.5.3　小结

Revit 提供了迹线屋顶、拉伸屋顶和屋面屋顶三种创建方式，其中迹线屋顶的创建方法与楼板创建非常相似，不同的是，在迹线屋顶中可以灵活地为屋顶定义多个坡度。绘制一个迹线屋顶需要注意以下几点：

➤ 注意绘制屋顶时会自动进入最高一层平面图中。

➤ 屋顶边界在规定标高的平面视图中绘制，一般选择"拾取墙"或"线"命令创建，结果必须是闭合图形。

➤ 坡度是在绘制线应用坡度参数时定义的，屋面坡度主要以角度或者比例值输入。

➤ 在已知屋顶各边长度和各面坡度之后，屋顶的形状是一定的。

## 7.6　综合

### 7.6.1　题型分析

在 Revit 初级考试中最后一题会要求考生比较完全的掌握 Revit 建模与制图相关知识，绘制完整的小型建筑，并生成相关视图的图纸及相关构件的明细表。绘制时注意细节方面就不会出现较大问题，例如构件对齐的方向，以及尺寸标注是在轴网上还是物体边缘等。

### 7.6.2　案例分析

【例题 1】根据下面给出的平面图、立面图以及门窗详图，如图 7-202 所示，建立平房模型，具体要求如下：

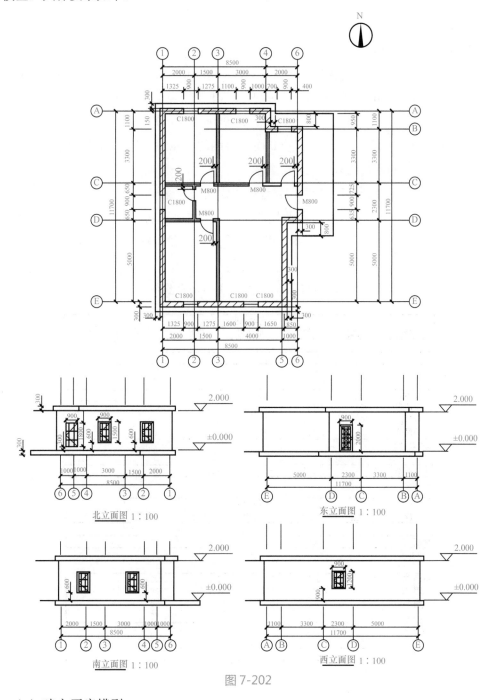

图 7-202

（1）建立平房模型。

1）按照给出的平、立面图要求，绘制轴网及标高，并标注尺寸。

2）按照轴线创建墙体模型，其中内墙厚度均为 200mm，外墙厚度均为 300mm。

3）模型中的门窗需调用自定义的单扇门和单扇窗族，具体要求见（2）。

4）分别创建门和窗的明细表，门明细表包含族与类型、型号、厚度、宽度、高度以及合计字段。窗明细表（图 7-203）包含族与类型、型号、底高度、宽度、高度以及合计字段。明细表按照族的类型进行统计。

（2）创建单扇门和单扇窗族，并应用到上述平房模型项目中。

1）单扇门族模型有 3 种型号：M900，M800，M700，尺寸分别为 900mm×2100mm，800mm×2100mm，700mm×2100mm。同样的，单扇窗族类型分 2 种型号，分别是 C1200，C1500，C1800。尺寸分别为 900mm×1200mm，900mm×1500mm，900mm×1800mm。

2）设置门的平面开启线和门窗的立面开启线的可见性，使平面开启线只在平、剖面图中显示，立面的开启线只在立面中显示。

3）门把手等门窗细节可以参考门窗详图自定义尺寸建模。

（3）建立 A2 尺寸的图纸，并将此视图命名为"建筑平立面图"，图纸编号任意。将模型的平面图、东立面图、西立面图、南立面图、北立面图以及门明细表和窗明细表插入至图纸中。

（4）最后，将模型文件以"平房 .rvt"为文件名保存到考生文件夹中。

| 窗明细表 | | | | | | |
| --- | --- | --- | --- | --- | --- | --- |
| 族 | 类型 | 型号 | 底高度 | 宽度 | 高度 | 合计 |
| 小平房窗 | C1800 | C1800 | 300 | 900 | 1800 | 1 |
| C1800: 1 | | | | | | |
| 小平房窗 | C1500 | C1500 | 600 | 900 | 1500 | 1 |
| 小平房窗 | C1500 | C1500 | 600 | 900 | 1500 | 1 |
| 小平房窗 | C1500 | C1500 | 600 | 900 | 1500 | 1 |
| 小平房窗 | C1500 | C1500 | 600 | 900 | 1500 | 1 |
| C1500: 4 | | | | | | |
| 小平房窗 | C1200 | C1200 | 600 | 900 | 1200 | 1 |
| C1200: 1 | | | | | | |

| 门明细表 | | | | | | |
| --- | --- | --- | --- | --- | --- | --- |
| 族 | 类型 | 型号 | 厚度 | 宽度 | 高度 | 合计 |
| 单扇与 | M900 | M900 | 300 | 900 | 2100 | 1 |
| M900: 1 | | | | | | |
| 单扇与 | M800 | M800 | 200 | 800 | 2100 | 1 |
| 单扇与 | M800 | M800 | 200 | 800 | 2100 | 1 |
| 单扇与 | M800 | M800 | 200 | 800 | 2100 | 1 |
| 单扇与 | M800 | M800 | 200 | 800 | 2100 | 1 |
| M800: 4 | | | | | | |
| 单扇与 | M700 | M700 | 200 | 700 | 2100 | 1 |
| M700: 1 | | | | | | |

图 7-203

建模思路：综合题型往往内容比较多，包括创建一个小单元房间，放置门窗，创建楼梯，室内外构件布置，尺寸标注，明细表创建等。步骤都不难，在考试的时候关键要速度，尽量满足题目要求。

创建过程：

（1）绘制轴网：在项目浏览器中，进入视图—楼层平面，双击场地，进入场地楼层平面，选择"基准"面板下"轴网"命令，先绘制纵向后横向，按照题目示意绘制相应轴网，如图 7-204 所示。

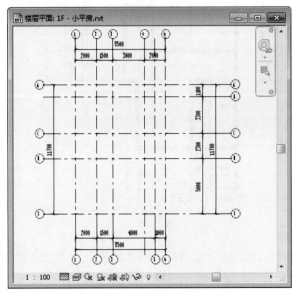

图 7-204

（2）绘制外墙：选择"建筑"选项卡下的"墙"命令，在左侧属性栏中选择"饰面砖－200mm"如图 7-205 所示，沿轴网绘制题中所示轮廓的外墙如图 7-206 所示，注意图中蓝色部分墙体的对齐方式。

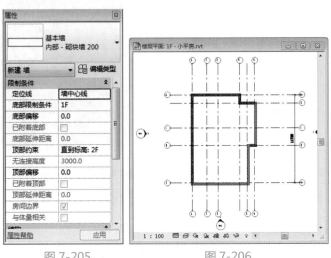

图 7-205　　　　　　图 7-206

（3）绘制内墙：与外墙绘制类似，在"属性"对话框中选择"轻质隔墙—100mm"，绘制内部墙体如图 7-207 所示，注意图中蓝色部分墙体的对齐方式。

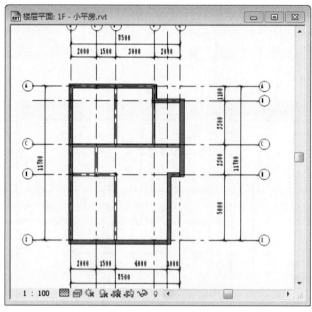

图 7-207

（4）绘制楼板：点击"建筑"选项卡下的"楼板"命令进入绘图模式，点击"拾取线"命令，按照平面图给出的标记修改"偏移量"为 300，绘制楼板边界如图 7-208 所示，然后点击完成楼板的绘制如图 7-209 所示。

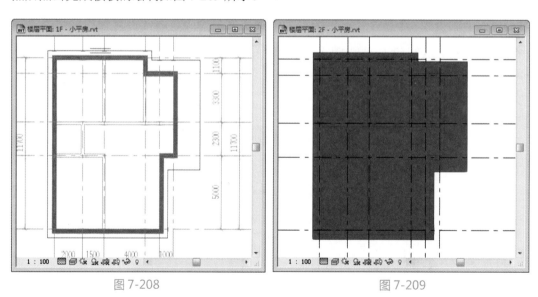

图 7-208　　　　　　　　　　　　　图 7-209

（5）放置窗：选择"建筑"选项卡中的"窗"命令，根据平面图选择相应的窗户在墙上放置窗户并调整位置，如图 7-210 所示，从立面图可以看到 C1500 的"底标高"都是 600，也可以在放置窗户之前先调整对应窗属性栏的"底高度"，如图 7-211 所示。

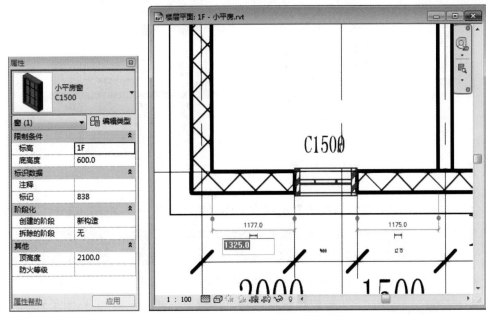

图 7-210　　　　　　　　　　　　　　　　图 7-211

（6）放置门：和放置窗同样的方法，在"建筑"选项卡中选择"门"命令后，放置不同形式的门。

（7）尺寸标注：选择"修改"选项卡下"测量"面板中的"对齐尺寸标注"命令，按照题目给的标准对平面视图和立面视图进行如图 7-212 和图 7-213 所示的标注。

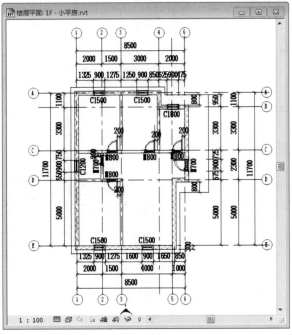

图 7-212

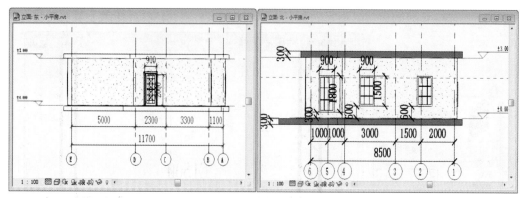

图 7-213

（8）创建明细表：点击"视图"选项卡下的"明细表"下拉菜单，选择"明细表/数量选项"，在新建明细表对话框中选择窗，输入名称"窗明细表"，如图 7-214 所示，单击"确定"。在"明细表属性"对话框的字段栏中添加"族、类型、型号、底高度、宽度、高度和合计字段"，如图 7-215 所示。在"排序/成组"栏中将排序方式改成类型、降序，并勾选"页脚"、"空行"，下拉栏中默认选择"标题、合计和总数"，如图 7-216 所示。点击确定后自动生成窗明细表如图 7-217 所示。

图 7-214

图 7-215

图 7-216

窗明细表

| 族 | 类型 | 型号 | 底高度 | 宽度 | 高度 | 合计 |
|---|---|---|---|---|---|---|
| 小平房窗 | C1800 | C1800 | 300 | 900 | 1800 | 1 |
| C1800: 1 | | | | | 1800 | |
| 小平房窗 | C1500 | C1500 | 600 | 900 | 1500 | 1 |
| 小平房窗 | C1500 | C1500 | 600 | 900 | 1500 | 1 |
| 小平房窗 | C1500 | C1500 | 600 | 900 | 1500 | 1 |
| 小平房窗 | C1500 | C1500 | 600 | 900 | 1500 | 1 |
| C1500: 4 | | | | | 6000 | |
| 小平房窗 | C1200 | C1200 | 600 | 900 | 1200 | 1 |
| C1200: 1 | | | | | 1200 | |

图 7-217

图 7-218

图 7-219

使用同样的方法添加门明细表。

（9）创建图纸：在"视图"选项卡中选择"图纸"命令，如图 7-218 所示，在新建图纸对话框中选择 A2 公制，如图 7-219 所示，然后在"项目浏览器"中将需要的各平面图拖动到图纸中，并放置在合适位置，并在"属性"框中将视图比例调整为 1:100，最终结果如图 7-220 所示。

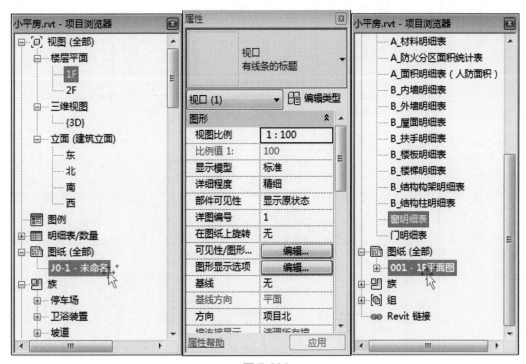

图 7-220

【例题 2】（2012 年 BIM 第一期等级考试试题）根据图 7-221 所示给出的平面图、立面图、三维图，建立房子的模型，具体要求如下：（40 分）

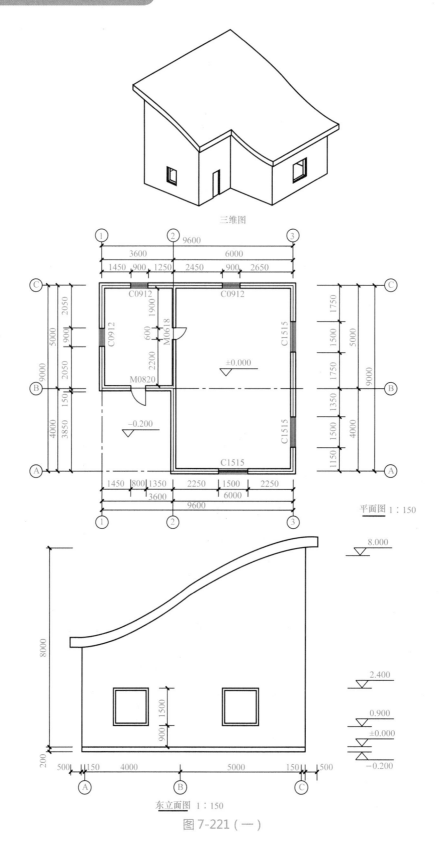

三维图

平面图 1∶150

东立面图 1∶150

图 7-221（一）

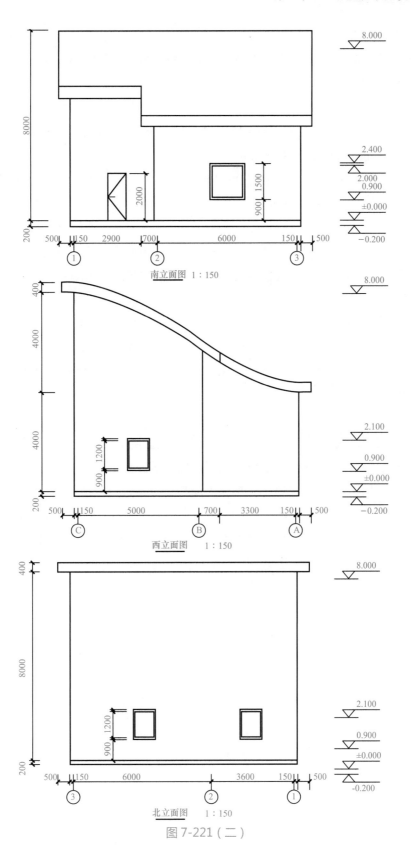

南立面图　1∶150

西立面图　1∶150

北立面图　1∶150

图 7-221（二）

（1）建立房子模型。

1）按照给出的平、立面图要求，绘制轴网及标高，并标注尺寸。

2）按照轴线创建墙体模型，其中内墙厚度均 200mm，外墙厚度均为 300mm。

3）按照图纸中的尺寸在墙体中插入门和窗，其中门的型号：M0820、M0618，尺寸分别为 800mm×2000mm、600mm×1800mm；窗的型号：C0912、C1515，尺寸分别为 900mm×1200mm、500mm× 1500mm。

4）分别创建门和窗的明细表，门明细表包含类型、宽度、高度以及合计字段；窗明细表包含类型、底高度（900mm）、宽度、高度以及合计字段。明细表按照类型进行成组和统计。

（2）建立 A2 尺寸的图纸，将模型的平面图、东立面图、西立面图、南立面图、北立面图以及门明细表和窗明细表分别插入至图纸中，并根据图纸内容将图纸视图命名，图纸编号任意。

（3）将模型文件以"房子 .rvt"为文件名保存到考生文件夹中。

建模思路：此题为一个简单的一层房子，相对比较简单，稍微有点难度的是屋顶是一个曲面屋顶，需要使用"拉伸屋顶"和"竖井"命令，或者使用"内建模型""创建空心形状开洞"。

创建过程：

（1）绘制标高：根据立面图绘制标高，如图 7-222 所示。

（2）绘制轴网：点击进入 1F，绘制轴网，如图 7-223 所示。

（3）绘制墙体：单击"建筑"选项卡"墙"命令，选择"建筑墙：基本墙—普通砖200"，单击"类型编辑"，进入"类型属性"对话框，单击"复制"重命名为"外墙"，单击"确定"，如图 7-224 所示。并编辑墙体的厚度改为 300mm，单击"确定"按钮。

图 7-222

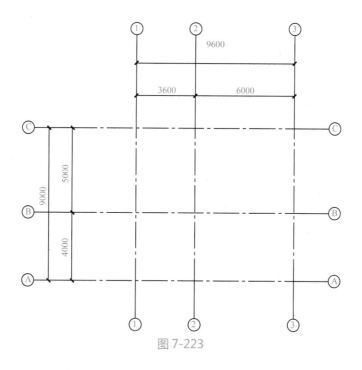

图 7-223

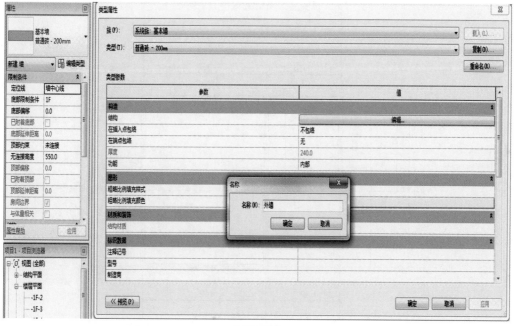

图 7-224

　　同理，将基本墙复制重命名为"内墙"并设置其厚度为 200mm，绘制完成墙体如图 7-225 所示，绘制完成之后，选中外墙和内墙，在"属性"栏里将它们的顶部约束改为"-1F-4"。

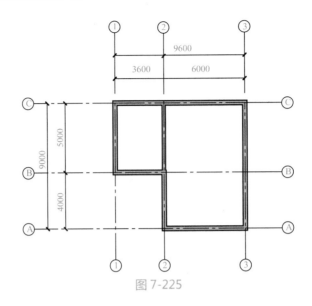

图 7-225

（4）载入门窗：单击"建筑"选项卡下的门，选择需要的门放置在图上要求位置，注意放置窗户前均要设置窗台底标高为 900mm，完成后如图 7-226 所示。

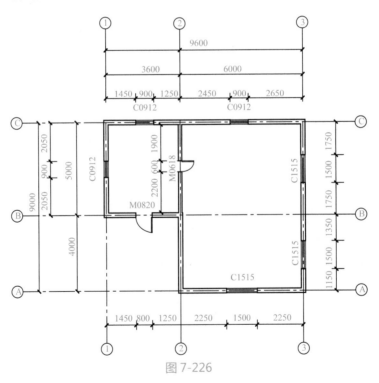

图 7-226

（5）创建楼板：单击"楼板"命令，选择楼板常规－200mm，利用"拾取线"命令，绘制楼板轮廓，如图 7-227 所示，单击 ✔，完成楼板绘制。

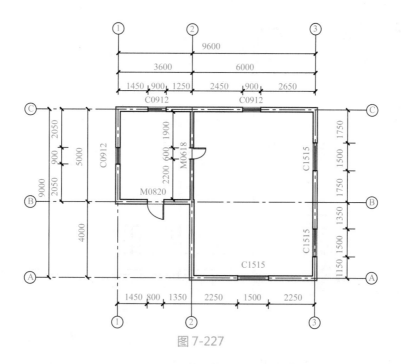

图 7-227

（6）绘制屋顶：进入西立面，绘制如图 7-228 所示的参照面。

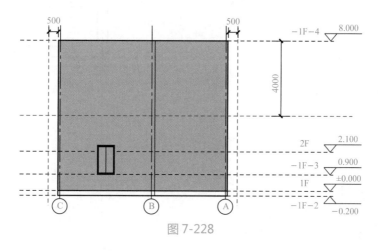

图 7-228

进入 1F 平面，单击"设置"拾取一个参照平面，选择"立面：西"，再次进入西立面构件—内建模型，建立一个"屋顶"的体量。单击"构建"面板内"构件"命令，选择"内建模型"，在弹出的"族类别和族参数"对话框中，选择"屋顶"，如图 7-229 所示。

再单击"实心拉伸"，使用"绘制"面板中的样条曲线，绘制屋顶轮廓，如图 7-230所示。

单击完成模型，进入三维视图，将屋顶进行适当调整后，再选择外墙和内墙，使用"顶部附着"命令，将墙附着于屋顶下面。如图 7-231 所示。

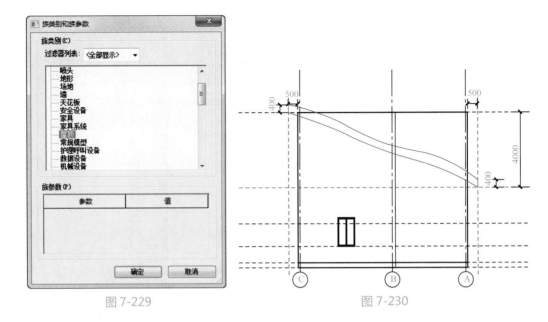

图 7-229　　　　　　　　　　　　　图 7-230

（7）创建空心拉伸：点击进入 1F-4 平面，选中屋顶，点击"在位编辑"命令，再选择创建空心拉伸，并进行如图 7-232 所示的在位编辑。

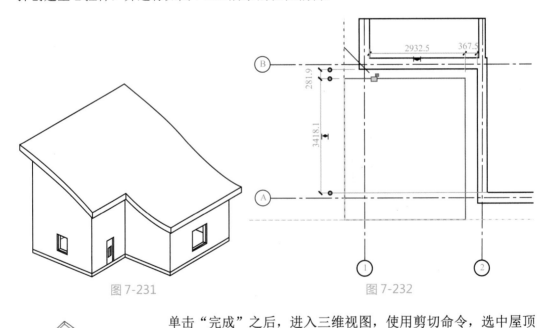

图 7-231　　　　　　　　　　　　　图 7-232

图 7-233

单击"完成"之后，进入三维视图，使用剪切命令，选中屋顶和刚创建的空心拉伸物体，剪切即可，如图 7-233 所示。最后单击"完成"模型。

（8）创建门窗明细表：单击"视图"面板→明细表→新建明细表，在类别中选择"门"，如图 7-234 所示。单击"确定"，进入"明细表属性"对话框。将可用的字段里的"高度、宽度、合计、类型"添加进入明细表字段，如图 7-235 所示，单击"确定"即可。完成后明细表，如图 7-236 所示。

图 7-234

图 7-235

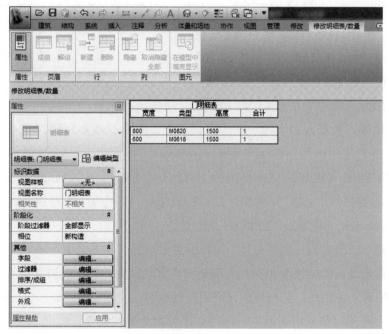

图 7-236

同理可得窗明细表。此时，"项目浏览器"中就多了门明细表和窗明细表，如图 7-237 所示。

（9）创建图纸：单击"视图"面板，"图纸"选项卡，选择"A2 公制"，将项目浏览器中的"1F"楼层平面拖入图纸中即可，完成之后如图 7-238 所示，此时"项目浏览器"中的图纸一栏会出现新的图纸，单击右键，选择"重命名"按钮，将其重命名为"1F"。

项目浏览器中的其他楼层平面，东立面、西立面、南立面、北立面以及门、窗明细表拖入 A2 图纸重复上述步骤即可。最后单击保存，将模型以"房子"为名保存到文件夹即可。

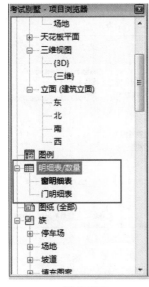

图 7-237

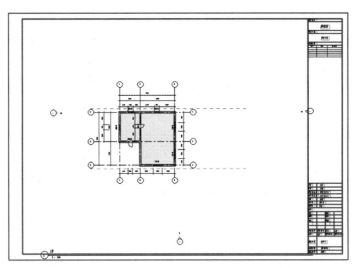

图 7-238

【例题 3】(2012 年 BIM 第二期考试试题)根据图 7-239 所示，按要求构建房屋模型，结果以"建筑"为文件名保存在考生文件夹下，并对模型进行渲染：(40 分)

(1) 已知建筑的内外墙厚均为 240mm，沿轴线居中布置，按照平、立面图纸建立房屋模型，楼梯、大门入口台阶、车库入口坡道、阳台样式参照图自定义尺寸，二层棚架顶部标高与屋顶一致，棚架梁截面高 150mm，宽 100mm，棚架梁间距自定，其中窗的型号 C1815，C0615，尺寸分别为 1800mm×1500mm，600mm×1500mm；门的型号 M0615，M1521，M1822，JLM3022，YM1824，尺寸分别为 600mm×1500mm，1500mm×2100mm，1800mm×2200mm (25 分)

(2) 请对一层室内进行家具布置，可以参考给定的一层平面图。(5 分)

(3) 对房屋不同部位附着材质，外墙体采用红色墙面涂料，勒脚采用灰色石材，屋顶及棚架采用蓝灰色涂料，立柱及栏杆采用白色涂料。(5 分)

(4) 分别创建门和窗的明细表，门明细表包含类型、宽度、高度以及合计字段；窗明细表包含类型、底高度(900mm)、宽度、高度以及合计字段。明细表按照类型进行成组和统计。(3 分)

(5) 对房屋的三维模型进行渲染，设置蓝色背景，结果以"房屋渲染 .JPG"为文件名，保存在文件夹中。(2 分)

建模思路：此题为绘制一所两层的平房，不仅需要绘制建筑主体、楼梯、雨篷、台阶坡道等构件，还要布置家具、标注尺寸以及修改材质等，内容比较多但不难，关键看考生的对软件的熟练程度，绘制的时候讲究方法策略。需要注意的是外墙要有勒脚，所以使用叠层墙绘制，雨棚使用玻璃斜窗。

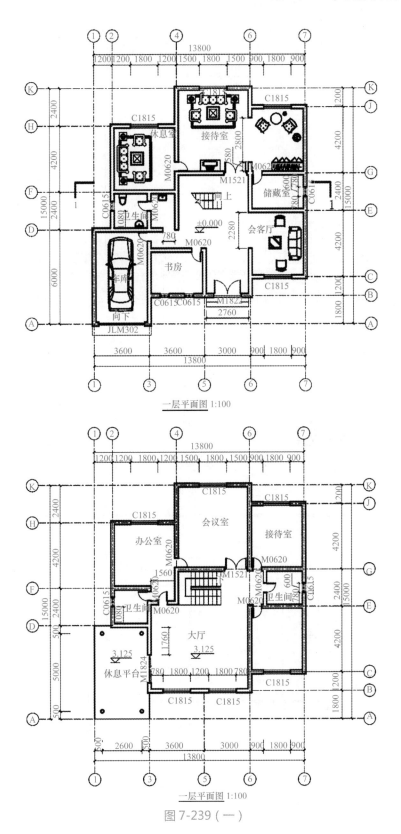

一层平面图 1:100

一层平面图 1:100

图 7-239（一）

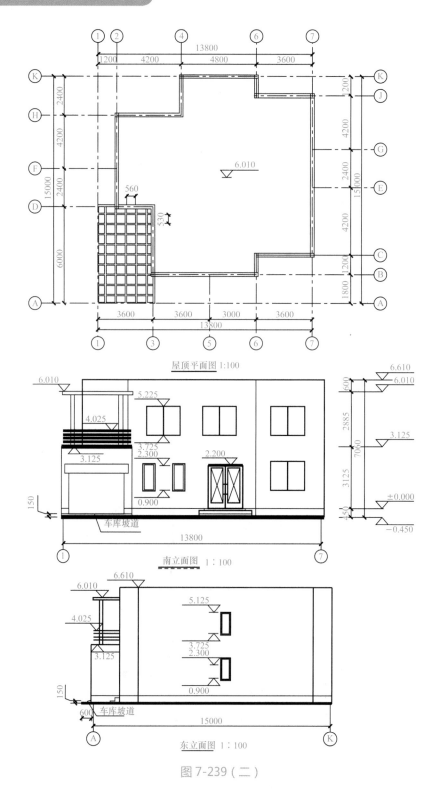

屋顶平面图 1:100

南立面图 1:100

东立面图 1:100

图 7-239（二）

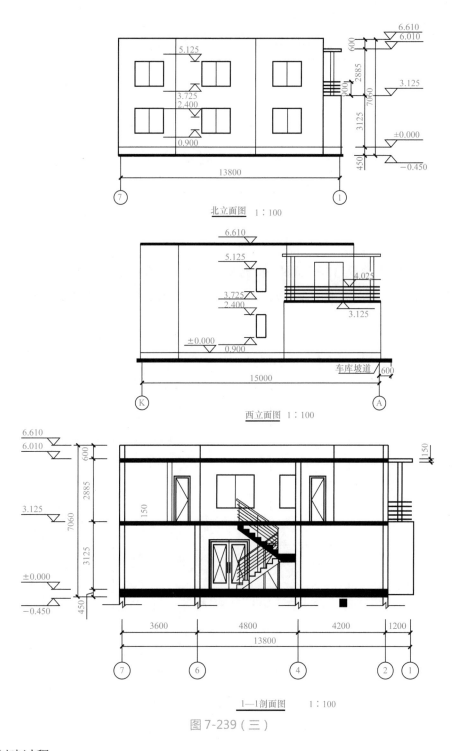

第 7 章　BIM 技能等级考试题型练习

北立面图　1:100

西立面图　1:100

1—1剖面图　1:100

图 7-239（三）

创建过程：

（1）创建标高：新建项目，进入东立面图，绘制标高线以及给各标高命名，如图 7-240 所示。完成后全选标高，锁定。

269

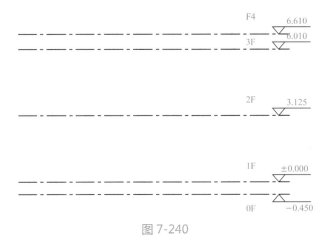

图 7-240

（2）创建轴网：进入 1F 平面图，根据题目所给尺寸绘制轴网，并对轴网进行局部修改，如图 7-241 所示，选中所有轴网，单击"影响范围"将局部修改影响到其他楼层，最后将所有轴网锁定。

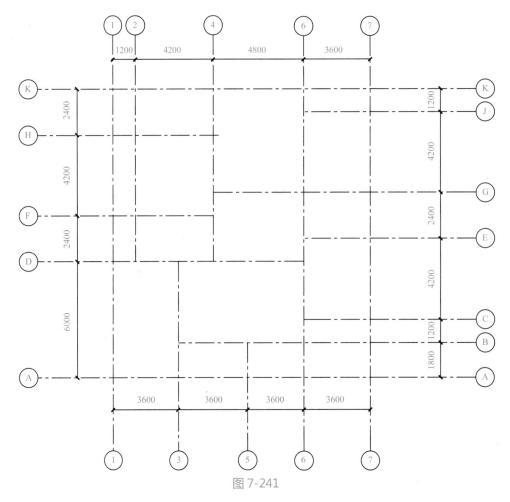

图 7-241

（3）绘制墙体：根据题目内外墙厚都是 240mm，外墙有勒脚，所以选择用叠层墙，选择"基本墙 -200"复制墙体分别命名为"外墙 -240"和"外墙 -240（带勒脚）"，结构设置分别如图 7-242 和图 7-243 所示。复制一个叠层墙命名为"叠层墙 - 带勒脚外墙"，上部结构添加"外墙 -240"，高度设置为"可变"，下部结构添加"外墙 -240（带勒脚）"高度设置为"450"，如图 7-244 所示。另外设置"内墙 -240"，如图 7-245 所示。

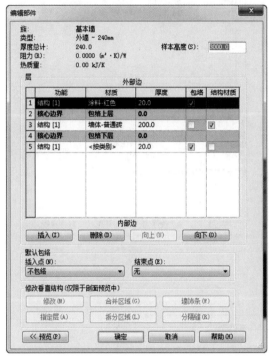

图 7-242

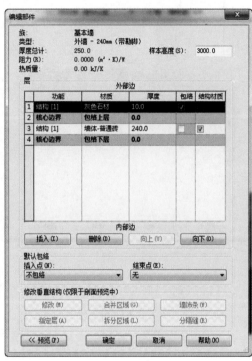

图 7-243

根据题目按顺时针绘制内外墙墙体，外墙采用"叠层墙 - 带勒脚外墙"，内墙采用"内墙 -240"。如图 7-246 所示。

（4）放置门窗：分别选择"门"和"窗"命令，结合平立面视图放置门窗，放之前单击"放置时进行标记"，完成门窗后如图 7-247 所示，三维效果如图 7-248 所示。

（5）放置家具：通过"载入族"将家具族载入到项目中，可通过快捷键"CM"快速提取载入的族文件，布置家具如图 7-249 所示。

（6）绘制一层、二层板以及二层的墙体：设置板的厚度为 150mm，拾取墙内边线绘制板的边界，一层、二层板边界绘制如图 7-250 和图 7-251 所示。

进入 2F 平面视图，绘制二层墙体及放置门窗如图 7-252 所示。

（7）绘制楼梯：进入 1F 平面，在 E、G 轴线之间绘制楼梯，设置楼梯高为 3125mm，踢面数为 16，楼梯宽为 1000mm。绘制 1F 楼梯如图 7-253 所示，并且编辑楼板边界在楼梯处挖洞，三维效果如图 7-254 所示。

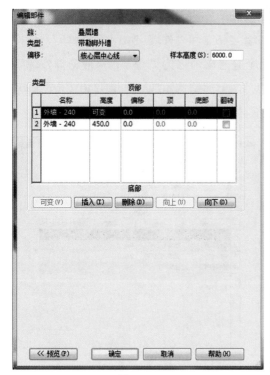

图 7-244

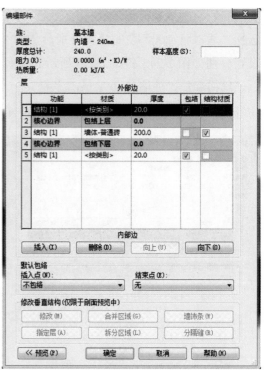

图 7-245

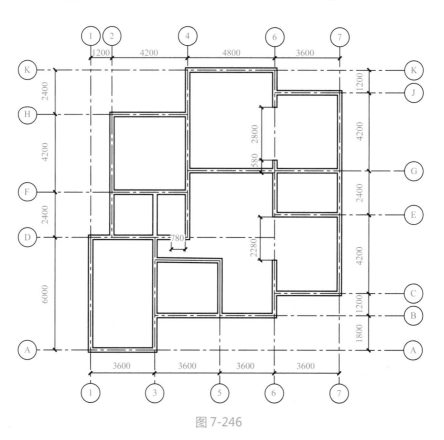

图 7-246

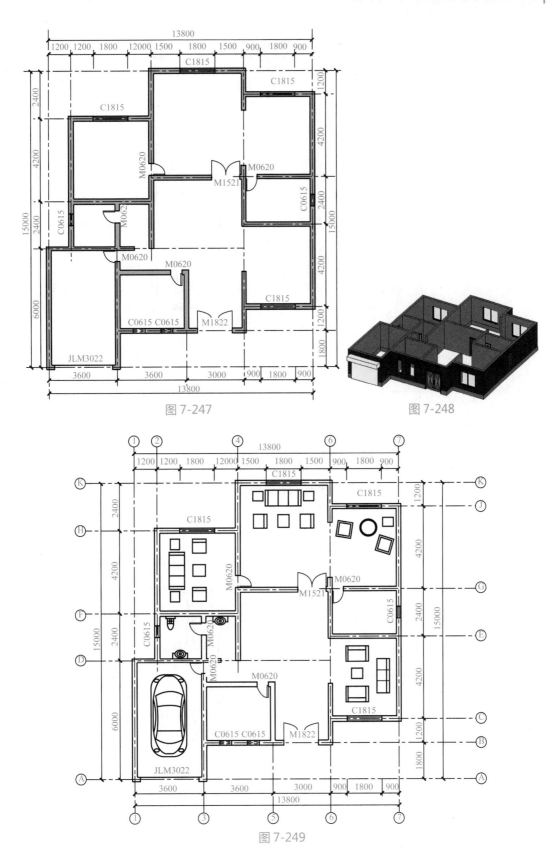

图 7-247

图 7-248

图 7-249

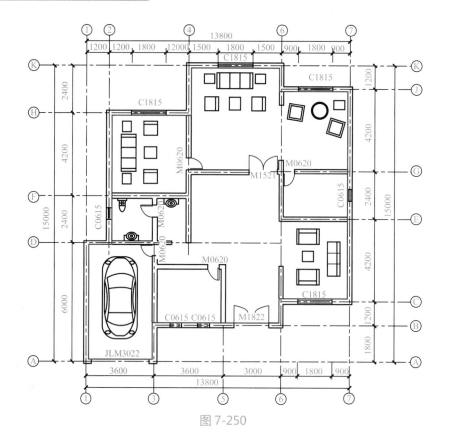

图 7-250

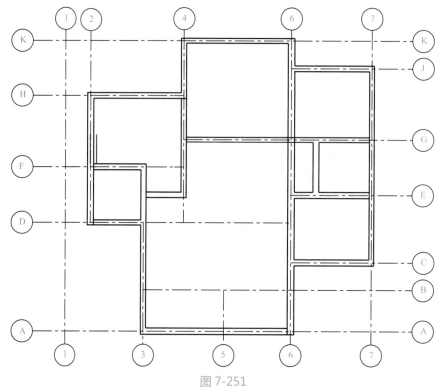

图 7-251

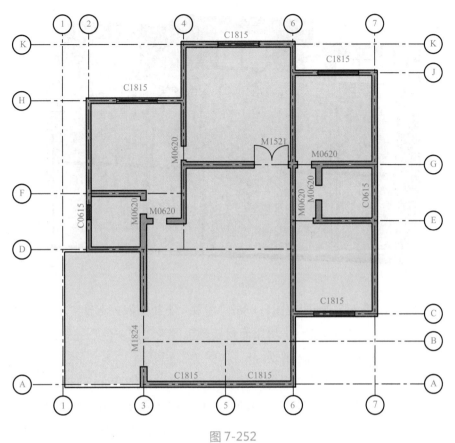

图 7-252

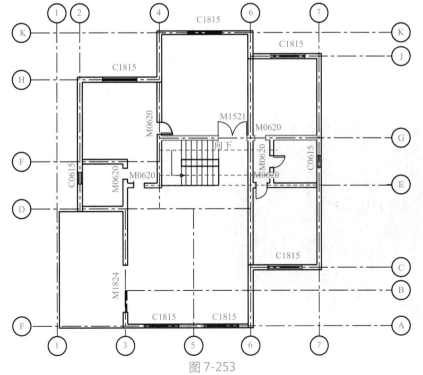

图 7-253

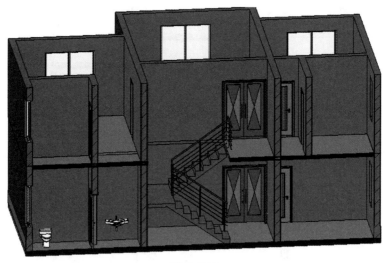

图 7-254

（8）绘制屋面：进入 3F 平面视图，单击"屋顶"下拉列表中选择"迹线屋顶"绘制屋面迹线，取消勾"选定义坡度"，将屋面材质颜色改为"蓝灰色"完成后单击☑完成屋顶绘制，将二层的外墙顶部标高改为 4F。如图 7-255 所示。

（9）绘制雨棚：进入 2F 平面视图，放置四根 300mm×300mm 的柱子（标高为 2F 到 3F），在 3F 平面内绘制屋顶迹线屋顶轮廓，如图 7-256 所示，并且在"属性"栏中将类型改为"玻璃斜窗"，取消勾选坡度，玻璃材质颜色设置为"蓝灰色"网格设置为固定数量，横向 5 个，竖向 9 个，竖梃设置为"圆形竖梃：半径 25mm"。完成后单击☑完成雨棚绘制，并在 2F 楼板边缘绘制栏杆扶手，如图 7-257 所示。

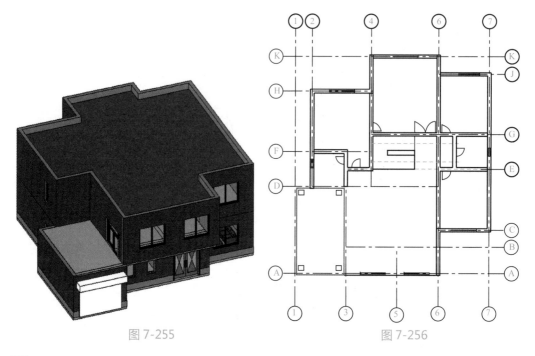

图 7-255　　　　　　　　　　　　　　　　图 7-256

（10）绘制台阶与坡度：进入三维视图，单击"楼板"下拉菜单，选中"楼板：楼板边"，在大门入口处单击楼板上边缘，自动生成台阶，调整台阶宽度，完成台阶的绘制。进入 1F 平面，单击"坡道"命令设置顶部偏移为 150mm，坡道宽为 3840mm，在车库入口绘制坡道。雨棚与坡道三维效果图如图 7-258 所示。

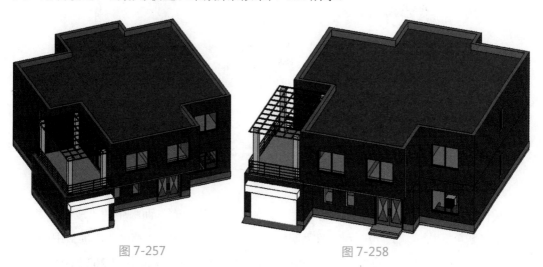

图 7-257　　　　　　　　　　　　　　　图 7-258

（11）创建门窗明细表：单击"视图"面板中的"明细表"下拉列表"明细表 / 数量"，在"类别"中选择门，如图 7-259 所示。

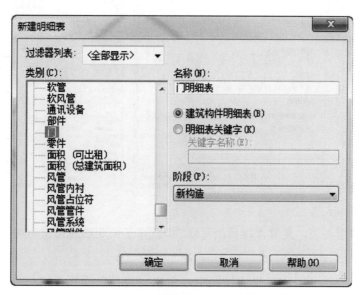

图 7-259

单击"确定"，进入"明细表属性"对话框，将"可用的字段"里的高度、宽度、合计、类型添加进入"明细表字段"，单击"确定"即可，如图 7-260 所示。

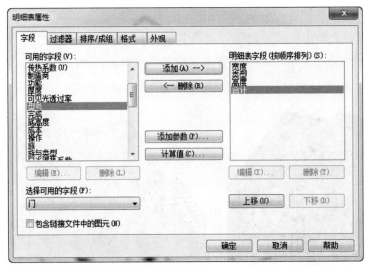

图 7-260

按住鼠标拖动选择"高度"和"宽度"列，单击"明细表"面板中的"成组"工具，合并生成新单元格，输入"尺寸"。在"明细表属性"当中，单击"格式"选项卡中的"合计"字段，点选"计算总数"，如图 7-261 所示。生成的门明细表如图 7-262 所示。

图 7-261　　　　　　　　　　　　　图 7-262

同理可得窗明细表，此时，"项目浏览器"中就多了门明细表和窗明细表，如图 7-263 所示。

（12）设置渲染：进入 1F 平面视图中，单击"视图"面板下"三维视图"下拉菜单中"相机"，在绘图区域中放置相机，放置后，软件会自动跳转至相机视图中，如图 7-264 所示。

单击"视图"控制栏中的"显示渲染对话框"命令，设置如图 7-265 所示。单击"渲染"，完成后单击"导出"命名为房屋渲染，渲染效果图如图 7-266 所示。

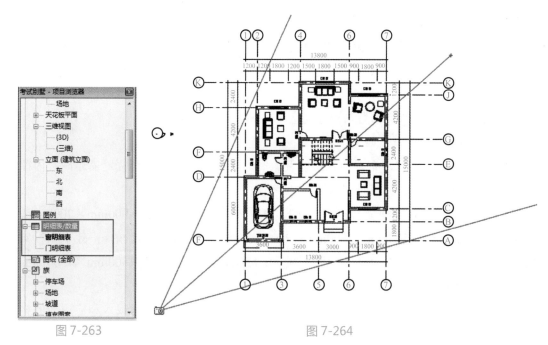

图 7-263　　　　　　　　　　　　　　　图 7-264

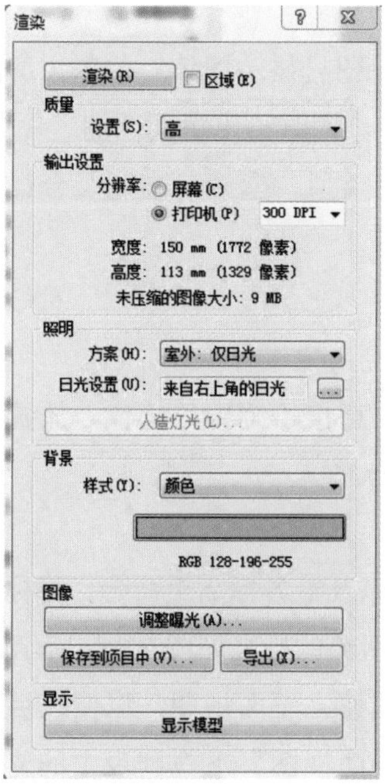

图 7-265 　　　　　　　　　　　　　　　图 7-266

【例题 4】（2013 年 BIM 第三期等级考试试题）参照图 7-267 所示给出的平面图、立面图，在考生文件夹中给出的"三层建筑模型"文件的基础上，创建三层建筑模型，具体要求如下：（40 分）

（1）基本建模。（10 分）

1）创建墙体模型，其中内墙厚度均为 100mm，外墙厚度均为 240mm。

2）建立各层楼板模型，楼板厚度均为 150mm，顶部与各层标高平齐。楼板在楼梯间处应开洞，并按图中尺寸创建并放置楼梯模型。楼梯扶手和梯井尺寸取适当值即可。

3）建立屋顶模型。屋顶为平面顶，厚度为 200mm，出檐取 240mm。

4）按平面图要求创建房间，并标注房间名称。

5）三层与二层的平面布置与尺寸完全一样。

（2）放置门窗及家具。（15 分）

1）按平、立面要求，布置内外门窗及家具。其中外墙门窗布置位置需精确，内部门窗对位置不作精确要求，家具布置位置参考图中取适当位置即可。

2）门构件集共有四种型号：M1、M2、M3、M4，尺寸分别为：900mm×2000mm、1500mm×2100mm、1500mm×2000mm、2400mm×2100mm。 同样的，窗构件集共有三种型号：C1、C2、C3，尺寸分别为：1200mm×1500mm、1500mm×1500mm、1000mm×1200mm。

3）家具构件和门构件使用模板文件中给出的构件集即可，不用载入和应用新的构建集。

（3）创建视图和明细表。（15 分）

1）新建平面视图，并命名为"首层房间布置图"。该视图只显示墙体、门窗、房间和房间的名称。视图中房间需着色，着色颜色自行取色即可。同时给出房间图例。

2）创建门、窗明细表，门、窗明细表均应包含构建集类型、型号、高度及合计字段。明细表按构件集类型统计个数。

3）建筑各层和屋顶标高处均应有对应平面的视图。

4）最后，请将模型文件以"三层建筑"为文件名保存到考生文件夹中。

建模思路：此题为三层平房，确定定位的标高轴网后，直接绘制内外墙体，放置家具以及门窗等，基本没什么难点，考察考生软件的熟练程度。

创建过程：

（1）创建标高：新建项目，进入东立面图，绘制标高线以及给各标高重命名，将标高 1 修改为 1F，其他标高类似修改，完成后全选标高，锁定。所绘的标高如图 7-268 所示。

（2）创建平面视图：通常情况下，在画墙的时候就应该建立平面视图，以便之后各层楼房的编辑以及门窗的放置等。具体步骤如下：单击"平面视图"下拉列表中的"楼层平面"命令： ，之后按住 shift/ctrl 选中所有楼层，如图 7-269 所示，单击"确定"。

（3）创建轴网：进入 1F 平面图，使用"轴网"和"复制"命令共同绘制轴网，并对轴网进行局部修改后如图 7-270 所示，选中所有轴网，单击"影响范围"将局部修改影响到其他楼层，最后将所有轴网锁定。

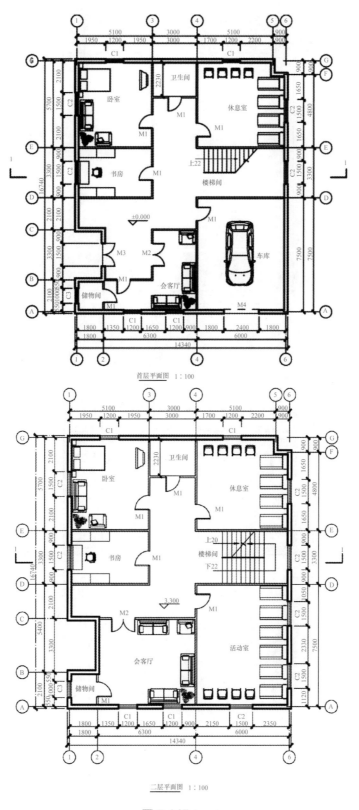

首层平面图  1:100

二层平面图  1:100

图 7-267（一）

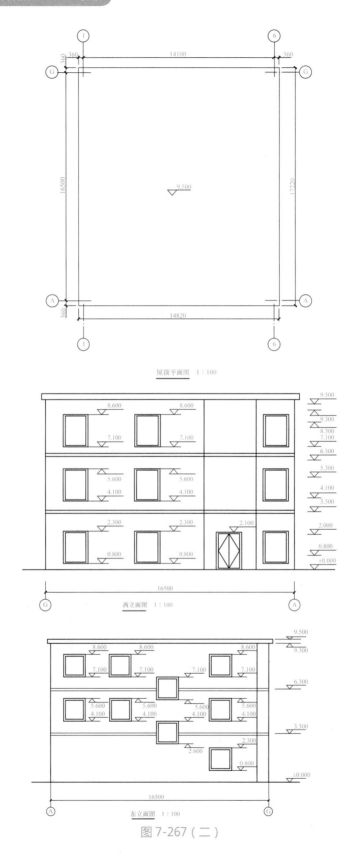

图 7-267（二）

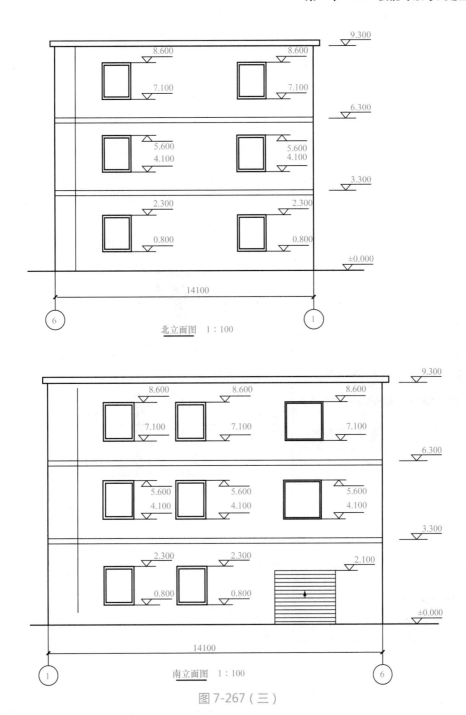

北立面图　1 : 100

南立面图　1 : 100

图 7-267（三）

（4）设置墙体：根据题目内外墙厚都是 240mm，本题选用的墙即为基本墙"常规 -240mm"，绘制 1F 内外墙如图 7-271 所示。

切换至 2F 平面图，按照 1F 的墙绘制，绘制 2F 的外墙以及内墙如图 7-272 所示。

（5）放置门、窗：分别选择"门"和"窗"命令，根据图 7-273 所示放置门窗，放之前单击"放置时进行标记"，完成所有门窗后的三维效果如图 7-274 所示。

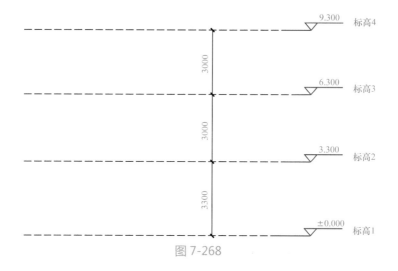

图 7-268

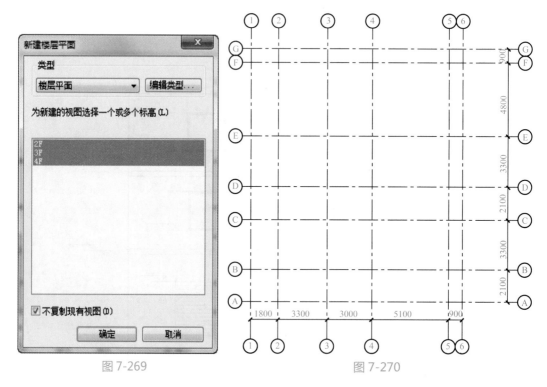

图 7-269　　　　　　　　　　　　　图 7-270

进入 2F 平面视图，放置门窗如图 7-275 所示。

（6）绘制 1F 楼板：打开 1F 视图，单击"建筑 - 楼板（用建筑楼板）"，进入楼板绘制界面。选择"拾取墙"，绘制楼板边界，注意的是应拾取外墙的内边界，取消勾选选项栏中"延伸到墙中（至核心层）"，偏移: 0.0　　　　　□延伸到墙中（至核心层），拾取完成后如图 7-276 所示，单击"完成"楼板的编辑。

在"项目浏览器"或"快捷菜单"中选择进入三维视图，整体的三维图形如图 7-277 所示。

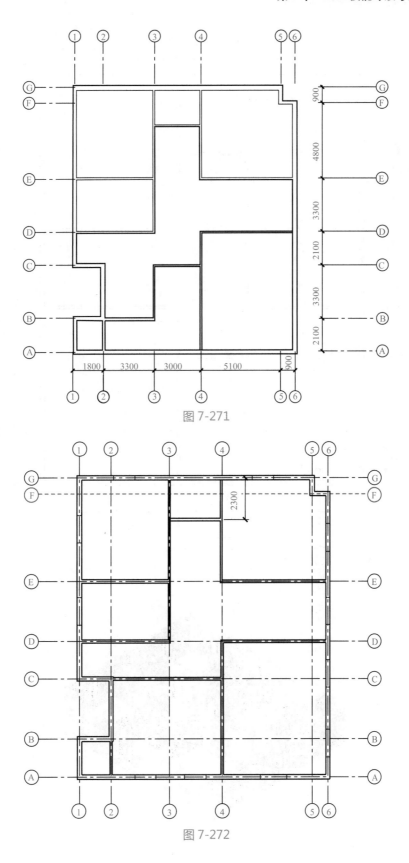

图 7-271

图 7-272

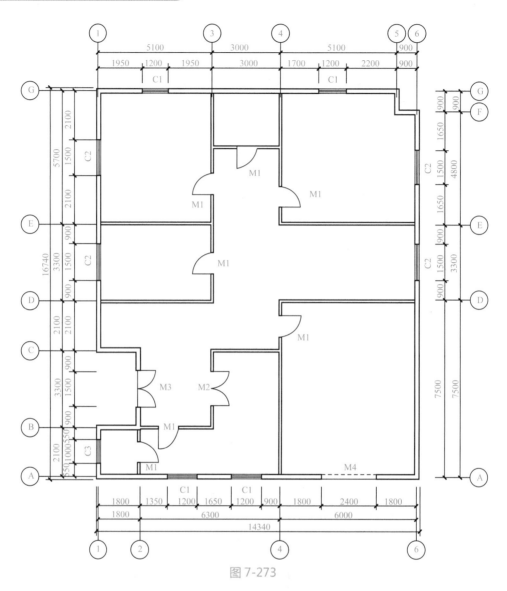

图 7-273

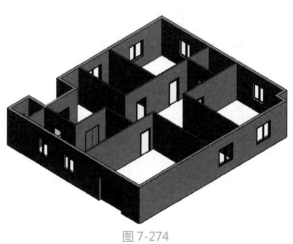

图 7-274

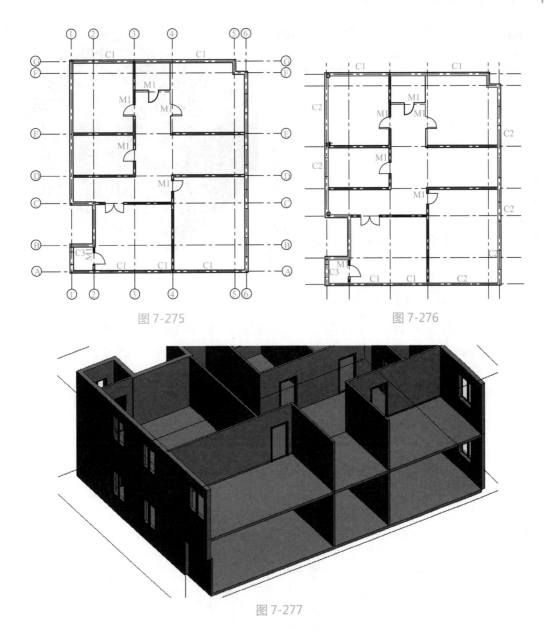

图 7-275　　　　　　　　　　　　图 7-276

图 7-277

（7）2F 的墙、门、窗、楼板复制到第 3F：进入 2F 视图，框选所有的墙、门、窗，以及楼板。点击漏斗形状的过滤器按钮，不勾选轴网，如图 7-278 所示，单击"确定"。

单击"剪切板"面板中的"复制到剪切板"命令，进入 3F 视图，再单击该面板中的"从剪切板中粘贴"下拉列表中选择"与当前视图对齐"，3F 复制完成之后，如图 7-279 所示。

（8）绘制楼梯：进入 1F 平面，在 D、E 轴线之间绘制楼梯，设置楼梯属性。其中高为 3150mm，踢面数为 23，楼梯宽为 1500mm。绘制 1F 楼梯，并且通过"编辑楼界"命令在楼梯处挖洞，如图 7-280 所示。

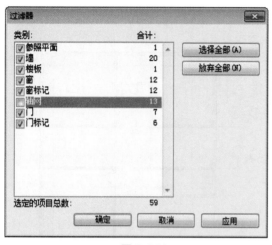

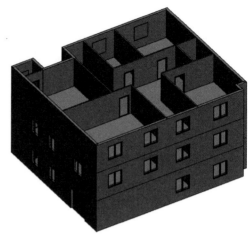

图 7-278　　　　　　　　　　　　　　　　　图 7-279

（9）绘制屋面：进入 4F 平面视图，在"屋顶"下拉列表中选择"迹线屋顶"绘制屋面迹线，如图 7-281 所示，取消勾"选定义坡度"，选"常规 -200"![悬挑: 240.0]，完成后单击![勾]完成屋顶绘制。

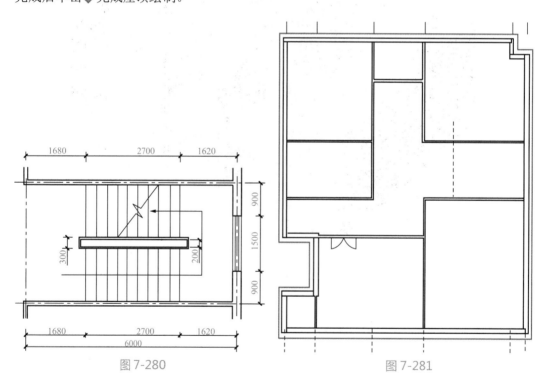

图 7-280　　　　　　　　　　　　　　　　　图 7-281

（10）放置家具：通过"载入族"将家具族载入到项目中，可通过快捷键"CM"快速提取载入的族文件。布置家具如图 7-282 所示，接而进入房间标记环节，标注房间，有的命名在样板中找不到，则选择载入系统族，载入需要的族。

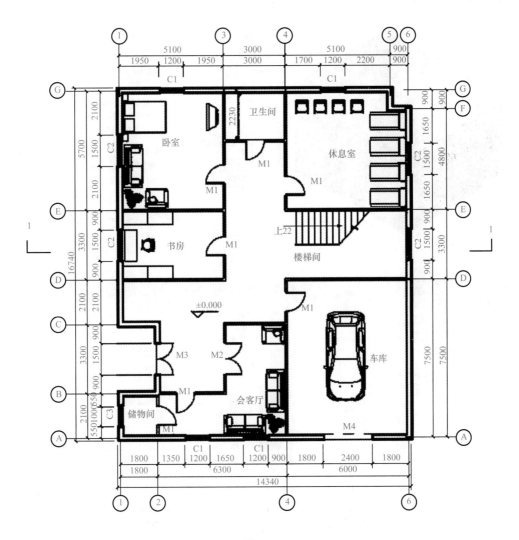

图 7-282

完成模型后，进入三维视图，如图 7-283 所示。

（11）创建门窗明细表：单击视图面板"明细表"下拉列表中的"明细表/数量"，在弹出的"新建明细表"对话框的类别中选择"门"，如图 7-284 所示。

单击"确定"，进入"明细表属性"对话框，将可用的字段里的高度、宽度、合计、类型添加进入明细表字段，确定即可，如图 7-285 所示。

按住鼠标拖动选择"高度"和"宽度"列，单击明细表面板中的"成组"工具，合并生成新单元格，输入"尺寸"。在"明细表属性"当中，单击"格式"选项卡中的"合计"字段，点选"计算总数"，如图 7-286 所示。生成的门明细表如图 7-287 所示。

同理可得窗明细表，此时，"项目浏览器"中就多了门明细表和窗明细表。最后将模型文件以"三层建筑"为文件名保存到考生文件夹中，如图 7-288 所示。

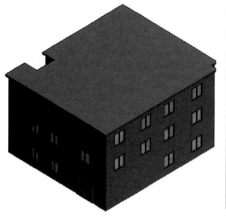

图 7-283

图 7-284

图 7-285

图 7-286

| 门明细表 | | | |
|---|---|---|---|
| 高度 | 宽度 | 合计 | 类型 |
| | | | |
| 2000 | 900 | 1 | M1 |
| 2000 | 900 | 1 | M1 |
| 2000 | 900 | 1 | M1 |
| 2000 | 900 | 1 | M1 |
| 2000 | 900 | 1 | M1 |
| 2000 | 900 | 1 | M1 |
| 2000 | 900 | 1 | M1 |
| 2000 | 900 | 1 | M1 |
| 2000 | 900 | 1 | M1 |
| 2000 | 900 | 1 | M1 |
| 2000 | 900 | 1 | M1 |
| 2000 | 900 | 1 | M1 |
| 2100 | 1500 | 1 | 2100 x 15 |
| 2100 | 1500 | 1 | 2100 x 15 |
| 2000 | 1500 | 1 | 2000 x 15 |
| 2100 | 2400 | 1 | 2400 x 21 |
| 2000 | 900 | 1 | M1 |
| 2000 | 900 | 1 | M1 |
| 2000 | 900 | 1 | M1 |
| 2000 | 900 | 1 | M1 |
| 2000 | 900 | 1 | M1 |
| 2100 | 1500 | 1 | 2100 x 15 |

图 7-287

| 窗明细表 | | | |
|---|---|---|---|
| 高度 | 宽度 | 类型 | 合计 |
| 1500 | 1200 | 1200 x 15 | 1 |
| 1500 | 1200 | 1200 x 15 | 1 |
| 1500 | 1200 | 1200 x 15 | 1 |
| 1500 | 1200 | 1200 x 15 | 1 |
| 1500 | 1200 | 1200 x 15 | 1 |
| 1500 | 1500 | 1500 x 15 | 1 |
| 1500 | 1500 | 1500 x 15 | 1 |
| 1500 | 1500 | 1500 x 15 | 1 |
| 1500 | 1500 | 1500 x 15 | 1 |
| 1500 | 1500 | 1500 x 15 | 1 |
| 1500 | 1500 | 1500 x 15 | 1 |
| 1500 | 1500 | 1500 x 15 | 1 |
| 1500 | 1500 | 1500 x 15 | 1 |
| 1500 | 1500 | 1500 x 15 | 1 |
| 1500 | 1500 | 1500 x 15 | 1 |
| 1200 | 1000 | 1000 x 12 | 1 |
| 1200 | 1000 | 1000 x 12 | 1 |
| 1500 | 1200 | 1200 x 15 | 1 |
| 1500 | 1200 | 1200 x 15 | 1 |
| 1500 | 1200 | 1200 x 15 | 1 |
| 1500 | 1500 | 1500 x 15 | 1 |
| 1500 | 1500 | 1500 x 15 | 1 |
| 1500 | 1500 | 1500 x 15 | 1 |
| 1200 | 1000 | 1000 x 12 | 1 |
| 1500 | 1500 | 1500 x 15 | 1 |
| 1500 | 1500 | 1500 x 15 | 1 |
| 1500 | 1500 | 1500 x 15 | 1 |
| 1500 | 1500 | 1500 x 15 | 1 |

图 7-288

## 7.6.3　小结

BIM 考试中最后一题占的分数都比较大，会让考生绘制一个完整的小建筑，并完成标记和明细表，导出图纸。因此要特别注意标注的字体规范，同时绘制的时候应该注意墙体、门等的对齐方式。如果改动较少的，可以绘制完成后用对齐命令（AL）。如果改动较多则可事先在"属性"栏中设置对齐方式对齐。

> ➤ 绘制的时候要综合考虑各个平立面图的标注，注意对齐的方式。
> ➤ 读题的时候注意要求，生成的明细表不要遗漏要求添加的项目。

# 7.7　其他题型

## 7.7.1　标高轴网

1. 题型分析

标高和轴网是建筑设计中重要的定位信息，标高用于反映建筑构件在高度方向上的定位情况。创建完标高后，切换至平面视图绘制轴网，轴网用于在平面视图中定位图元。

2. 案例分析

【例题 1】（2013 年 BIM 第三期等级考试试题）某建筑共 50 层，其中首层地面标高为 ±0.000，首层层高 6.0m，第二至第四层层高 4.8m，第五层及以上均层高 4.2m。请按要求建立项目标高，并建立每个标高的楼层平面视图。并且，请按照图 7-289 所示的轴网要求绘制项目轴网。最终结果以"标高轴网"为文件名保存为样板文件，放在考生文件夹中。

创建过程：

（1）绘制标高：在立面图里创建标高，如图 7-290 所示，二至四层标高用复制命令，第五层以上层高一样，用阵列命令不勾选"成组并关联"。并单击"视图"选项卡→"平面视图"面板→"楼层平面"命令，将上述创建的楼层平面添加到"项目浏览器"。

（2）绘制轴网：在标高 1 的平面视图中绘制轴网，如图 7-291 所示。

（3）修改轴网：进入南立面或北立面，将①到④号轴网下拉到标高 6 以下，如图 7-292 所示。则 6 层以上标高就看不见①到④号轴网。

进入标高 6 楼层平面，单击 A—F 号轴网，将 A—F 号轴网改成 2D，如图 7-293 所示，并向右拖动至靠近⑤号轴网，如图 7-294 所示。

框选标高 6 楼层平面里修改的轴网，单击"影响范围"选择需要修改的楼层平面，即 6 楼层至 50 楼层，如图 7-295 所示，单击确定。则 6 层以上标高平面显示轴网，如图 7-296 所示。最后将结果以"标高轴网 .rte"保存到考生文件夹中。

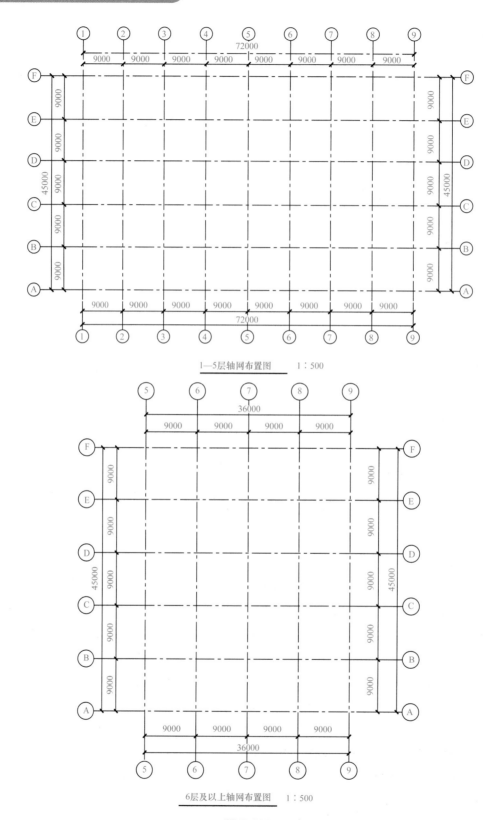

1—5层轴网布置图　　1∶500

6层及以上轴网布置图　　1∶500

图 7-289

图 7-290

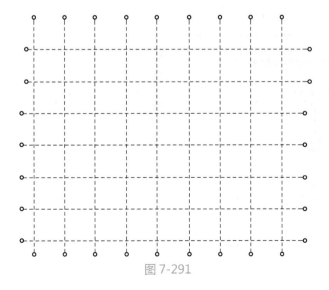

图 7-291

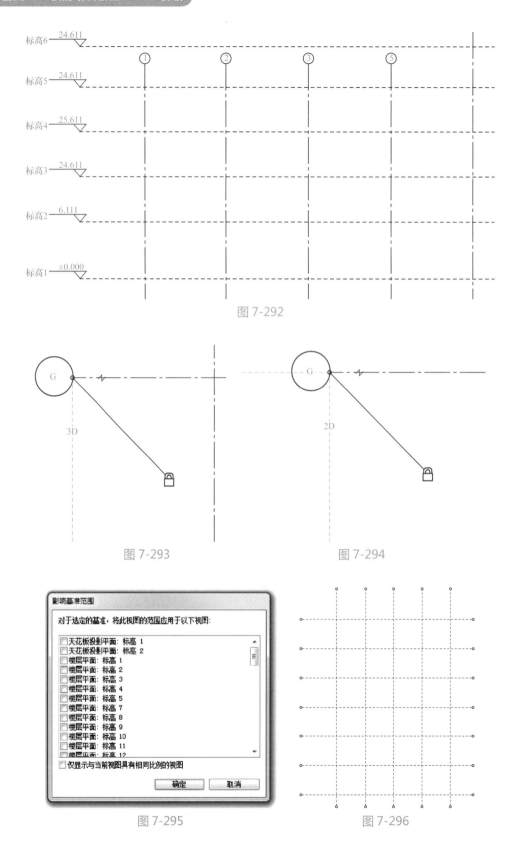

图 7-292

图 7-293　　　　　图 7-294

图 7-295　　　　　图 7-296

3. 小结

标高轴网是在 revit 建模中重要的定位信息，虽然绘制方法比较简单，但是也有很多细节需要注意的。

➢ 在绘制标高时，零标高会在负标高之下，是因为零标高的"立面零标高"发生偏移，可在属性对话框中进行修改。

➢ 轴网是三维的图元，如果在立面图中将其拖动至标高下方，则该标高所在视图平面内不显示轴网。

➢ 轴网在 3D 条件下修改的内容会在整个项目中显示，而在 2D 条件下修改的内容需要通过"影响范围"影响到其他视图。

## 7.7.2　框架

1. 题型分析

本小节主要是建筑柱、结构柱，以及梁、梁系统、结构支架等，要注意区分建筑柱和结构柱的应用方法和区别。建筑柱主要是起装饰和维护作用，而结构柱则主要是用于支撑和承受荷载。一般情况下，把用于承重的构件，如结构柱、梁、结构楼板、基础、结构墙等视为结构构件。作为建筑师，一般不需要过多考虑复杂的结构布置（如空间网架内部结构），Revit 针对建筑师提供了梁、支撑、基础、柱、墙和楼板等构件。根据项目需要，某些时候需要创建结构梁系统和结构支架，比如对楼层净高产生影响的大梁。

2. 案例分析

【例题 1】根据图 7-297 所示所给出的一层平面图一层柱平面图、屋顶平面图和东、南、西、北立面图，一层 QL：240mm×240mm，KL：240mm×400mm，屋顶端部 WQL：240mm×150mm，柱 GZ1：240mm×240mm，Z2：300mm×300mm，屋顶檩条有提供，创建框架模型。

建模思路：创建框架模型要特别注意包括轴网和标高的定位、确定，充分提取图中信息，依次绘制柱、梁、板，注意柱子和斜梁的附着方式；图中的梁系统使用檩条来绘制，注意设置正确的工作面。

创建过程：

（1）创建标高和轴网：进入东立面视图，在"创建"选项卡下的"基准"面板中选择"标高"按钮，建立三个标高分别为 F0:0.000、F1:3.800、F2:6.278，如图 7-298 所示。进入 FO 平面视图，同样的方法绘制轴网，先竖向，再横向（画横向第一条轴线时，注意要把轴线编号改为大写字母"A"，再绘制剩下的部分），如图 7-299 所示。

【提示】推荐的流程为先绘制标高，再绘制轴网，这样在立面视图，轴号将显示于最上层的标高的上方，这也就决定了轴网在每一个标高的平面视图都可见。

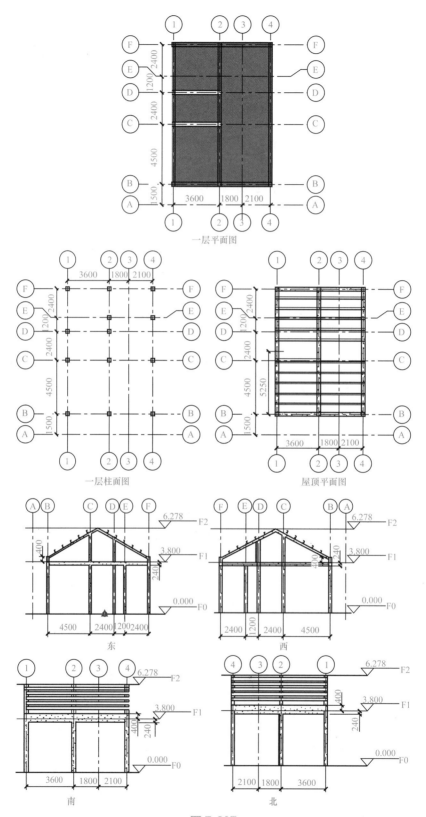

一层平面图

一层柱面图

屋顶平面图

东

西

南

北

图 7-297

（2）添加 F0 楼层的结构柱：以 F0 为基准，在"建筑"选项卡的"柱"面板中选择"结构柱"（或"结构"选项卡下的"柱"面板），在"编辑类型"属性里分别复制柱，重命名为 GZ1 和 Z2 尺寸分别为 240mm×240mm,300mm×300mm，在属性窗口对柱子的参数进行如图 7-300 所示的编辑。本例题有 GZ1 和 Z2 类型，在相应轴线相交的位置，单击放置柱 GZ1，再在对应位置单击放置柱 Z2。F0 楼层两种框架柱的平面布置如图 7-301 所示。

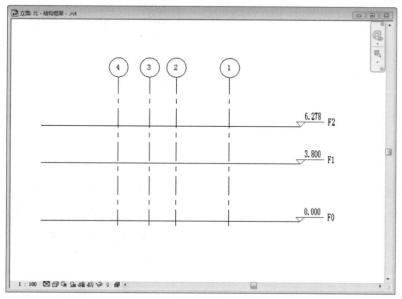

图 7-298

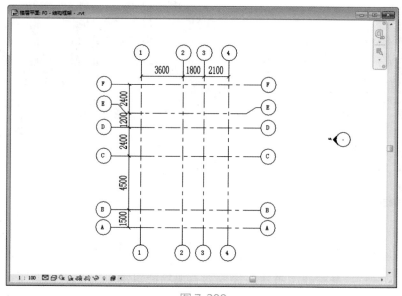

图 7-299

图 7-300　　　　　　　　　　　　　　图 7-301

（3）绘制梁：在 F1 楼层添加"混凝土梁 -QL（240×240）"。进入到 F1 楼层平面视图，在"结构"选项卡中，单击"梁"命令，单击"编辑类型"进入类型属性对话框，选择复制并修改名称为 QL，在尺寸标注下设 $b$=240mm（宽）、$h$=240mm（高），单击"确定"。在"实例属性"栏中对参数进行修改，参照平面是 F1，工作平面 F1，"Z 方向对正"选择顶部对齐方式，如图 7-302 所示。设置好后，按照要求沿轴网绘制梁即可。结果如图 7-303 所示。

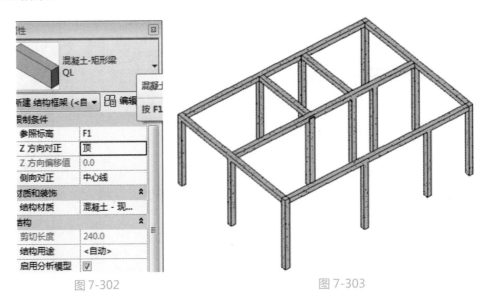

图 7-302　　　　　　　　　　　　　　图 7-303

（4）添加 F1 结构板：在"建筑"选项卡下，选择"楼板"→"楼板 - 结构"命令，单击"编辑类型"，复制并命名新的楼板为"现场浇筑混凝土 110"，如图 7-304 所示。确定后单击构造栏下的结构右侧的编辑按钮进入编辑部件对话框，修改"结构 [1]"的厚度为 110。如图 7-305 所示。

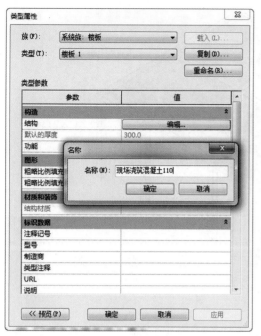

图 7-304

图 7-305

设置好楼板标高为 F1，如图 7-306 所示，绘制如图 7-307 所示的楼板边界，单击"完成"命令 ✔ 生成楼板如图 7-308 所示。

图 7-306　　　　　　　　　　　图 7-307

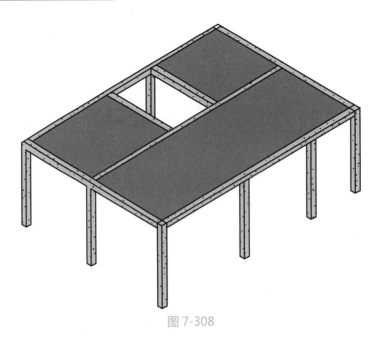

图 7-308

（5）绘制 F1 的梁：在 F1 楼层添加"KL240×400"。在南北两侧分别加上一根"KL240×400"的梁，复制和尺寸设置的方法同上 F1 的 QL，注意此处的"Z 方向对正是"选择底对齐，如图 7-309 所示，绘制完成如图 7-310 所示。

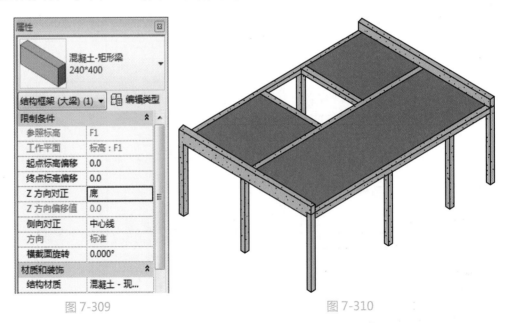

图 7-309

图 7-310

（6）添加 F1 柱子：单击"建筑"选项卡，选择"柱"→"结构柱"（或"结构"选项卡下的"柱"面板），本层所有柱子均为 GZ1 的矩形柱，底部标高为 F1，底部偏移为 0mm，顶部偏移为 400mm，如图 7-311 所示，在梁与梁的交点处添加 GZ1 的柱子，如图 7-312 所示。

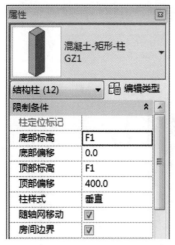

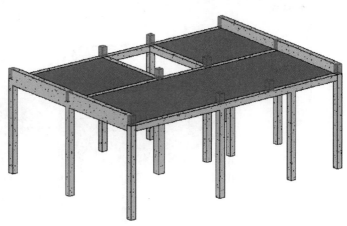

图 7-311　　　　　　　　　　　　　　　　　　图 7-312

（7）绘制屋顶梁 WQL：以 F2 为基准，以轴线 4-F 交点为起点沿轴线 4 绘制一根长为 5250mm 的梁 WQL，复制两根同样的梁到①轴和②轴上，梁两侧的标高分别为－ 2100mm，0.0mm，如图 7-313 所示。复制好之后按住 Ctrl 键选中这三根梁，单击"修改"面板中的"镜像 - 绘制轴"命令，绘制一条与 F 轴相距 5250mm 的水平直线，将这三根梁镜像复制到结构的另一侧，如图 7-314 所示，完成后的三维图如图 7-315 所示。

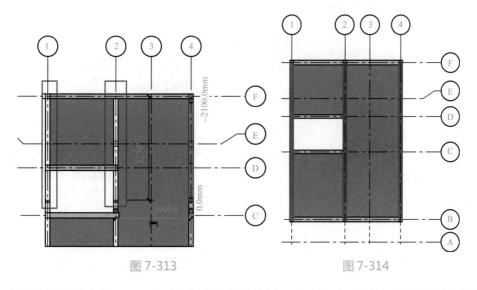

图 7-313　　　　　　　　　　　　　　　图 7-314

（8）柱子附着在梁 WQL 上：选中要附着的柱子，在右上角出现的"修改柱"面板中，选择"附着顶部 / 底部"，再调整选项栏中参数："附着柱：顶"，"附着样式：不剪切"，"附着对正：最大相交"。进入绘图区域，选中要附着的目标梁，即完成，如图 7-316 所示。

（9）绘制梁系统（檩条绘制）：以 F2 为基准，绘制屋面梁系统，选择"结构"选项卡，单击"梁系统"，在"属性"对话框中更改参数设置：将布局规则改为"固定数量"，线数改为"5"，梁类型改为"檩条"，如图 7-317 所示。

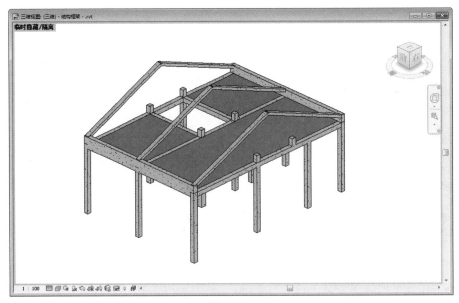

图 7-315

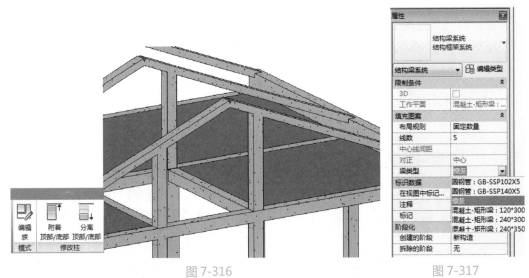

图 7-316　　　　　　　　　　　　　　图 7-317

　　属性设置好之后，在"修改 | 创建梁系统边界"选项卡下的"工作平面"面板中单击"设置"，弹出"工作平面"对话框，如图 7-318 所示，选择"拾取一个平面"后确定，则将 WQL 所在面作为本次的工作平面，进入工作平面绘制，如图 7-319 所示梁系统边界，单击完成命令 ✔，结果如图 7-320 所示。梁系统另外一边的绘制同上述方法，此处不再赘述。最终模型如图 7-321 所示。

　　【提示】梁方向： 梁的放置方向，此处梁为横向的搁置。如图 7-320 所示绘制梁系统时拾取的工作面 WQL 所在面为斜面。

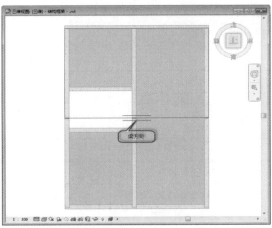

图 7-318

图 7-319

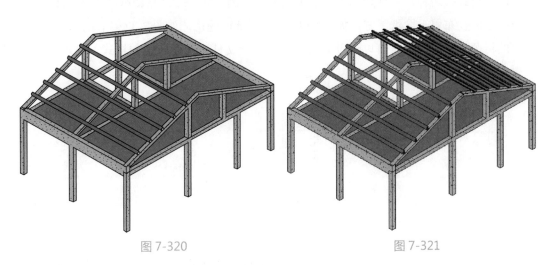

图 7-320

图 7-321

### 3. 小结

目前，绝大多数建筑设计师在设计时主要考虑结构柱定位。结构设计是创建完整 BIM 模型的重要内容。本节介绍了 Revit 中结构设计的概念，在该软件提供的结构构件的基础上完成结构柱、框架梁和梁系统等结构构件的布置，学习其基本的创建和编辑方法。

- ➤ 绘制柱的时候注意是深度还是高度，深度表示往下绘制，高度则表示往上绘制。
- ➤ 绘制梁的时候注意选择所需的垂直对齐方式。
- ➤ 结构板应该在梁上方，绘制楼板的时候应该注意绕开柱，以免工程量重复统计。
- ➤ 绘制梁系统的时候注意梁的方向。

## 7.7.3　图纸

### 1. 题型分析

创建图纸的首要任务就是确定图框，也就是确定作为图纸样板的标题栏族文件。

Revit 软件在默认安装的情况下，自带的标题栏族文件包含 A0 ～ A5 五种尺寸，具体图纸尺寸见表 7-1：

表 7-1　　　　　　　　　　　　　　　　图纸尺寸

| 模板 | 模板尺寸 /mm | 实际图纸尺寸 /mm |
| --- | --- | --- |
| A0 公制 | 1190×840 | 1189×841 |
| A1 公制 | 841×594 | 841×594 |
| A2 公制 | 594×420 | 594×420 |
| A3 公制 | 420×297 | 420×297 |
| A4 公制 | 297×210 | 297×210 |
| 新尺寸公制 | 297×210 | |

　　题栏样式有两种，一种为标签布置于图纸的右侧，A0 ～ A2 号图纸如图 7-322 所示；另一种是标签布置于图纸下方，如 A3 和 A4 号图纸标题栏，如图 7-323 所示，但每个设计院的标题栏都不一样，可以通过编辑修改现有族文件来得到所需的样式，也可以自己新建标题栏族文件。

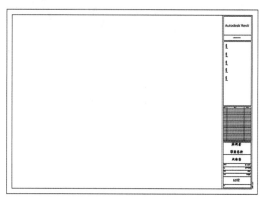

图 7-322

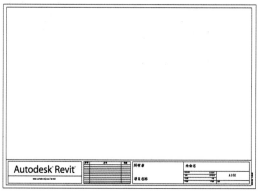

图 7-323

　　导入软件自带的标题栏族文件：

　　方法一：单击功能区中"视图"→"图纸"，如图 7-324 所示。

　　方法二：在项目浏览器中右键单击"图纸"，菜单中选择"新建图纸"，如图 7-325 所示。

图 7-324

图 7-325

2. 案例分析

【例题 1】创建 A1 标题栏族文件，详图尺寸见 CAD，框中字体为仿宋，如图 7-326 所示。

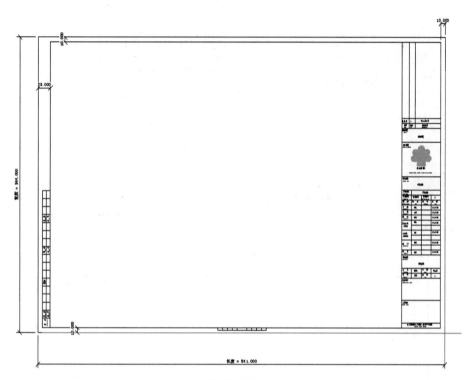

图 7-326

建模思路：此题可利用"新建图纸"的方法创建标题栏族文件，根据 CAD 图尺寸创建 A1 图框，从 CAD 导入公司图标，使用"文字"定义项目信息，使用标签定义"建设单位"、"项目名称"、"姓名"、"图名"等信息栏，通过"编辑属性"修改参数。

创建过程：

（1）选择标题栏：单击"应用程序菜单"→"新建"→"标题栏"选择"A1 公制 .rft"，如图 7-327 所示。

【提示】默认情况下标题栏模板存放于 C:\ProgramData\Autodesk\RVT 2013\Family Templates\Chinese\ 标题栏，包含"A0 ～ A4、新尺寸公制"六个模板，具体尺寸见表 7-1。

（2）绘制图框：单击"创建"选项卡→"详图"面板→"直线"命令，进入到"修改 | 放置线"选项卡，可利用直线、矩形等命令，根据 CAD 详图绘制图框，如图 7-328 所示。

（3）导入 CAD 图标：单击功能区域中"插入"→"导入 CAD"，如图 7-329 所示，找到图源"公司图"，在"定位"下拉菜单中选择"手动 - 中心到中心"，打开，如图 7-330 所示。选中导入的公司图标，在左侧属性栏中单击"编辑类型"命令，利用修改"比例系数"来调整公司图的大小，并拖动图标到合适的位置。

图 7-327

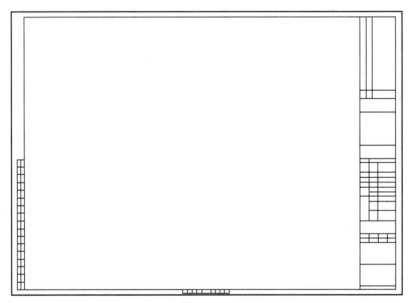

图 7-328

图 7-329

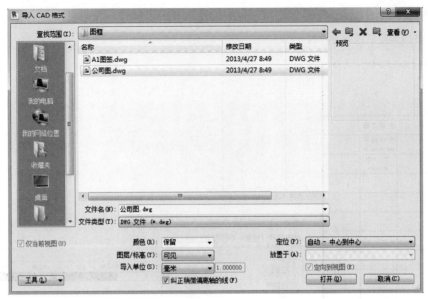

图 7-330

【提示】为保持图纸原样，颜色选择"保留"。

（4）添加文字：图框中的项目信息使用"文字"定义。单击功能区域中"创建"→"文字"，在对应位置单击鼠标，输入对应文字，调整位置。单击"编辑类型"，在弹出的对话框中通过"复制"可以创建并定义其他类型（字体、尺寸等）的文字。定义好后如图 7-331所示。

【提示】这类固定信息随族文件载入到项目文件后，在项目文件中无法修改。

（5）添加标签：通过"标签"命令定义"建设单位"、"项目名称"、"姓名"、"图名"等信息栏，并通过属性值更改实例。单击功能区域中"创建"→"标签"在相应的位置单击，点击需要添加的"类别参数"，如需定义"审定"右边的项，弹出对话框如图 7-332 所示，选择"审核者"→单击"将参数添加到标签"命令 ▭→在"样例值"修改值属性→单击"确认"。用同样的方法添加其他标签。完成后如图 7-333 所示。

【提示】所有添加的"标签"和"文字"都可以通过属性来修改，并且使用"标签"定义的内容，可以在项目环境中进行编辑。

3. 小结

本章较全面地考察了读者对图纸信息的认识，包括设计单位信息、建设单位信息、图纸相关说明等。

➢ 每个设计院的图纸都是不一样的，因此，要通过新建标题栏族文件的方法创建自己的图纸，以后每次使用只要导入族文件即可。

➢ 创建图纸过程主要是运用"标签"和"文字"两个命令，运用"文字"来添加固定的信息；运用"标签"来添加可变的信息。

➢ 所有添加的"标签"和"文字"都可以通过属性来修改，使用"标签"定义的内容，可以在项目环境中进行编辑。

图 7-331

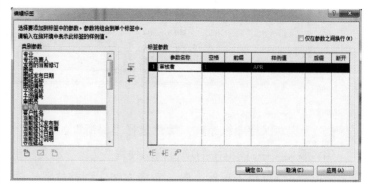

图 7-332

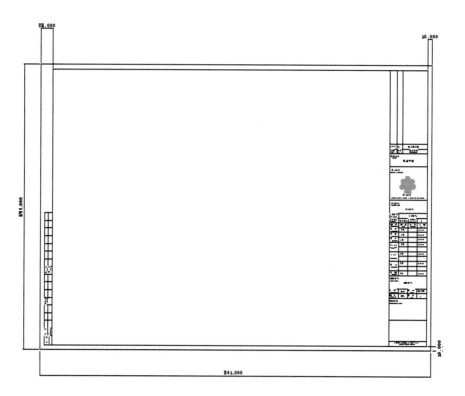

图 7-333

### 7.7.4　内建模型

1. 题型分析

内建模型属于在位族，是在当前项目的关联环境内创建的族，没有通用性即该族仅存在于此项目中，而不能载入其他项目。通过创建在位族，可在项目中为项目或构件创建唯一的构件，该构件用于参照几何图形。其创建的方法和创建族基本相同。

2. 案例分析

**【例题 1】**（2013 年 BIM 第三期等级考试试题）根据图 7-334 所示给定的轮廓与路径，创建内建构建模型。请将模型文件以"柱顶饰条"为文件名保存到考生文件夹中。（10 分）

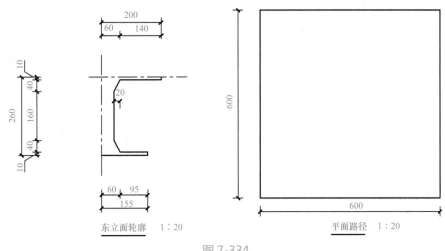

图 7-334

创建过程：

（1）新建项目：在项目浏览器中单击"楼层平面"进入标高二，绘制参考平面如图 7-335 所示。

（2）创建放样：单击"建筑"选项卡→"构件"面板→"内建模型"→"柱"，然后选择"放样"命令，再点击"绘制路径"，绘制的路径如图 7-336 所示，最后单击完成路径的绘制。

点击"编辑轮廓"进入东立面，绘制的参照平面如图 7-337 所示。

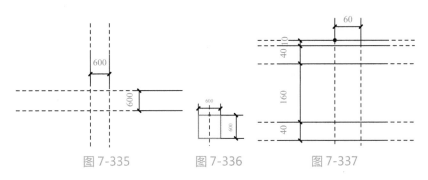

图 7-335　　　　图 7-336　　　　图 7-337

绘制轮廓如图 7-338 所示，完成编辑模式。创建模型如图 7-339 所示。

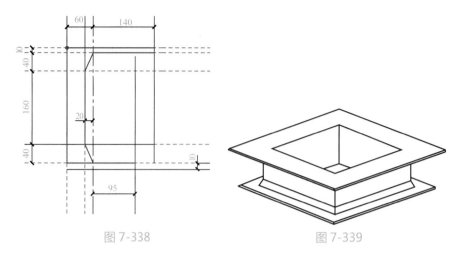

图 7-338　　　　　　　　　　　　　　图 7-339

3. 小结

创建内建模型的方法与创建族基本相同。

➢ "内建模型"中的放样，需要先绘制路径，再绘制轮廓，最先绘制的路径会出现红十字，根据所绘制的路径对轮廓进行拉伸，在绘制轮廓时，不要超过最先绘制路径线的一半，否则无法创建放样。

➢ 内建模型仅存在于所在项目中，而不能载入其他项目。通过创建内建模型，可在项目中为项目或构件创建唯一的构件。

## 7.7.5　小结

BIM 考试中往往除了墙、族、楼梯、体量、屋顶、综合题型等常见题型外，会出现一些基础考题但往往带有技巧性，所以读者对于 Revit 软件的各知识点需多加练习，在练习中找到问题，通过问题加深对软件的多角度认识。

# 参 考 文 献

[1] 美国建筑科学研究院下属机构 buildingSMART 联盟网站：http://www.buildingsmartalliance.com/.

[2] buildingSMART 国际组织网站：http://buildingsmart.be.no:8080/buildingsmart.com.

[3] 美国国家 BIM 标准第一版第一部分：National Institute of Building Sciences, United States National Building Information Modeling Standard, Version 1 - Part 1 [R].

[4] 李云贵. BIM 技术与中国城市建设数字化. 上海中心—欧特克 BIM 战略合作签约仪式暨行业论坛，2010 年 5 月.

[5] 何关培. BIM 总论 [M]. 北京：中国建筑工业出版社，2011.